姚涂铭国学智慧系列

孝经智慧

姚淦铭　著

山东人民出版社

图书在版编目(CIP)数据

孝经智慧/姚淦铭著. —济南：山东人民出版社，2009. 6
(2017.1 重印)

ISBN 978-7-209-04937-5

Ⅰ. 孝… Ⅱ. 姚… Ⅲ. 家庭道德-中国-古代-通俗读物 Ⅳ. B823.1-49

中国版本图书馆 CIP 数据核字(2009)第 096126 号

责任编辑:常纪栋
装帧设计:宋晓明

孝经智慧
姚淦铭 著

山东出版传媒股份有限公司
山东人民出版社出版发行
社 址:济南市经九路胜利大街 39 号 邮 编:250001
网 址:http://www.sd-book.com.cn
市场部:(0531)82098027 82098028

新华书店经销
山东华立印务有限公司印装

规 格 16 开(169mm×239mm)
印 张 20.25
字 数 345 千字
版 次 2009 年 6 月第 1 版
印 次 2017 年 1 月第 6 次
ISBN 978-7-209-04937-5
定 价 29.00 元

如有质量问题,请与印刷厂调换。 电话:(0634)6216033

前　言

论国学智慧，则孝道不能不讲，《孝经》不能不读。因为此中的智慧不是肤浅而是太深，义理不是迂腐而是太重，层积不是薄陋而是太厚，作用不是轻微而是太大，现代智慧不当置若罔闻而是太亟须转换。

孝，是一棵从人的心灵深处生长出来的道德之树的根，根正才能大树茁壮，根深才能枝繁叶茂，根蒂牢固才能花果飘香。

孝行，是顺应人心、顺因人性、顺从人情、顺依人本之德行。我们需要从这种道德的根本上去浇灌、去培土、去养育，并将孝行弘扬之、广大之、寥廓之。

孝道，是因性而明教、追文反质的至道。它是从人性中揭示出来、概括出来、提升出来的，又返回去指导人们怎样去做人、办事、立身、齐家、处世、治国、平天下的大道。

《孝经》，是孝道的理论总结，又是古代“五经”之总纲、“六艺”之根本。明代的黄道周说：“《孝经》者，道德之渊源，治化之纲也。六经之本，皆出于《孝经》，而大、小戴《礼》，皆为《孝经》义疏。”

孝、孝行、孝道、《孝经》的意义与价值，《吕氏春秋·孝行览》有这样的话，值得今人体会：“凡为天下，治国家，必务本而后末。所谓本者，非耕耘种植之谓，务其人也。务其人，非贫而富之，寡而众之，务其本也。务本莫贵于孝。”“夫孝，三皇五帝之本务，而万事之纪也。”“夫执一术，而百善至，百邪去，而天下从者，其唯孝也。”虽然有些夸大其辞，且文化背景也有很深的百代隔离的沟壑，但是其深层的理念与智慧也许还是值得人们去体味的。

我们这本《孝经智慧》由五个部分组成，然而却可以从任何一个感兴趣的地方去读：

一，从现代社会来观察与《孝经》的联系，直接诠释现代智慧的转换，这是希望古为今用、执古御今，让现代人能用上《孝经》的智慧，为现代人的人生、事业的成功进行针对性的现代解读。

二，由《孝经》而品读它的“案例读本”，那就是著名的、影响深远的《二十四孝》。这也许能让我们更加近距离地看到孝的魅力与作用。因此本书实际上就相当于两本书的叠加了，一是解读《孝经》的书，一是解读《二十四孝》的书。

三，《孝经》的智慧典藏在历史中，层积在每一个王朝中，我们将其抽绎出来，供大家品味一番。为什么那么多的王朝都重视《孝经》，希望用《孝经》来治身、治家、治国、治天下？此中的智慧就像丰富的矿藏，有待我们去开发，更有待我们去冶炼，铸成现代的智慧。

四，围绕着《孝经》，数千年的历史生发出来的许多谜团，讲述在历史中的风风雨雨中，《孝经》到底经历了哪些饶有趣味的事情。

五，在以上的基础上，大家一定会有一种愿望，那就是直接去解读《孝经》原文，于是笔者就引导阅读、浏览、欣赏这本经典，让大家知道《孝经》到底讲了些什么。在这里，此书又不仅是两本书的叠加了，而是三本书的叠加，因为在这一部分我们还把唐玄宗的《孝经注》全部插入到书里了，《孝经》十八章的每一章里，可以欣赏到间接影印来的宋刊本的《孝经唐玄宗注》。

现代人曾经冷淡、冷冻了孝道与《孝经》，然而孝之道永远不会消逝殆尽、灭迹无踪，因为孝的根子就扎在每个人的心的最深处、情感最原始的生发地。尽管有的人的心灵已经荒芜，甚至不堪回首，但是一旦触动，便会如一道闪电照亮那地方。

但愿本书或能像一道闪光，虽微弱但还能烛照到达心灵的深处，虽闪烁但还能照亮前行的路标，让暗昧者辨明，让明哲者更明!

笔者常感慨，我们讲传统，但是往往不知道传统的智慧到底结晶在哪里？我们批判传统，但是常常会犯很大的错误；我们确实需要传统在弃取之后融入现代生活，但是每每会迷茫一片。国学智慧怎样融入现代生活？就是这样的一个难题。笔者徘徊流连于此，希望慢慢来一番驽马十驾，孜孜汲汲地上下求索吧!

作　者

2009 年 4 月

目 录

篇一:《孝经》的现代智慧

篇二：《孝经》与《二十四孝》

篇三：《孝经》智慧典藏

篇四:《孝经》历史与谜

篇五:《孝经》元典译讲

篇一

《孝经》的现代智慧

《孝经》早与现代人久违了，现代人哪有这闲工夫、闲心思去读这一本“闲经”？但是，当不时从媒体中传来那些人与人、人与物之间的赤裸化、工具化、荒漠化的贪欲报道时，人们会感叹官员的腐败、暴富的无德、狂徒的贪婪、诈骗的顽劣、暴力的可畏、人心的不良，现代人的心灵怎么会如此这般滞后于先进的社会？

我们确实太多地忘记了“孝”在历史、在当下的分量与尊严。然而无视“孝”的教化之日，也就是亵渎了人的最基本的道德庄严之时。现代人若要守望自己的灵魂，守护人性的本分，守持做人的道德底线，能够淡忘“孝”的教化吗？

——作　者

孝的现代分量和尊严

中国的孝文化有着漫长的历程和丰富的层积,其精髓绵延维系了数千年的文化血脉,对稳定中国社会、凝聚中华民族,起到了不可估量的作用。

然而,孝在现代曾经被批判、践踏、涤荡。新文化运动中,提出反对“吃人”的礼教,主要就指孝道、妇道等,乃至整个宗法制度。此后则众所周知,这种理念和做法越演越烈,直到“文化大革命”达到极点,破除“四旧”,“造反有理”,许许多多所谓的“地富反坏右”的“黑五类”的“孝子贤孙”被批斗。谁还敢说孝、读《孝经》、说《二十四孝》?谁还敢出版属于禁毁之列的有关孝的书籍?

历史似乎轻轻地翻过了这一页,却永远会被后人不断翻阅这一页,因为人们要借读史来明智,所以历史的这一页当然不会被人们遗忘。

孝,在现代还有自己的分量和尊严。试看,在一个“孝”教育缺乏的年代、地方,往往会生长出种种的社会的“毒瘤”。

我们也许还记得八十年代那件抓捕“二王”的惊天动地的大案。1983年,大年三十,沈阳王宗玚、王宗玮持枪连杀了4人以后,流窜全国,继续杀人抢劫,经过7个月零6天才被击毙。他的父亲因为包庇罪,也被判刑7年。当时满街上都张贴着“二王”的照片,中国人第一次看到了悬赏通缉令。据说悬赏通缉、特警、巡警、道路检查点和“110”,这些中国刑侦网络就是从“二王”以后开始建立的。

2007年9月,距离1983年“二王”被击毙的24年后,他们当了一辈子中学老师的父母接受了采访。其母亲说,4个孩子都是姥姥带大的,“文革”时,两派就在大院里武斗,动刀动枪,甚至埋地雷,这时正是哥俩容易学坏的年龄。他们的枪是从沈阳大北监狱偷来的,有一个还当过兵,当过班长。“看过那么多报道,只有一个作家说过‘二王’的产生有一定的历史因素。我们觉得写得真好。”今年已经81岁的老父说:“以后身体好了,我想和老伴沿着我儿当年走过的路走一圈,看看我儿当年是怎样生活的,听听老百姓的反映,哪怕是要给人家道个歉啥的,我都能啊。”(《扬子晚报》2008年9月22日三联文)——这一则报道也许让我们从一个侧面读到许多值得深思的信息。“文革”中许多野蛮的、疯狂的、甚至灭绝人性的“武斗”、“打砸抢”，不知道使得多少人扭曲了心灵。

新时期，孝文化重新复苏，而且更广更深地被开掘、衍生开来。孝，再次显示出自己的分量和尊严。

现代社会一方面高度发达、科技高速发展，一方面“儒雅”、“温情脉脉”的伦理之“纱幕”渐渐被扯去。社会中的人与人、人与金钱、人与物欲的关系变为赤裸的、工具化的、冰冷的关系。官员的腐败、暴富的无德、狂徒的贪欲，社会的风气也被搞得可想而知了。

《孝经》:“夫孝，德之本也；教之所由生也。”这就是孝的分量，这就是孝的尊严。一个人的人格塑造，应该从这一根本上起步，而这也只不过顺着人性来培养教养而已。人们从正反两面的对照中，重新发现了孝的分量与尊严，这大概也是今天宣传孝文化的重要原因吧。

关于孝的分量与尊严，可以常常体会中国民主革命的先行者孙中山的那段话。孙中山说：“讲到孝字，我国中国尤为特长，尤其比各国进步得多，孝经所讲究的孝字，几乎无所不包，无所不至”，“国民在民国之内，要能够把忠孝二字讲到极点，国家才自然可以强盛”。(《三民主义·民族主义》，见《孙中山选集》下卷)。当然要提倡孝，但不能愚孝。确实，要“孝”，就要对传统有取有弃；要“孝”，就要与时俱进。其实孔子那里孝的智慧，是活的智慧，怎样转化为现代的孝的智慧，是值得深入讨论的。

孝是人性本来的元素，就像种子一样埋在人的内心深处。每听到一个感人的孝子的故事，无论古今中外，人们都会动容、被打动，大约就是这些潜在的元素在感应着，因此现代社会、学校、家庭中仍旧需要孝的教化。如果不教育，那么这些种子与嫩芽可能被埋没、摧折了。当然这种教育不应该是说教，而是人性的引导，是保护这种子在内心的善的土壤中发芽、潜长，最后郁郁葱葱，焕发出人的尊严、人性的光辉。

鲁迅评《二十四孝》的智慧

鲁迅的《朝花夕拾》中有一篇《二十四孝图》，专门谈到“孝”这一问题。

首先，鲁迅的评论中，传达出《二十四孝》在当时极其普及的信息。如鲁迅得到的《二十四孝图》，就是“一位长辈的赠品”。这说明当时在给儿童的礼物中，常见的一种便是《二十四孝图》。今天我们早已经不再为孩子送上这样的礼品了。再如鲁迅所说：“那里面的故事，似乎是谁都知道的；便是不识字的人，例如阿长，也只要一看图画便能够滔滔地讲出这一段的事迹。”这说明了当时十分普及的情况，不管是识字的还是不识字的，不管是社会上层还是社会下层，或一般人，比如鲁迅的保姆阿长，即长妈妈，都知道其中的内容。如果今天，不要说一般人说不出《二十四孝》的内容，即使文科大学生也不一定一看图就能“滔滔地讲出这一段的事迹”来。

《朝花夕拾》封面

其次，鲁迅将《二十四孝》的内容分为几类：

一类是可以仿效的。如《子路负米》、《黄香扇枕》、《陆绩怀橘》等。鲁迅说：“其中自然也有可以勉力仿效的，如‘子路负米’、‘黄香扇枕’之类。‘陆绩怀橘’也并不难，只要有阔人请我吃饭。‘鲁迅先生作宾客而怀橘乎？’我便跪答云，‘吾母性之所爱，欲归以遗母。’阔人大佩服，于是孝子就做稳了，也非常省事。”

一类是可怀疑的。如《哭竹生笋》、《卧冰求鲤》。鲁迅说：“‘哭竹生笋’就可疑，怕我的精诚未必会这样感动天地。但是哭不出笋来，还不过抛脸而已，一到‘卧冰求鲤’，可就有性命之虞了。我家乡的天气是温和的，严冬中，水面也只结一层薄冰，即使孩子的重量怎样小，躺上去，也一定哗喇一声，冰破落水，鲤鱼还不及游过来。自然，必须不顾性命，这才孝感神明，会有出乎意料之外的奇迹，但那时我还小，实在不明白这些。”

一类是反感的。比如《老莱娱亲》、《郭巨埋儿》。鲁迅说，这是“其中最使我不解，甚至于发生反感的”。

鲁迅还专门对此两则加以评论。他说：“我至今还记得，一个躺在父母跟前的老头子，一个抱在母亲手上的小孩子，是怎样地使我发生不同的感想呵！他们一手都拿着‘摇咕咚’。这玩意儿确是可爱的，北京称为小鼓，盖即鼗也。朱熹曰，‘鼗，小鼓，两旁有耳；持其柄而摇之，则旁耳还自击’，咕咚咕咚地响起来。然而这东西是不该拿在老莱子手里的，他应该扶一枝拐杖。现在这模样，简直是装佯，侮辱了孩子。我没有再看第二回，一到这一页，便急速地翻过去了。”——这是一个孩子的心理活动，说得很有道理。

鲁迅又评论道：“那时的《二十四孝图》，早已不知去向了，目下所有的只是一本日本小田海仙所画的本子，叙老莱子事云：‘行年七十，言不称老，常著五色斑斓之衣，为婴儿戏于亲侧。又常取水上堂，诈跌仆地，作婴儿啼，以娱亲意。’大约旧本也差不多，而招我反感的便是‘诈跌’。无论忤逆，无论孝顺，小孩子多不愿意‘诈’作，听故事也不喜欢是谣言，这是凡有稍稍留心儿童心理的都知道的。”——儿童需要真诚，《二十四孝》中的一些表述，有些地方太夸张，不近人情，因此引起人们的反感，尤其是儿童。此中也看到《二十四孝》在日本流传之一斑。

鲁迅于《老莱娱亲》此则，不仅特别有意见，还专门进行了考据比勘，说：“然而在较古的书上一查，却还不至于如此虚伪。师觉授《孝子传》云，‘老莱子……常著斑斓之衣，为亲取饮，上堂脚跌，恐伤父母之心，僵仆为婴儿啼。’（《太平御览》四百十三引）较之今说，似稍近于人情。不知怎地，后之君子却一定要改得他‘诈’起来，心里才能舒服。邓伯道弃子救侄，想来也不过‘弃’而已矣，昏妄人也必须说他将儿子捆在树上，使他追不上来才肯歇手。正如将‘肉麻当作有趣’一般，以不情为伦纪，诬蔑了古人，教坏了后人。老莱子即是一例，道学先生以为他白璧无瑕时，他却已在孩子的心中死掉了。”——我们在后文会对照文句，可参考。鲁迅说得极是，有“诈”字与没有“诈”字是不一样的，他自己进行了独立的研究与思考。

鲁迅还十分反感《郭巨埋儿》，并加以评判。他说：“至于玩着‘摇咕咚’的郭巨的儿子，却实在值得同情。他被抱在他母亲的臂膊上，高高兴兴地笑着；他的父亲却正在掘窟窿，要将他埋掉了。说明云：‘汉郭巨家贫，有子三岁，母尝减食与之。巨谓妻曰，贫乏不能供母，子又分母之食。盍埋此子？’但是刘向《孝子传》所说，却又有些不同：巨家是富的，他都给了两弟；孩子是才生的，并没有到三岁。结末又大略相像了，‘及掘坑二尺，得黄金一釜，上云：天赐郭巨，官不得取，民不得夺！’”

鲁迅还谈到自己读了以后的那番感触：“我最初实在替这孩子捏一把汗，待到掘出黄金一釜，这才觉得轻松。然而我已经不但自己不敢再想做孝子，并且怕我父亲去做孝子了。家景正在坏下去，常听到父母愁柴米；祖母又老了，倘使我的父亲竟学了郭巨，那么，该埋的不正是我么？如果一丝不走样，也掘出一釜黄金来，那自然是如天之福，但是，那时我虽然年纪小，似乎也明白天下未必有这样的巧事。”

鲁迅还将自己的心境往深里叙说：“彼时我委实有点害怕：掘好深坑，不见黄金，连‘摇咕咚’一同埋下去，盖上土，踏得实实的，又有什么法子可想呢。我想，事情虽然未必实现，但我从此总怕听到我的父母愁穷，怕看见我的白发的祖母，总觉得她是和我不两立，至少，也是一个和我的生命有些妨碍的人。后来这印象日见其淡了，但总有一些留遗，一直到她去世——这大概是送给《二十四孝图》的儒者所万料不到的罢。”

鲁迅还说：“但我还依稀记得，我幼小时候实未尝蓄意忤逆，对于父母，倒是极愿意孝顺的。不过年幼无知，只用了私见来解释‘孝顺’的做法，以为无非是‘听话’，‘从命’，以及长大之后，给年老的父母好好地吃饭罢了。自从得了这一本孝子的教科书以后，才知道并不然，而且还要难到几十几百倍。”这些都是很深刻的见解。

鲁迅之评论让我们学到的智慧是，读《孝经》、《二十四孝》等，都应当具有“四不”之睿识：一是，不能“愚孝”，愚昧做孝子，不是真孝子。二是，不能“愚读”，不能愚昧地读《二十四孝》，还有如《孝经》等。三是，不能“愚信”，就是不加独立思考地相信所说的一切，甚至那些“孝感”的东西。四是，不要“愚传”，愚昧地不加辨析地、不顺人情地、不合时宜地宣传与传扬。

其实，读任何书都不能“愚读”，孟子早就说过：“尽信《书》，则不如无《书》。”（《孟子·尽心下》）虽然此书指的是《尚书》，然而推而广之，于一切书，不都应该如此？人人当用自己的智慧去读，一个时代的人用自己的智慧去解读另外一个时代人的书，更应该如此；要在有用的书中读去那些无用的东西，而在表面上已经没用的书中读出今人有用的东西。当然，人生立世处事都不要“愚”，有联语曰：“世事洞明皆学问，人情练达即文章。”此联可味之再三。

读毛泽东的《祭母文》

毛泽东（1893～1976年）对其母很孝敬，他写的一篇《祭母文》广为流传，情意深切，很有感染力。

1919年初，毛泽东在北京大学图书馆任管理员。10月初，他收到母亲病危的特急家书，和其弟毛泽覃赶回韶山。但是，他们到家时，其母已入棺两天了。毛泽东内心极其悲痛，默默无声地为母守灵。10月8日，他写出了这篇《祭母文》。据说这份档案，是建国初毛泽东的表兄和堂兄向档案部门提供的。《祭母文》：

鸣呼吾母，遽然而死。
寿五十三，生有七子。
七子余三，即东民覃。
其他不育，二女二男。
育吾兄弟，艰辛备历。
摧折作磨，因此遘疾。
中间万万，皆伤心史。
不忍卒书，待徐温吐。

今则欲言，只有两端。
一则盛德，一则恨偏。
吾母高风，首推博爱。
远近亲疏，一皆覆载。
恺恻慈祥，感动庶汇。
爱力所及，原本真诚。
不作诳言，不存欺心。
整饬成性，一丝不诡。
手泽所经，皆有条理。
头脑精密，擘理分情。
事无遗算，物无遁形。
洁净之风，传遍戚里。
不染一尘，身心表里。
五德荦荦，乃其大端。
合其人格，如在上焉。

恨偏所在，三纲之末。
有志未伸，有求不获。
精神痛苦，以此为卓。

天乎人欤，倾地一角。
次则儿辈，育之成行。
如果未熟，介在青黄。
病时揽手，酸心结肠。
但呼儿辈，各务为良。
又次所怀，好亲至爱。
或属素恩，或多劳瘁。
大小亲疏，均待报赉。
总兹所述，盛德所辉。
以秉悃忱，则效不违。
致于所恨，必补遗缺。
念兹在兹，此心不越。
养育深恩，春晖朝霭。
报之何时，精禽大海。

呜呼吾母，母终未死。
躯壳虽隳，灵则万古。
有生一日，皆报恩时。
有生一日，皆伴亲时。
今也言长，时则苦短。
惟挈大端，置其粗浅。
此时家奠，尽此一觞。
后有言陈，与日俱长。
尚飨！

这篇《祭母文》可分为几层：

第一层，开头的8句：呜呼，母亲突然死去。她年寿五十三岁，生有七个子女。七子只余下三人，毛泽东、毛泽民、毛泽覃。其他没有养活的，有二女二男。为养育我们兄弟，所有的艰辛全经历过了。种种摧折磨难，使她遭到这样的疾病。这里说千道万，都是伤心的历史。不忍心急急全写出来，有待慢慢缓和地倾吐。

第二层，“今则欲言，只有两端”以下15句，概括母亲的品德和遗恨。先说其“盛德”：如今要诉说的，只有两条。一是她盛大的德行，一是她巨大的遗恨。吾母有崇高风节，首推是博爱。远近亲疏，她全都能关爱照顾。她为人和乐恻隐慈祥，感动了众人。爱力所能施及的，原本出于她的真诚。母亲不说诳骗话，不存欺侮心。整饬是她的天性，没有一丝作伪。亲手所操持的事，都是有条有理。头脑精密，分析道理又区分情况。做事情没有失算的，事物都能辨析细微。洁净的风尚，传遍亲戚乡里。她一尘不染，身心表里都是如此。仁、智、义、礼、信“五德”突出，这是她大的方面。配合她的整体人格，就像在我上方照耀。

文中“恺（kǎi）恻（cè）”，是和乐恻隐、平和同情的意思。“恺”，和乐；“恻”，同情、诚恳。“庶汇”，万类，此指众人。“手泽”，手汗，多用来称先人或前辈的遗墨、遗物等。“荦（luò）荦”，指明显，突出。

第三层，“恨偏所在，三纲之末”以下数句，叙说母亲抱恨、遗恨的地方，即“恨偏所在”：首先，母亲的遗恨偏重自己处于君臣、父子、夫妇这“三纲”之末。有志未能伸张，有求而不能获得。精神痛苦，以此最为突出。这是因为天呢，还是人呢？如今就像大地倾塌了一角。其次，是抱恨她的儿辈，要养育他们成功。如果没有成熟，就介于青黄不接之间。母亲在病时拉着手，辛酸在心中愁苦结肠。只是呼唤儿辈，各人务必作善良之人。再次，是遗憾那些好亲至爱的人，或是素来有恩情的，或还有很多遭受到劳累困苦的。大小亲疏，均待报答他们。文中“赉”（lài），赏赐，此指报答、偿还。

第四层，“总兹所述，盛德所辉”以下数句，表明自己的心志：综上所叙说的，都显示了母亲盛德的光辉。我将禀承她的诚恳，效法而不违背。至于母亲的遗恨，必定弥补缺憾。十分慎重地记住这些，心里永不忘却。养育深恩，就像春晖与朝霞，何时才能回报呢？要像精卫填海那样！

此文中的“悃忱”，意为诚恳，至诚；“悃”（kǔn），指诚恳。“念兹在兹”，出自《尚书·大禹谟》，本作念此在此，后来用以指对某事十分慎重，念念不忘。

第五层，最后“呜呼吾母，母终未死”以下数句，是祭文结尾：呜呼，吾母终究没有死。身体虽然已毁，灵魂则万古长存。有生一日，都是报恩时；有生一日，都是陪伴母亲时。如今话语虽长，还嫌时间苦短。只能提出大端，弃其粗浅。此时家中祭奠，尽此一杯。后面还有陈说，与日俱长。请享用吧！

此文中“隳”，毁坏，此指逝世。“挈”，提出，提起。“尚飨”，以前用作祭文的结语，表示希望死者来享用祭品的意思。

笔者至今读来还被祭文的孝情、纯情、深情、哀情、悲情所打动。建国以后，有媒体报道过毛泽东回家乡扫墓的情况，读后也是印象深刻。

有关材料报道，1959年6月，毛泽东回到阔别32年的故土。第二天一早，他急切地爬上故居对面一座叫楠竹托的小山冈。随行的罗瑞卿等不知他的意图，紧跟着来到了墓地，见碑文上写着“显考毛公顺生，显妣毛母文氏老大人之墓”时，才知道他是来悼念父母的。警卫人员赶紧采来一束松柏交给他献上。

湖南韶山毛泽东故居

毛泽东在父母墓地前静立，默哀片刻，轻声说：“前人辛苦，后人幸福。”说完恭敬地鞠了躬。

下山后回到住所，他对罗瑞卿说：“我们共产党员是彻底的唯物主义者，不信什么鬼神。但生我者父母，教我者党、同志、老师、朋友，也还得承认。我下次再回来，还要看他们两位。”

在参观父母曾住过的卧室时，毛泽东对身边的人说：“我父亲得了伤寒病，我母亲颈上生了一个包，穿了一个眼，只因为是那个时候……如果是现在，他们都不会死的。”他的话讲得很轻，含着深沉的怀念。在故居母亲的遗像前，他端详良久之后说：“我像母亲。”

毛泽东的这些言与行，给人们的启示很多，比如父母与子女中间有个“前人辛苦，后人幸福”的关系，每一个子女都可以想一下父母生养自己的辛苦，自己所得到的幸福是从哪里来的。其次，不相信鬼神，也不等于就不给父母扫墓，这是孝子的情谊。再次，用自己的行动教育周围人要有孝心。当然如果联系《孝经》来读一下，或许每个人会有更多的触发。

朱德一生中的最大遗憾

我们都知道朱德（1886~1976年）是谁，有怎样的功绩，但是如果我们要问：朱德的最大遗憾是什么？大家就会从各方面去猜测了，会产生许多很有趣味的答案。朱德自己是怎样回答的呢？

1966年11月，在接见红卫兵的天安门城楼上，在震耳欲聋的“万岁”声中，一位意大利记者采访了朱德。

记者问：“在您一生中，对您影响最大的书是《毛主席语录》吗？”

“不，是识字课本。”朱德答道。

“您一生中最大的遗憾是什么？”

“我没能侍奉老母，在她离开人世的时候，我没有在她的床前给她端一碗热水。”

“您想在您身后留下什么样的荣誉？”

“一个合格的老兵足矣！”

……

俟后，康生把这次采访的外电通讯稿呈给毛泽东，并别有用心地问：“主席，您看了有什么想法？”

“大老实人一个！”毛泽东毫不含糊地说：“你给我看这个干什么？要搞朱德的名堂吗？朱德这个人我是了解的，不要搞得疑神疑鬼。”说完把手一挥，康生只好灰溜溜地走了。（引自张掌然《交际艺术品评》）

当时的年代，许多年轻的朋友已经不太清楚了，更没有置身于当时红色风暴席卷大地的那种心境了。其时，很多中央领导人都已经相继受到审查和批判，处于政治漩涡中的朱德当然洞察到自己的处境，但是非常可贵的是，他更尊重自己的人格，敢于在人们不敢讲真话、实话的时候，却一吐肺腑之言。

他的三个答案，都是和当时的时势不吻合的，而且是很突出、很鲜明的不合拍。换一个“变色龙”那样的人物，可以圆滑地用时髦的话、奉承的话来说。康生的“嗅觉”当然历练得特别“灵”，自以为抓住把柄了，可以进击了。不过也正因为朱德一生光明磊落，所以此事才没有酿成政治大祸。

在回答第二个问题的时候，他的话很朴实，是一位大孝之人的真心、真情、真意立见。朱德就是这样一个奉行孝道的人。

“我没能侍奉老母”——这是他“一生中最大的遗憾”，孝子都想报答父母的养育之恩，都想侍候年老的父母，让他们过上好日子。

“在她离开人世的时候，我没有在她的床前给她端一碗热水”——这又是遗憾中的遗憾。每个孝子都希望能见到父母最后一面，与他们告别，为他们送终，尽最后一份孝心。这里出现一个细节——“在她的床前给她端一碗热水”，最平实却是最深沉，最简单却是最丰富，最淡然却是最震撼。千言万语、千情万意，尽在此中了！试看，不是“一杯”，而是“一碗”；也不是药汤、参汤、燕窝汤，而是“热水”，何等涤荡人们的灵魂!

朱德写过一篇名文《母亲的回忆》，曾经收入语文课本中，很多人都读过。我想无论哪个年龄段去读这篇文章，都会被感动，有不同的体悟。最近我又一次读此文，即是如此。

朱德的母亲一共生了13个儿女，因为家境贫穷，无法全部养活，只留下了8个，以后再生下的被迫溺死了。这位母亲把8个孩子一手养大成人。母亲天不亮就第一个起床，把饭煮了，还要种田，种菜，喂猪，养蚕，纺棉花，还要挑水挑粪，就这样地整日劳碌着。朱德到四五岁时就很自然地在旁边帮她的忙，到八九岁时就不但能挑能背，还会种地了。从私塾回家，就悄悄把书包一放，挑水或放牛去了。有的季节里，整日在地里跟着母亲劳动。

他们用桐籽榨油来点灯，吃的是豌豆饭、菜饭、红薯饭、杂粮饭。用菜籽榨出的油做菜，母亲却能做得使一家人吃起来有滋味。赶上丰年，才能缝上一些新衣服；衣服也是自己生产出来的“家织布”，有铜钱那样厚。一套衣服老大穿过了，老二、老三接着穿还穿不烂。

母亲在家庭里极能任劳任怨。她性格和蔼，没有打骂过我们，也没有同任何人吵过架。因此，虽然在这样的大家庭里，长幼、伯叔、妯娌相处都很和睦。母亲同情贫苦的人，虽然自己不富裕，还周济和照顾比自己更穷的亲戚。她自己是很节省的。父亲有时吸点旱烟，喝点酒；母亲管束着我们，不允许我们染上这些。母亲那种勤劳俭朴的习惯，母亲那种宽厚仁慈的态度，至今还在我心中留有深刻的印象。

那时乡间豪绅地主的欺压，衙门差役的横蛮，逼得母亲和父亲决心节衣缩食培养出一个读书人来“支撑门户”。朱德念过私塾，光绪三十一年（1905年）

考了科举，以后又到更远的顺庆和成都去读书。这个时候的学费都是东挪西借得来的，总共用了二百多块。

这些情况对今天衣食无忧，在家里是“宝贝”、“小皇帝”的孩子来说，已经恍若隔世了。哪会有这样的母亲、这样的家庭生活？笔者还记得文章的精彩结尾：

> 母亲现在离我而去了，我将永不能再见她一面了，这个哀痛是无法补救的。母亲是一个平凡的人，她只是中国千百万劳动人民中的一员，但是，正是这千百万人创造了和创造着中国的历史。我用什么方法来报答母亲的深恩呢？我将继续尽忠于我们的民族和人民，尽忠于我们的民族和人民的希望——中国共产党，使和母亲同样生活着的人能够过快乐的生活。这是我能做到的，一定能做到的。
>
> 愿母亲在地下安息！

上面两个例子对照起来读，或许我们会对朱德的孝心认识得更多。我们会回想起《孝经》里说的：“爱敬尽于事亲，而德教加于百姓，刑于四海。”这位居于高位的孝子给人们做出了崇高的榜样！

当然，我们也想到，朱德虽然遵循了由“孝”而至于“忠”的路径，但是“移孝于忠”的“忠”在朱德那里是有深刻内涵的，是用高度智慧去选择的，不是去“愚忠”。这也是朱德给后人树立的一个好榜样！

元帅·将军·士兵的孝行

这一则，笔者讲述三个军人——一个中国元帅和一个中国将军的孝心，还有一个外国士兵的孝行，并从《孝经》角度来透视其中的义理。

陈毅（1901～1972年），字仲弘，生于四川乐至，后迁成都。他是革命家、军事家、中华人民共和国元帅。我曾经读到这样一个材料，是关于陈毅怎样孝敬他的母亲的。虽是一件很小的事，折射出来的光辉却是夺目的；虽是平实的叙说，感人的力量却是永恒的。

1962年，陈毅任中国外交部长。据说，有一次，他率团从国外访问回来，路过家乡，决定抽出时间去探望病重的母亲。

陈毅的母亲年高病重，瘫痪在床，生活不能自理。见到儿子来探望自己，她非常高兴，正要和儿子打招呼，忽然想起换下来的尿湿的裤子还放在床边，就示意身边的人把它藏到床底下。

陈毅见到久别的母亲，心里也非常激动，他连忙走上前去拉住母亲的手，亲切地问这问那。

过了一会儿，陈毅问母亲说："娘，我进来的时候，你们把什么东西藏在床下了？"母亲看着瞒不过去，只好说出了真情。

陈毅听了说："娘，您久病卧床，我不能在您身边侍候，心里非常难过，这裤由我去洗吧！"

母亲硬拦住，不肯让他洗，并说："你是国家干部，做大事的，又打老远回来，快歇歇吧！和娘聊聊。"

这时，陈毅的妻子张茜也抢着要去洗。陈毅急忙说："我小的时候，您不知为我洗过多少条尿裤子。今天，我就是洗上10条裤子，也报答不了您的养育之恩呀！"

陈毅说完，就从妻子的手里接过尿湿了的裤子和其他一些脏衣服，放在洗衣盆里，一边洗着衣服，一边和母亲叙谈起来。

以前人们大都看到的是一位立马横刀的元帅、一位叱咤风云的外交家的一面，但是读了这一篇材料，我们看到了他在家里、在老母病床前的另一种形象。作者没有铺陈，只是白描，但是就在平平淡淡的叙述中，显现出母子之间的最真纯、最珍贵的孝与慈。大家可以注意到，十大元帅中只有四人被称为"老总"，是朱德、彭德怀、贺龙、陈毅。陈毅被称为"陈老总"，除了他的战绩和经历，大约还和他的秉性、学养等人格魅力有关吧。

此则故事又令我想起，古人与今人遥隔数千年，竟然还会有差不多相近的做法，这就是因为孝子之心是一样的缘故。《二十四孝》中有黄庭坚"涤亲溺器"的故事，他"每夕为亲涤溺器，无一刻不供子职"。在古本《百孝图》中，还收录一则石奋的儿子石建为父亲"亲涤衣厕"的故事，可谓十分相近。陈毅此则故事还告诉人们，孝是不讲究身份、地位、富贫、贵贱的，孝也不讲究形式，哪怕是简单到为父母铺床叠被、洗洗衣服、捶捶背等，都可以尽到孝，而一切孝行后面总是有同样的那颗跃动的孝子之心。

其次，我们来说许世友将军的至孝。

许世友（1905～1985年），原名仕友，字汉禹，授上将军衔，身经百战，战功赫赫。他出生在河南省新县泗水店许家村一个贫苦农民家庭里，童年过着放牛、砍柴、吃糠咽菜的生活。他在嵩山少林寺学武多年，一身好武功。后来在军队里从班长、排长、连长一直升到将军。

许世友幼年丧父，从小跟母亲相依为命。参军以后，长期不能和母亲在一起，未能尽到自己的一份孝，为此他愧疚万分。笔者看到有关材料说，战争期间，部队路过家乡时，他曾两次冒死回家看望母亲。

1952年，他任山东军区司令员时，请假探望一次，见了母亲，长跪不起，众人百般劝慰才把他扶起来。

1959年，他因军务又一次路过家门，见74岁的老母亲还在打柴、喂猪，不禁泪流满面。

母亲病危时，他因公务缠身，未及赶回去给老人送终，成为终生憾事。当时他发下誓愿：自己死后，一定来为母亲守坟。

上世纪五十年代，绝大多数共产党高级干部，包括毛泽东本人都在实行火葬的《倡议书》上签名，唯独许世友拒绝签字。他表示："我死后不火化。"许世友说："我死后和母亲埋在一起。我从小离开家，没有在母亲身边尽孝道，死后要和她老人家做伴。"

1979年，他给大儿子许光写了一封信："许光：邮去现金伍拾元整，用这笔钱给我买一口棺材。我死后不火化，要埋到家乡去，埋到父母身边，活着精忠报国，死了要孝敬父母。我今年74岁了，身体很好，活到八九十岁，也只有十多年了，你们可以先作准备。"1985年10月22日，许世友辞世，对还乡土葬一事，邓小平的批示是："下不为例。"遵从他的遗愿，灵柩运回故乡埋葬。所用棺木不是他儿子为他准备的松木制的，而是他的部下专门用楠木特制的。

王震代表邓小平去南京吊丧，说："许世友在60年戎马生涯中，战功赫赫，百死一生，是一位具有特殊性格、特殊经历、特殊贡献的特殊人物。邓小平同志签的特殊通行证，这是特殊的特殊。"

——读了这些有关材料，许世友的大孝给人们强烈的震撼，人们可以再次感受到这些文字后面的一个将军、一个至孝者的"孝"的分量与庄严。

写到这里，我又想起一位外国士兵的孝行的故事——《打捞孝心》。

1898年5月1日，美国在马尼拉湾大战开始的时候，一艘舰艇上的指挥员命令大家脱去衣服，准备行动，一位弹药手匆匆脱下上衣。谁知这件上衣从他手中滑了出去，飘进了大海。他转身走到舰长跟前，请求允许他跳进大海里，把衣服捞上来。舰长没有答应他。这个弹药手走到这艘船的另一边，径自沿着梯子爬下去，跳进海里，捞起了衣服。当他回到船上以后，因为违反了军令而被戴上了镣铐。

战斗结束，海军准将杜威对这个案子很感兴趣。因为他很想知道，为什么一个弹药搬运工为了一件上衣，竟敢冒着生命危险去违犯军规。

当杜威将军和颜悦色地找他谈话时，他忍不住哭了。原来在脱掉上衣之前，那个士兵还在看他母亲的照片，他还吻了吻这张照片，然后把它放进了上衣的里兜。未想到，一不小心，衣服飘落到了海里。

将军噙着眼泪听完了他的话，然后将他从椅子上扶起来，拥抱了他。随即将军下达了命令，立即释放并赦免这位小战士。

“一个冒着生命危险去抢捞自己母亲照片的孝子，在这艘舰艇上是不能戴上镣铐的。”将军感慨地说。（《解放日报》2005年崔鹤同文）

——无论中外，无论元帅、将军、士兵，我们看到，孝的存在是不以时空的不同、人的级别来区分的，从《孝经》来分析，有几点可说。

一，他们都如《孝经·开宗明义章》：“立身行道，扬名于后世，以显父母，孝之终也。”这里不用评说他们的战绩和其他方面的功劳，就仅从作为儿子这一维度来说，已经做到了《孝经》所说的这一点。他们是“孝子”，且以孝扬名于后世了，没有辱没父母祖上。

二，“孝”也是他们的人格魅力之一，同样也无形或有形地推动了他们人生事业的成功。这也如《孝经·圣治章》所说的：“是以民畏而爱之，则而象之，故能成其德教，而行其政令。”

三，元帅、将军们建立的功勋，也可以体味《孝经·广扬名章》所说的“君子之事亲孝，故忠可移于君”，“是以行成于内，而名立于后世矣”。不同的是，我们今天所说的“忠”，不是“愚忠”。

四，许世友将军的事迹，让我们看到了《孝经·丧亲章》所说的“生事爱敬，死事哀戚，生民之本尽矣，死生之义备矣，孝子之事亲终矣”。将军的实例具有双向的阐述性质：一是阐明《孝经》此话的不虚言，一是《孝经》此话所具有的现代引导价值。

孝文化：挖掘·宣扬·开发

随着中国的腾飞，中国的传统文化也得到了新的弘扬。2008年北京奥运会开幕式上气势磅礴的孔子三千弟子的场面，显示了中国传统文化的魅力。

《孝经》、孝文化的研究，也得到了有力的开展和深入。有关的学术会议越来越多，学术著作、普及读物也层出不穷。传统孝文化资源的多元开发，在许多地方推开。

历史上流传的那些著名孝子的家乡，大都重视这一资源的利用与开发。他们一方面搞设施，保护遗迹、故址，或开发为纪念馆、博物馆、德育教育基地，或开发为旅游、休憩的好去处。有些地方政府还利用孝文化资源作为自己的“文化名片”，提高地方的知名度，并招商引资，作为发展本地经济的一个重要平台。

曹娥投江寻父尸

浙江的上虞，素有“崇孝之乡”美称，曹娥江日夜流淌，孝女曹娥的事迹流传千年。这里流传着“至孝”虞舜的故事，还有王充、蔡邕、赵红娘等一批与孝有关的历史人物。不仅有孝之桥、孝之河、孝之碑等许多遗址，各种关于孝的书卷藏帖也不计其数。民间有谚曰：“今生不到曹娥殿，来世亲爹亲娘勿得见。若要儿女孝，娘娘殿里走一遭。”

笔者最近看到过这样的报道：近年来，当地政府充分挖掘和利用本地丰富的孝文化资源，以“孝”辐射整个社会，弘扬孝德，力推孝文化，以此为基点，在打造和谐稳定的社会方面取得了丰硕的成果。

就在今天，许多学校不敢正面提“孝”的教育，还只是提出“感恩”教育。上虞的学校却勇敢地启动了“孝心教育”，提出了“教育一代人、受益几代人”的宗旨，编制了《孝心教育大纲》，还把“设孝敬课，以明孝礼；设孝敬日，以导孝行；评孝敬星，以扬孝德”作为“孝心教育”的三个载体。

我们看看韩国是怎样做的。我看到有关材料介绍，据说韩国小学生胸前都挂着一个“孝行牌”，牌的正面有父母像，背面有孝敬父母的格言与规定，学校要求学生每天对照“孝行牌”默想自己做得怎么样。在韩国，每逢中小学生的寒暑假，各地乡校都会举办“忠孝教育”讲座，向学生宣传“忠、孝、礼”等传统伦理道德。所以，韩国人从小就认为孝敬老人、赡养父母是一种神圣的义务。一旦哪个不尽孝者被曝光，就将被社会所“唾弃和排斥”。在赡养父母方面，韩国自古就有由长子负责赡养的规矩，并流传至今。如长子去世，则由次子赡养，依次类推。随着时代的变迁，特别是城市化速度的加快，韩国也出现了子女共同赡养父母的新趋势。据统计，目前仍有60%的韩国人认为父母应由长子负责赡养，而中国却只有28%。我看到这一材料时，感触良多，真是一言难尽！因为我们一直把自己认定为一个泱泱大国，而且是一个礼仪之邦啊！

再说回来，上虞市委、市政府结合实际，充分利用和深入挖掘本地丰富的孝文化资源，设计教育载体，整合社会力量，扩大“孝”的影响力，提升“孝”的知名度，演绎一场孝德教育的“核裂变”，并要把爱父母、爱长辈的小孝，提升为爱祖国、爱家乡、爱人民的大孝。

比如上虞出现了设立公益基金的高潮，仅2004年至2006年，就有近60家单位设立冠名慈善救助金4.305亿元，还有近百家企业（个人）设立百万元以上的基金20个，本金总额达1.25亿元。不仅仅是奖教助学，上虞的公益基金已覆盖到灾难救助、扶贫帮困、妇女发展、疾病医疗、群众体育等各个领域。上虞各类公益基金已高达数亿元，受益十余万人次。

这一笔笔善款，见证着上虞企业家的社会责任，也见证着“孝德之乡”上虞的和谐之路。在上虞，一位老人张杰的故事童叟皆知。这位在香港10平方米的店铺里以卖大闸蟹、茶叶蛋谋生的平凡老人，20年来节衣缩食、倾其一生积蓄为家乡兴学，累计捐赠达1200余万元，他也成为“2005浙江骄傲十大人物”之一。如今在上虞，企业“捐助公益、反哺桑梓”俨然已成新风尚。

孝子董永与七仙女的美丽爱情故事被世人传颂，作为“董永故里”的孝感市，“孝文化”也成了孝感招商引资的“城市名片”。孝感市委、市政府提出“以德招商，以孝引资”。2002年10月25日，孝感市委、市政府成功举办《董永与七仙女》特种邮票首发式暨首届孝文化艺术节，孝感人抓住传说与当代孝子的故事，将孝文化品牌融入经济发展。这次活动吸引了美国、德国、法国、荷兰、香港、澳门、台湾等近20个国家和地区以及国内工商实业界的一些大公司参加，共签订引资合同34个，引资额超过6亿元。

一些传统孝文化资源缺少的地方也注重营造孝的氛围。比如江苏通州市就在2008年建成了一座以“忠孝”为主题的人文景观，并将之作为德育教育基地。此“忠孝文化园”总投入1000多万元，占地20多亩，耗时3年建成。这里有忠孝文化廊、忠孝亭、二十四孝故事石雕、碑林等。社会各界的热情很可观，有的捐款、捐物，募集的资金达到460多万元。他们还评出该市的“十大孝星”和当地镇上的“八大忠孝之家”。该镇还将整合相近的农业项目资源，形成以特色文化旅游、生态农业观光为主题的旅游亮点，推动社会经济又好又快发展。

他们有很清醒的认识，认为孝文化可以为发展市场经济提供稳定的社会秩序。“经济的一半是人文，经商的一半是人品”。孝文化越倡行，说明这个地方民风越淳朴、可亲、可信，而社会环境之祥和则可以增加海内外投资者的信心。

“孝道”让一首歌曲唱红

1999年大年三十的春节联欢晚会上，一首《常回家看看》一夜之间唱红，并迅速传遍了大江南北，至今传唱不衰。

为什么朴实无华的一首《常回家看看》会打动那么多人，而且魅力持久？如果深层分析，这首歌感动人的关键就是一个“孝道”。

先看看《常回家看看》的歌词写了些什么：

找点空闲，找点时间，
领着孩子，常回家看看。
带上笑容，带上祝愿，
陪同爱人，常回家看看。
妈妈准备了一些唠叨，
爸爸张罗了一桌好饭。
生活的烦恼跟妈妈说说，
工作的事情向爸爸谈谈。
常回家看看，回家看看，
哪怕给妈妈刷刷筷子洗洗碗。
老人不图儿女为家做多大贡献，
一辈子不容易就图个团团圆圆。
常回家看看，回家看看，
哪怕给爸爸捶捶后背揉揉肩。
老人不图儿女为家做多大贡献，
一辈子总操心只图个平平安安。

再看看《常回家看看》背后的故事。词作者叫车行，原名车广鸣，1957年出生，现在黑龙江电视台文艺部任导演。《常回家看看》是他1996年出差时在火车上写出来的。当时他在牡丹江市群众艺术馆工作，经常下基层搞辅导。他的父亲是1995年去世的。有一天，他坐在驰骋在北国林海中的火车上，思念父亲，牵挂母亲，反省自己，随纷繁万千的思绪，一首心中的歌词《常回家看看》一气呵成。

《常回家看看》在除夕夜播出后，在全国引起很大反响，因为这首歌是用最朴实最直白的语言写出的最普遍的情感。车行说，一次我出去买菜，卖菜的老大妈听说我是歌词的作者，她看我的眼光仿佛是母亲看儿子的那种特有的眼神。还有一次，在哈尔滨市南岗区，我路过一家卖音像制品的摊床时，见一位拾破烂的老人正坐在旁边听这首歌，边听边流泪。我走过去问他怎么了，老人说他是在听歌，已经连听四遍了。从头到尾听完这首歌需4分半钟，可见老人在零下二十几度的严寒下已足足听了18分钟。(《深圳商报》1999.3.18，毕国学文)

如果我们从《孝经》与孔子的孝道去观察，那么这首歌词就触及中国人内心的文化深层结构，这就是孝；孝就是这种深层结构中最重要的元素之一。作者把它钩稽出来，放在现代人的活动背景里进行再现与凸现，歌词的核心理念就是一个“孝”。

《常回家看看》容易吗？不容易！请看电视上的一个广告片：一个独居的老母亲，准备好了一桌子的饭菜，等候儿子、媳妇、孙子来团聚。但是先是儿子来电话：“妈，我忙着，不能来了！”接着是儿媳妇来电：“妈，我有事，不能来了！”再接着是孙子说：“奶奶，我也有事不能来了。”老妈妈面对着一桌子饭菜，深深感叹，说：“都忙！”

现代人的生活状况，就是一个“忙”字，作为子女忙着与时间比拼，忙着工作、赚钱、竞争、拼搏，几乎没有空闲。作为年老的父母却孤独地另处一方，想念子女与孙辈，但想见却难，相逢渐稀。现代的子女或虽有孝心，但被机械的生活淡化了；父母虽有慈爱，但被当下的状态隔膜了。

然而，虽淡化却没有泯灭，虽隔膜却没有断绝，而是心有灵犀一点通。于是“每逢佳节倍思亲”的中国人，在一个年三十的晚上听到这首歌曲时，无数的人被打动了，那层久埋在心底的“孝”开始萌动了，激动了，联动了。

这首歌曲让人们反思：你“孝”了没有？能不能从最普通的事情做起去尽孝？——常回家看看！

《孝经》说："夫孝，始于事亲。"侍奉亲人，这还仅仅是孝的初级阶段，因为还有"中于事君"、"终于立身"的两大阶段。就算是初级阶段的孝，也不求你什么，只不过是"常回家看看"；这真是初级阶段的初级层次的孝了。我们可以看到，现代人"孝"的水准已经是很低了。然而就是这样的底线，现代人还是不容易做到，实在是令人感慨的！

再说《论语·为政篇》："孟武伯问孝。子曰：'父母唯其疾之忧。'"父母的慈爱的底线就是关注子女的身体健康安全否，他们也不求你当什么官、做多大的董事长、得什么学位、挣多少钱。"常回家看看"，也就是让老父母看到你而放心！

这首歌就是用朴素的话语，从孝子的底线、慈父慈母的底线出发来呼唤现代人对道德底线的反思。这也许就是歌曲所以能打动人，激发反省，引起心灵震动，乃至内疚，乃至默默流泪的原因吧？

再看看，这些媒体常常报道的：子孙把老人赶出去，而自己占了老人的房子；几个子女都不愿意赡养老人，老人无人问津；也有子女为争夺老人遗产的归属对簿公堂的，等等。这当然是不孝。不知道这些人听到此歌会反思一番吗？我不知道！

2.2亿人的一堂《开学第一课》

2008年9月1日，星期一，又一个新学期开始了。这一天，全国的中小学生迎来了一堂特殊的公益课——中央电视台特别节目《开学第一课：知识守护生命》。这里，我从《孝经》的角度来解读一下自己的体悟。

这天晚上，2.2亿人同上一节课，而上课的"老师"由一些奥运冠军、体育演艺明星、抗震救灾英雄少年等担纲。《开学第一课》以生命教育为主题，由"潜能"、"团队"、"坚持"、"生命"四节课组成。

《开学第一课》上，小朋友用童声朗诵了《口诀：守护生命十大黄金法则》，朗朗之声回荡，心灵之波涌动。我想引用在这里，为读者献上一份有用的资料：

人生命，要守护，十条法则要记住，一旦灾害发生时，及时应用心有数。

一、地震：遇地震，先躲避，桌子床下找空隙。靠在墙角曲身体，抓住机会逃出去。远离所有建筑物，余震蹲在开阔地。

二、火灾：火灾起，怕烟熏，鼻口捂住湿毛巾。身上起火地上滚，不乘电梯往下奔。阳台滑下捆绳索，盲目跳楼会伤身。

三、洪水：洪水猛，高处行，土房顶上待不成。睡床桌子扎木筏，大树能拴救命绳。准备食物手电筒，穿暖衣服度险情。

四、台风：台风来，听预报，加固堤坝通水道。煤气电路检修好，临时建筑整牢靠。船进港口深抛锚，减少出行看信号。

五、泥石流：下暴雨，泥石流，危险处地是下游。逃离别顺沟底走，横向快爬上山头。野外宿营不选沟，进山一定看气候。

六、雷击：阴雨天，生雷电，避雨别在树下站。铁塔线杆要离远，打雷家中也防患。关好门窗切电源，避免雷火屋里窜。

七、暴雪：暴雪天，人慢跑，背着风向别停脚。身体冻僵无知觉，千万不能用火烤。冰雪搓洗血循环，慢慢温暖才见好。

八、龙卷风：龙卷风，强风暴，一旦袭来进地窖。室内躲避离门窗，电源水源全关掉。室外趴在低洼地，汽车里面不可靠。

九、疫情：对疫情，别麻痹，预防传染做仔细。发现患者即隔离，通风消毒餐用具。人受感染早就医，公共场所要少去。

十、防化：化学品，有危险，遗弃物品不要捡。预防烟火燃毒气，报警说明出事点。运输泄漏别围观，人在风头要离远。

人生命，重于山，防灾避险于未然，掌握技能常演练，祝愿人人保平安。

我觉得编得很好，清晰，实用，好记，且比较全面，对儿童、对成人都有用。有一位小学德育主任说："通过这个节目，我更加感觉到了教育以学生为本的方针，而重中之重就是学生的生命。"又有一位医生说，孩子学习是否优秀是他最关心的问题。他在孩子小学六年中，带孩子上了语文、数学、英语等功课的辅导班，却从来没有想到孩子的生命安全教育也需要家长的重视和辅导。

我在想这样一个问题，如果读一下《孝经》，人们早就应该关注身体、关注生命的安全，对生命负责了。说得近一点，就是对得起生你养你的父母，这是一个很浅近的道理，但是必须提高到一定的伦理道德的水准上来认识。这就不仅是一个单纯的技术问题了，也不是单纯为保护身体而保护身体了。

《孝经》曾经作为教学课本，他让教者讲述身体的重要、安全的必要，让受教者知道自己从父母那里来，要好好保护好身体才对得起父母之生与养。这就是孝行的开端。细细想来，这些话语过时了吗？

当遭遇到强烈的大地震之后，我们才反思到学生的生命为教育的重中之重、保护身体的重要与必要，这说明我们先前的教育存在某些缺陷与缺位。

其实，并不是要恢复《孝经》的教育，而是如何从那些内容中抽取出有益的理念教育后人，完成一种文化的转换，这是一种智慧，也能取得实际效应。

“汶川大地震”灾区——绵阳安县桑枣中学的师生们，在大地震发生的时候，这所学校师生2200多人从不同的教学楼和不同的教室中全部冲到操场，以班级为单位站好，只用了1分36秒，创造了一个奇迹。这是该学校重视生命教育的回报。

但是，我们还要让每一个孩子自己懂得生命的重要，在心灵的深处从小懂得守护好自己的身体。这是一项很艰巨的任务。

一日，笔者坐火车从义乌返回上海，途中偶然看到《江南都市报》大黑体字标题《翩翩少年逐红尘，为何生死一掷轻》，这是调查南昌市一小学六年级学生服毒自杀留下的谜团。

这个小学生年龄14岁，父母在浙江打工，是与爷爷奶奶为伴的“留守娃”，仅仅为了一件很小的事情，就用极端的方式结束了自己的生命。该学生寄宿在学校，虽年仅14岁，却长得高大，爱劳动，老师让他担任寝室长。一次他负责落实将蒸饭的笼子抬进厨房时，指挥不了其他的同学，结果笼子没有抬成，因此受到了老师的批评。据这学生对姑妈说的是，老师骂他没用，还打了他两个耳光，当时就哭了。于是跑回了家，不肯再上学，也就在国庆长假结束开始上课的这一天，他在家里喝农药“杀虫双”服毒自杀了！

我无限感叹他自己把原本就脆弱的生命“芦苇”轻轻折断了，而读到其父母之言，更是令人凄切。这对已经外出打工十多年的父母说：“本来用辛辛苦苦打工赚来的钱已经给儿子盖了一栋新楼，但没有想到新楼刚刚盖起，儿子却没有了。”父母爱子女如彼，而子女的回报却是轻生如此！

试想，如果我们社会、学校、父母、老师在道德培养方面能传授一些传统的孝的理念，也许不必通读《孝经》，比如知道“不敢毁伤，孝之始也”这一言，就能体会父母生养自己的不易，爱惜身体、珍爱生命。

孝子传的现代新编

孝是人性的本来的元素，就像种子一样埋在人的内心深处，每听到一个感人的孝子的故事，无论古今中外，人们都会动容、被打动，大约就是这些潜在的元素在感应着。

阅尽天地沧桑，会发现在每一个时代，在每一个国家，其实都不乏孝子、孝女，现代的孝子、孝女、孝行新编，也许更加丰富多彩。

今天，我们会看到、听到各地媒体对现代孝子的报道，许多地方或单位还搞孝子的评选，如评选“十大孝子”等等。这里顺便介绍几篇，再从《孝经》的角度作一透视。

《燕赵都市报》(2008年11月18日)以《儿媳妇捐近七成肝脏救公公》为题报道了一件“天底下没有这样的事”。河北行唐县的一位姓王的老人重病，医生要求替换肝脏，老伴和两个儿子都争着要捐出自己的肝脏，但是血型不对，不能捐助。这时他的儿媳妇主动要求为公公捐出自己的肝脏，因为血型相配。其公公坚决不答应：“不行，天底下没有这样的事，宁可不治了，回家等死，也不能让儿媳妇捐肝。”一家人也都不同意儿媳妇的意见。但是这位儿媳妇说：“妈、爸，没事的，别人能捐，我就能捐。再说，我年轻，恢复起来也快，你们要是不同意，就是不把我当自家人。我爹在，咱这一家人是全的、团圆的，再苦也幸福。如果因为没有肝源我爹不在了，我这个当儿媳妇的，能给他捐却没有给他捐，我一辈子也不会心安。”这番话很在理很有情，但是讲出来却很平实很淡然，然而就在平实与淡然之中让人们心灵震撼。

在儿媳妇的坚持下，全家人同意她为公公捐肝脏。最后医院将她的69%的肝脏移植到了公公的身体里。2008年，行唐县评选“感动行唐十大孝子”，这位儿媳妇以最高票数当选。

《孝经》里孔子曰：“身体发肤，受之父母，不敢毁伤，孝之始也。”但是，这一位孝女却毁伤了自己的身体，把自己的器官捐给了公公。谁会说这不是孝？这是大孝、至孝！这是新科学、新时代才会出现的孝的奇迹，但是遥遥数千年不变的孝心却是一样的。我非常佩服这位优秀女性所做出的一切，孝心之光熠熠生辉！这又启示我们，不同的时空下，孝行可以有不同的形式，但是归于孝心则一，这里也有“一”与“多”的辩证关系。

笔者还看到过一个“一女养八老”的孝行故事。湖北省孝感市孝昌县周巷镇云华村的刘青枝出生在一个特殊的家庭，父亲兄弟三人只有她一个女儿。娘家六个老人再加上公公、婆婆，八个老人的起居生活压在刘青枝瘦弱的肩膀上。

刘青枝说：“婚后六年我一直待在娘家，那段时间挺难的。二叔、三叔胃癌，二妈中风，三妈也生病，要人照顾也特别花钱，种田根本不够家里的开销。”

这段时间，小两口的积蓄全部用光，还欠了一身的债。家里唯一值钱的两头还未长肥的猪仔卖了，送患胃癌的三叔到省市多家医院诊治。家里唯一的耕牛也卖了，给去世下葬的二叔购买棺木。

然而悲剧仍然降临到刘青枝的身上，在几年里，她的父亲、丈夫和二儿子先后去世。经受了一次又一次打击，但艰辛的生活还得继续。刘青枝说："老人年纪大了，孩子在读书，都不容易。我宁愿自己多受苦受累，也得让老人们晚年平安幸福，这是为人子女的责任。"

刘青枝冬天种油菜，夏天种稻子，维持家里的基本开支；她侍候三位老人，问寒问暖，带老人看病；她还得照顾两个上学的孩子，挤出孩子的生活费。凄苦、付出、忍耐勾勒出了她的生命体验。2002年，刘青枝因孝行事迹突出，以第一名的高票数被评为"孝感市第二届十大孝子"；2003年，又以全省得票第一被评为湖北省首届"荆楚十大敬老好儿女"；2005年，她又被选为县人大代表。

《孝经·感应章》云："孝悌之至，通于神明，光于四海，无所不通。"她对亲人、老人、兄弟可以说"孝悌之至"了，因此她感动了村上的人、县里的人、市里的人。虽然没有出现"通于神明"的奇药、奇人来拯救她许多亲人的命运，但是周围的人却实实在在地被她"感应"了，感动了！我真感叹这位现代孝女的伟大！命运如此残酷，残酷得令人不堪忍受，甚至不敢想象，但是她的孝行却如此动人！在疲惫不堪、面容憔悴的身容之内，她跃动着一颗善良的、无比真诚的孝心！

再看，前几年有几个单位发起搞了"演艺界十大孝子"的评选活动，这些演艺明星也成了"孝星"。有报道说，香港艺人刘德华也获得了"十大孝子"的特别奖。据说，他十分珍惜和父母在一起的时间，只要一回到香港就一定要和父母聚餐。

他坚持一个原则，每年都要安排10天时间陪父母去旅行。有一年的父亲节，刘德华将父亲带到自己的歌迷会上，祝父亲节日快乐。刘德华跪在地上为父亲献上大蛋糕，还亲手在T恤衫上写上："衫生有幸"做您的儿子。

讲完这些事情，这使我们想起"孝"在21世纪仍然是一个不能回避的话题，又想起如《孝经》里孔子铮铮之声的教导："夫孝，天之经也，地之义也，民之行也。"既然是天经地义的事情，怎能不在天地人之间永远传承呢？

《孝经》与“想一想，死不得”

今天现代社会里，在红尘的喧嚣、物欲的横流中，轻生的实在太多了啊！从笔者随手翻到的材料来看，就已经触目惊心了。比如仅从1980年至2004年，凭已有的记录，中国已经有1200多个企业家自杀了。（《工人日报》2004年10月30日文）

又据资料，从南京长江大桥1968年建成通车到现在，自杀人数已近2000名，而且各省的人都有，甚至此桥还被一些人称为自杀者的“圣地”。这里还留下了许多自杀者的遗言，有的是割破手指头书写的，其中有一行字是“当爱烟消云散，我剩下的只有忘情”，一看就是为爱情而自杀的。

据南京心理危机干预中心主任张纯和他的团队调查的一项数据，仅2003年至2004年，在南京长江大桥上自杀的人数就有123人。他们从2004年开始，每年对南京地区市民生命态度进行调查，有自杀意愿者一般年份的平均数字为46.36%左右，低一点的也有30%。这不是一个小数目了，在这些数据后面有很多值得人们解读与深思的东西。

原先南京的燕子矶，亦曾被看作“自杀圣地”。燕子矶三面突入长江之中，如凌空之燕，其上青天万里，其下惊涛拍岸，卷起千堆雪。这里是著名的“舍身岩”，许多绝望之人把这里作为生命的归宿。现代教育家陶行知曾在这里写下了“想一想，死不得”这句话。原本想纵身而奔赴江流的人，见到了碑刻来个再“想一想”，也许就会想起生命的价值，挽留住生命。

燕子矶

“想一想”与“死不得”之间可以意味深长地连接在一起，并发生一种巧妙的思路转换。如果不“想一想”，就跳下燕子矶，即刻被长江吞没，便是死定了。如果“想一想”，想通了，“不能死”，则不死了，死不了。不过，这“想一想”，又想什么呢？如果还是想着事业的失败、企业的破产、股票的套牢、爱情的困苦、婚姻的破裂、学位的失手、文凭的失落、就业的难题、父母的不理解、家庭的暴力、疾病的苦难、债务的缠身，那么“想几想”都没用，还会纵身于长江。

有位艺术家叫邱志杰，思考“用艺术来介入自杀心理干预的治疗”。他割破了手指，在长江大桥上写下一句话“马达加斯加的首都在哪里”。他把这句无厘头的话比喻成一个钩子，想用它“把自杀者从钻牛角尖的情绪中钩出来”。这是他提供的“想一想”，可以转换自杀者的思路。

他创作了版画《庄子的镇静剂》来开导自杀者，还在博客里写了自己对自杀的看法。他认为，自杀问题的关键是现在整个社会的关键词已经由“革命”变成了“成功”，给人造成了巨大的压迫，而传统中国的舒缓机制业已失效。今天的人渐渐忘了如何享受失败，城市则成为成功与失败的最残酷的舞台。其实农村没有赤贫，只有城市里面才有真正的赤贫，在农村起码喝水不用钱，而大桥“正好是城市和乡村的连接点”。“庄子这个词所代表的那一整套自由开放的世界观，对人生豁达的境界，从来都是我们的镇静剂，它在近代的式微，是我们这个时代的痛苦的精神根源之一。”这是他提供的又一种“想一想”。他还让自杀者把“想一想，死不得”的字条来描红，以期打动他们的心灵。（参见《南方周末》，2008年9月4日）

我读《孝经》时经常思考这样一个问题：“想一想，死不得”的诸种想法中还可以“想一想”《孝经》里面的一段话：“身体发肤，受之父母，不敢毁伤，孝之始也。”

这个问题，一开始接触会觉得很幼稚，谁不知道身体是从哪里来的？但是，深入下去却很严肃，也很深刻。想一想自己身体的来源，想一想消灭自己的身体很容易，但是对得起十月怀胎、婴儿哺乳、孩提教养、多少年的含辛茹苦、盼望成长的父母吗？对得起妻子以及自己生养的孩子吗？

我们的身体、毛发、肌肤是从父母那里来的，这是最普通的常识。但是，我们爱护了吗？我们能时刻爱护好吗？我们能终身不让它们受到伤害吗？我们能对得起父母吗？保护好身体、生命，《孝经》是从人性的根本上说起，不讲大而空的道理，却正是实实在在的根本道理。

如果我们爱护好了身体，这就是孝的开始，孝子的逻辑进程就从这一起点延伸出去。因为就从这一开始点上，它把人们引领至中国传统孝文化煌煌的殿堂的大门口，而在这门的后面就有无数瑰丽的文化庭院以及林立的文化累积。

我最近读到一本《梁启超家书》，其中1923年5月8日梁启超给长女梁思顺（1893～1966年）的信中，写到长子梁思成在车祸后的“不孝”的自责，很有意思。

梁启超铜像

5月7日，是梁思顺二叔的生日，还是“五七国耻”纪念日，学生自发示威游行。梁启超带着三个儿子由北京的西山进城，长子梁思成、次子梁思永同坐在一辆小汽车上，在开出南长街的时候，被一辆大汽车横着撞过来，两个人都撞倒在地上。救回家后，梁思永满面流血，还拼命看护哥哥梁思成；梁思成伤得不轻，脸上没有血色，还安慰父亲梁启超等人；梁思忠看见自己两个哥哥如此，哇的一声哭了出来。后来医生来了，梁思成也渐渐恢复过来，脸上也有了血色。梁启超去拉他的手，梁思成便使劲握住不放开，抱着亲梁启超的脸，说道：

> 爹爹啊，你的不孝顺儿子，爹爹妈妈还没有完全把这身体交给我，我便把他（它）毁坏了，你别要想我罢。

读到这里，今天的年轻人也许会不知所云，这是什么逻辑呀，遇上车祸怎么扯上自己不孝呢？其实，这里可以看到中国传统的孝道在这一家中的根深蒂固。《孝经》：“身体发肤，受之父母，不敢毁伤，孝之始也。”这种理念已经深深烙在他们的心头，因此遭受车祸后的梁思成首先想到的是对不起父母，这是不孝。今天轻生者如此多，伤害自己身体的也如此多，其中一个原因就是从来没有受过这样的教育与熏陶。敬畏身体、爱护身体，就是一种实实在在的孝行，现代人如果能接受些这样的教育，有什么不好呢？特别今天大都是独生子女，对生命的关爱，更有一种紧要的意义。

5月11日梁启超在给梁思顺的信中，又说起梁思成因为养伤，年内能否出国求学尚是一问题，“我现课彼在院中读《论语》、《孟子》、《资治通鉴》，利用这时候多读一点中国书也很好”。——写到这里，联想到中国的孩子、年轻人大都不读这些经典，视那些东西为陈腐之物。但是就从梁启超这里，也许可以看到梁门内的经典教育的点滴，也可以体悟梁思成之所以车祸之后的“不孝”自责所显现出来的经典教育的魅力。身体是行孝的初级层次，而高层次是广扬名，不辱没家庭、祖上，并且还要为国家做出贡献，梁思成最后完成了孝行的全程。

梁启超（1873～1929年）是一位文化的巨人，著名政治活动家、宣传家，“戊戌变法”的重要发起人和参与者，清华国学研究院的著名四导师之一。在这位国学大师的熏陶下，一家九个子女，个个成才，并且还是“一门三院士”——建筑学家梁思成、考古学家梁思永、火箭控制系统专家梁思礼；而且梁启超家的孙辈也同样是人才辈出。在这样的国学大师家门里，梁思成以及其他的人都践行了孝道的整个过程。

想一想，想一想吧！这些故事，这些教导，也许会让一个人在走投无路时，忽然出现一盏明灯，照亮前行之路！在人生悲观至极时，有这些回荡在心间，也许会让人猛然醒悟，从此不再轻生了！

孔子“色难”命题的现代问卷

《论语·为政篇》：“子夏问孝。子曰：‘色难。有事，弟子服其劳；有酒食，先生馔，曾是以为孝乎？’”确实，比较起来奉养父母容易，但是要细心、精心、尽心地奉养就不容易了，而要永远和颜悦色地奉养就极其不容易了。这一段的译释，可以参见笔者在后文的解读。这里要说一个有趣的话题，两千多年前孔子提出的一个命题“色难”，今天却有人去做了一次问卷调查：现代人孝行中的“色难”怎样了？这篇材料不长，却是值得一读的好问卷。

调查显示，100位老人见到后辈儿孙时，有91人表情愉悦，面带微笑；有5人显得很平静；有4人面带期待与希冀。而100位儿孙遇见长辈时，有46人板着面孔，显得冷淡，脸色难看；有41人平淡无情，无动于衷；只有13人笑脸相迎，问寒问暖，情意融融。

以上调查数字，不一定十分严谨，但从一个侧面反映出当前一个严峻的家庭与社会问题。

这项调查缘于孔子有关“色难”的论述。当年，孔子在回答子夏关于孝道的问题时就哀叹过“色难”，指责子孙们对老人孝心不足，脸色难看。哪曾想，几千年过去了，晚辈们对长辈依然“色难”，且有加重的趋势。也难怪，随着独生子女成为家庭的户主，一方面要承受社会竞争的压力，又要承担双方老人赡养的重任，真有点不堪重负；“色难”就更加难免。有专家指出，一般来说，当今供养老人吃穿并不难，难在对老人的精神抚养上。其实，克服“色难”并不难。常回家看看，为老人端上一杯热水，陪老人坐坐，多一些问候，多一些笑脸——如此而已。关键是要心怀感恩之情，多想想长辈们的付出和哺育之恩。那样，就会将敬老之风形成习惯，形成自觉行动。全社会都要大力提高尊老敬老的传统美德意识，作为一门功课，一代一代传承下去，发扬光大。（武宝生《色难》，《读者》2008年24期）

孔子的理念告诉我们，孝不只是赡养父母，能够赡养父母只是低层面的要求。

这是为什么？孔子说出了一个非常简单又深刻的道理。如果只是养活父母，那么这能叫孝吗？不能，因为这不和养狗、猫、马、牛、羊、猪等动物一样了吗？

譬如今天我们养宠物，大家对宠物一片爱心，买饲料，给宠物洗澡，甚至还用上沐浴露、海飞丝、潘婷什么的。天冷了，还给它做一个棉套子，还定时陪着宠物遛街、散步。宠物生病了，赶紧送宠物医院。有人这样尽心照顾宠物，还真赛过了照顾自己的老父母、公公婆婆。但是这是养动物，养宠物，你能说是孝吗？孝，不仅是养，还要尊重，要敬重。这“色难”就是一大考验。

关于《论语》“色难”，朱熹在《论语集注》中这样解释：“色难，谓事亲之际，惟色为难也。”一说，是承顺父母的颜色，如何晏《论语集解》引包咸之说：“色难者，谓承顺父母颜色乃为难也。”后来的人就把子女和颜悦色奉养父母或承顺父母颜色称为“色养”。

我们服侍父母，不顾劬劳，能够事亲尽“色养”之孝，那么就由“食养”层面提升到“色养”层面了。

不过读了那份答卷后，笔者还思考这样的问题：两千五百年的科学技术已经发展到古人连做梦都想象不出来的地步了，比如人类可以飞入太空、登上月球，但是人性进步了吗？

“色难”，是不是随着社会的进步、技术的进步而变得越来越容易解决呢？两千五百年后人们的孝心是否也随着种种思想教育、文化水准、学历、学位、文凭的提高而提高了呢？当一些人还认为《孝经》在现代社会里是毫无价值、古代的孝子孝女都是封建旧社会的愚民产物，那么面对这一份答卷，或许大家都会感到一些沉重吧。

孔子说孝不只是奉养亲人父母。孝有三个层面，而养亲人父母是最低的层面。《礼记·祭义》说：最高层面的是“大孝尊亲”，尊敬亲人；其次是“弗辱”，不让父母遭受耻辱；最低层面的就是，“其下能养”。因此有“孝子之至，莫大于尊亲”的说法。

从《孝经》说“弑师案”

当不愿意回首又不得不回首那些往事的时候，我们的心情依然是悲痛的。在2008年的后一段时间里，大小媒体报道了多起“弑师案”，悲剧之多令人震惊！

2008年5月18日，江苏无锡一所小学门口，一名年轻女教师被捅数刀后又遭割喉。行凶者是一名老人，因孙子顽皮，经常受到校方“惩戒”，心怀不满而杀害了她。

2008年10月4日，又一起“弑师案”悲剧发生。山西朔州市二中的李姓学生，原是内蒙古清水河县人，后随全家迁居朔州市。此学生在初中时，就对老师的严加管教心存不满。读高中后，对班主任郝旭东的管理方法更是怀恨在心，并伺机报复。10月4日晚自习时，李某某将事先准备好的弹簧刀放在书包内带至教室。当郝旭东走到他座位旁边时，李某某突然站起来，从书包里取出弹簧刀向郝旭东猛刺一刀。郝旭东急忙往教室门口跑，李某某追到讲台附近，又摁住郝旭东连捅数刀，致郝旭东失血性休克死亡。

2008年10月20日，廉江中学校长黄兆峦在家门口遇刺。

2008年10月21日，浙江缙云县盘溪中学老师潘伟仙，因学生丁于真经常请假上网，与他一起去其家家访。途中，丁于真将潘伟仙推下悬崖，发现老师未死，又用绳索将其勒死。

2008年10月28日，又发生悲惨的一幕。中国政法大学昌平校区内，一天晚上程春明教授正准备上《比较法总论》课程。中国政法大学政治与公共管理学院的大四学生付成励，手持菜刀冲入教室，向程春明右颈部砍去，连砍两刀，仍神情镇定。随后，走出教室，掏出手机并报警。程春明所中的两刀，刀口约1尺长、2寸深，下手较狠，颈动脉、颈椎被砍断，由于失血过多死亡。

程春明，年仅43岁，曾留学法国，前途无量，程春明的夫人约30多岁，当时已有5个月的身孕，知道消息后，痛哭不止，并几度昏厥。

报载，2008年底，关押在看守所中的付成励声称，他刺杀程春明，就是痛恨他曾和自己的女朋友发生过师生恋。他在狱中对此供认不讳，毫无歉疚与悔过之意。

人间悲剧一次次重演，这些“弑师案”告诉我们了什么？这是值得深思的问题。

如果我们用《孝经》的角度来解读，或许会被人认为很“迂腐”，但是也许在这种与传统的遥接中恰恰能直达人性的深处。

一，我们是否忽略了“孝”与“爱”的教育？《孝经》：“夫孝，德之本也，教之所由生也。”“孝”这种德行的根本，是对亲人的爱，对长辈的爱，当然也是对师长的爱。这是需要培养、浇灌的，可是我们的学校、老师、家庭认真培养了吗？我们一味地讲究技术层面的教育，学好功课，考上大学，大学毕业找到工作，挣钱等等，而把道德教育作为附加品，从而导致学生道德缺乏或缺失。

二，真正敬亲的人，是不会轻侮他人的。《孝经·天子章》里孔子说：“敬亲者，不敢慢于人。”这里给人们揭示出人生伦理中的一条原理：真能孝敬亲人的，他就不会去怠慢别人。当然他也不会去“弑师”了。只要想一想，自己举动的后果，会给自己的亲人带来什么耻辱、灾难，也许就不会铤而走险了。《孝经·广至德章》里孔子说：“教以孝，所以孝天下之为人父者。”既然如此，必定会放下手中凶器。

三，《孝经·广要道章》里孔子说：“礼者，敬而已。”师生之间均要对对方有礼，不管是学生对于老师，还是老师对于学生，都要有礼。然而现实之中，“礼”的教育和教养日趋淡薄，“礼”的理念不仅在社会上，就在本不该淡薄的学校中也日渐淡薄。

老师与学生之间的关系，其实是一个并不复杂的问题。比如中国有句古话：“一日为师，终身为父。”这可以看到师恩之深。又比如中国古谚说：“受人滴水之恩，必当涌泉相报。”简单的几句老话，不知道胜过多少大道理。

古人与今人还留给我们很多的榜样。启功是当代著名的学者、书法家，他在晚年还用卖书画所得168万元以自己的老师陈垣先生的名义设立了奖学金，此举曾轰动天下，传为美谈。这些奖学金，可以促进更多人知道、研究、传承陈垣先生的学术与事业。这是他报答师恩的最佳选择。当然陈垣先生也是一位杰出的人物，受人尊重的导师与校长，不说他的学术，就看陈垣将珍藏的四万余册藏书和几百件文物最后全部捐献给国家，其中有很多珍贵版本，就很了不起。

古代尊师的风气也很浓，清代国学大师段玉裁尊师的传说就很感人。虽然年龄相差不大，但他在老师戴震面前还尊敬地行学生礼。戴震去世，每月初一、十五，段玉裁常到戴震遗像前垂手拱立，诵读老师手稿一遍，表示对恩师的铭记之心。

我还看到这样一则感恩的材料。二战期间，上海市民曾冒着生命危险保护了一千多个犹太难民免遭法西斯迫害。为了教育一代又一代以色列人不忘中国人民的大恩大德，以色列政府把这个历史事实写进了他们的中小学公民教育读本。古谚曰："施恩勿念，受恩勿忘。"此古训也许并不随着时代的车轮向前而被远远地甩掉吧？

《孝经》与清明节的思考

中国人最懂得感恩，但是中国传统中没有感恩节；西方有感恩节，但是没有《孝经》而有《圣经》。中国人的感恩与孝也是相连的，即使父母、祖先去世以后还继续感恩、行孝，比如每年清明上坟祭祀。

如今传统的"清明节"，也已经被国家定为法定的节日。清明节，这是个与逝世者有关、与死亡相牵、与灵魂对面的话题，上坟、供奉、烧香、礼拜、祭祀、扫墓等等，在一个科学发达、破除迷信的时代里，特别对青年、儿童来说是否有点灰色，有些压抑，有些尴尬？我们怎样来诠释这一节日的涵义？怎样通过这一节日来给民众，特别是其中还不太懂事的孩子以及学生们来一番有意义的引导？

其实，只要恰当地引导，便可以让孩子们度过一个有意义的节日。人们可以祭扫烈士陵园、先贤历史人物墓地，缅怀他们的功绩、留下的文化遗产，还可以踏青游春、陶冶身心。这些人们都知道。

如果用《孝经》里面的理念来引导，也是一种现代智慧的转化。《孝经·丧亲章第十八》："春秋祭祀，以时思之。生事爱敬，死事哀戚，生民之本尽矣，死生之义备矣，孝子之事亲终矣。"

一，这种祭祀是怀念亲人生时的恩情。如《孝经》说到进行春秋的祭祀，以此来表示生者无时不思念亡故的亲人。

二，这种祭祀，是一种孝行为的继续。亲人活着时候是爱敬、孝顺地侍奉他们，这就是“生事爱敬”。但这仅是尽孝的一半，另外一半是亲人逝世以后，安葬并经常祭祀，这便是“死事哀戚”，“祭祀”而“思之”。

三，孝行可以分为两个时段，一是亲人生前，一是亲人死后。如果一个人都很好完成了，那么一个人生的基本责任已经尽到了，生养死葬的大义已经具备了，服事亲人的责任也告终了。

四，《论语·八佾篇》：“祭如在，祭神如神在。子曰：‘吾不与祭，如不祭。’”孔子祭祀祖先时，便好像祖先真在那里一样。孔子说：“我若是不能亲自参加祭祀，是不请别人代理的。”祭祀需要真诚，献上的是爱心、缅怀之情，就好像面对祖先一样进行一番灵魂的对话。这里不搞形式主义，更不比排场。

当然，清明节的祭祀有的还含有重大的意义，是一个国家、民族的政治大事。清明祭祀黄帝陵、炎帝陵便是隆重的有重大意义的祭祀。

有历史记载的黄帝陵祭祀，最早见于春秋战国时期的秦灵公三年（公元前422年），迄今已有两千多年的历史。此后，历朝历代的统治者，几乎都曾经亲自或派人祭过黄帝陵。比如远在2114年前，有18万名汉朝士兵在47岁的汉武帝刘彻带领下，拜祭黄帝。

进入近现代，由政府祭拜黄帝陵的传统依然得以承续。民国元年（1912年），中华民国临时大总统孙中山有感于推翻满清、建立共和之庆典，委派要员15人组团专程祭祀轩辕黄帝陵。

新中国成立后，从1955年开始，除1962年到1979年的18年外，每年的清明节，政府官员、海外游客、港澳台各界人士都要在黄帝陵前举行隆重的公祭仪式。

陕西省黄陵县黄帝陵

2004年清明节，黄帝陵公祭升格为国家级最高祭祀大典，公祭礼仪也将进行重大变革，民间祭祀活动也随之升温。

2007年丁亥年清明节，3000名各界华人聚于陕西省黄陵县城以北一公里处的桥山之巅，共同拜祭了中华民族“人文初祖”的公孙轩辕——“黄帝”。据说比较先前历朝历代黄帝陵公祭的礼仪，这次是最完整、最系统、最隆重的。比如祭祀必须是天子级别的，显示出等级气势，还要展现民族文化优秀的一面，又要保证整套礼仪的完整性。就其祭祀用的鼎，也是根据《周礼》、《仪礼》等记载，天子的祭祀用九鼎八簋，而诸侯祭祀则只用七鼎六簋，大夫是五鼎四簋，士为三鼎两簋。

这次祭祀是隆重的，也是具有鲜明的使命意识特征的。它不是缅怀一个家族的祖先，而是两岸共同缅怀民族的始祖，在这里“追远”、反思、前瞻。这深层义又何尝不合《孝经》里面的义理？

外国女孩的“孝悌”深情

《孝经》讲“孝悌”，有对父母的“孝”，也有兄弟姐妹之间的“悌”。“悌”字的结构很有意思，一旁是“心”，一旁是“弟”，会合其意思就是将兄弟姐妹们放在心上，记在心里，兄弟姐妹之间的情感就会更亲密。

这种“孝悌”，后来又有“手足之情”之说。“手足之情”，最早见于唐代李华的《吊古战场文》：“谁无兄弟，如足如手。”宋代苏轼被诬而下大狱后，他的弟弟苏辙就曾冒死为兄辩护，在《为兄轼下狱上书》云：“臣窃哀其志，不胜手足之情，故为冒死一言。”这就是兄弟之间的“孝悌”。

最近读到《海外文摘》编译的一篇短文，深受触动，也许西方没有“孝悌”这种词语，但是那种兄弟姐妹之间的“孝悌”行为以及行为后面的那种情意，是不分中外的，也不分古今的。这本是从人性土壤中生长出来的真情真意的芬芳的花朵，香飘在中国，也开放在外国。

这篇短文《一美元购买的奇迹》是这样写的：

小女孩苔丝走进卧室，从橱柜里拿出一个玻璃瓶。她把瓶子里的所有硬币都倒在地板上，仔细地数了三遍。然后，她小心翼翼地把这些硬币放回瓶中，拧上盖子，从后门悄悄地溜出去，穿过六个街区，来到雷氏药剂店。

苔丝还没有柜台高。她对着药剂师挥了挥小手，希望引起他的注意，却无济于事。她大声咳嗽了两声，并使劲跺了两下脚，可仍不管用。最后，她拿出一枚硬币在柜台上敲了起来。这次终于奏效了。

“你到底要干什么？”药剂师转过头来，不耐烦地问。还没等苔丝出声，他又大声呵斥道：“没看见我正在和我的弟弟谈话吗？他刚从芝加哥来，我们已经多年没见面了。一边去，别来烦我们！”

“但我想跟您谈谈我的弟弟，”苔丝严肃地回敬道，“他真的病得很重，我想为他购买一个奇迹。”

“你说什么？”药剂师有点被这个小女孩弄糊涂了。

“我的弟弟叫安德鲁，他脑袋里长了个东西，爸爸说现在只有奇迹才能救他。请问，一个奇迹卖多少钱？”

“我这里不卖奇迹，小妹妹。很抱歉，我帮不了你。”药剂师的语气明显缓和了许多。

“听着，我有钱支付，如果钱不够，我会想办法补上的。只管告诉我奇迹值多少钱？”

这时，药剂师的弟弟——一位从芝加哥远道而来、衣冠楚楚的绅士，忽然弯下腰，向身边的小女孩问道：“你弟弟需要哪种奇迹？”

“我不知道，”泪水从苔丝的眼中夺眶而出，“我只知道他病得很重，妈妈说他需要动手术，但是爸爸出不起钱，所以我想用我的钱……”

“你有多少钱？”那位来自芝加哥的绅士问道。

“1美元11美分，”苔丝低声答道，“我总共就这些，不过如果不够，我可以再攒的。”

“那真是太巧了！”绅士微笑着说，“这正好是为小弟弟购买奇迹的价格。”他一手拿过苔丝的玻璃瓶，一手握住她的小手说：“带我到你的住处去，我想见见你的父母和你生病的弟弟，看看我是否拥有你们需要的奇迹。”

那位衣冠楚楚的绅士正是卡尔顿·阿姆斯特朗博士，他是芝加哥非常有名的神经外科医生。后来他为苔丝的弟弟安德鲁进行的手术确实是一个奇迹。而这个奇迹的价格出乎人们的意料——只有1美元11美分。

读完这篇短文，我被一个还没有柜台高的小女孩的“孝悌”所感动。她天真，天真得不知道复杂的社会、复杂的人际关系；她单纯，单纯得不知道弟弟疾病的疑难、医疗费用的昂贵。但是在天真中萌生出来的“孝悌”，让她做出了不合社会逻辑的行为；在单纯中，却让原本不合社会逻辑的行为又变成合乎社会逻辑的结果。这就是一个“奇迹”的故事！其实往深处发掘，不是形式上的“一美元购买的奇迹”，而是内在逻辑的孝悌“感应的奇迹”！

这个“奇迹”就告诉现代人，无论一个现代社会的物欲甚嚣尘上到何种程度，无论人们心灵的道德天平失衡到怎样的地步，人的心灵的深处还或多或少留有人性本来的“孝悌”情意在。一个人的纯真的“孝悌”，会唤起、激发另一个人、一些人的良心深处的“孝悌”。这就是一种至孝的“感应”，也就是“孝感”吧？它不同于传说中的大量的那种通于“神明”、“神灵”的荒诞不经的“孝感”，而是实实在在的人世人事的“孝感”！

新机融合：《孝经》的“谏诤”

鲁迅在逝世前，与郑振铎合编出版了《中国传统木刻集》，他说了一句话让人们一直念念在心。

鲁迅说：“择取中国的遗产，融合新机，使将来的作品别开生面，也是一条路。”其实，这种思维可以扩充之、衍生之，中国的传统的遗产都可以融合新机，别出新路。

《孝经》当然也是如此，如《谏诤章》讲道：“昔者天子有争臣七人，虽无道，不失其天下。诸侯有争臣五人，虽无道，不失其国。大夫有争臣三人，虽无道，不失其家。士有争友，则身不离于令名。父有争子，则身不陷于不义。故当不义，则子不可以不争于父，臣不可以不争于君。故当不义则争之，从父之令，又焉得为孝乎？”译文可参见本书《篇五》的内容。

孔子不提倡唯命是从式的“愚孝”，而当孝转化为“忠”时，也不是“愚忠”，于是对天子有“争臣”，对诸侯有“争臣”，对大夫有“争臣”，对士有“争友”，对父有“争子”。自天子以下的每一层次上的孝与忠，都应当有“谏诤”，也都应该去“谏诤”。

前几年《环球时报》曾登载一篇文章，有感于克林顿当初发生的“性丑闻”之事，分析了中国人与美国人态度与心理的不同。读后印象深刻，很有启发。文章这样展开，说：

中国人大多是以看热闹的心态看待这种事。问题恰恰出在这里，美国人认为总统的隐私不仅仅是个人隐私，总统大权在握，一言一行关系着千千万万人的切身利益。总统的个人问题就是大家的问题，克林顿既然当了总统，担负起治理国家的使命，对他的要求就得苛刻些。一般老百姓的"性丑闻"，美国人就不那么当回事；克林顿是总统，总统的道德问题对这个国家的影响是不可低估的。老百姓这么想，司法、监察部门也不敢怠慢，正式传唤克林顿，克林顿只得乖乖地按时出庭，最后在确凿的证据面前"招"了。

文章认为，美国人在这个问题上并非小题大做，并非猎奇，也不像有人说的那样是把"屎盆子往自己头上扣"。美国人是极其聪明的，他们善于运用自己的民主权利，维护自己的利益。试想，假如一个总统道德上靠不住，吃亏的还是老百姓！老百姓关心总统的隐私，实质是关心自己。(《茶余饭后》)

读后很有味道，我联想起《孝经 · 谏诤章》中孔子唤醒人们要"谏诤"的深刻性，以及在现代的转化的"新机"。孔子强调"谏诤"，这是"孝"的一种不可或缺的责任、义务，而且要人们成为一种自觉的、主动的行为。这不仅是对自己负责，也是对社会、对国家负责。

孔子的再一层深刻，是"谏诤"所带来的效果是巨大的，它可以纠正"无道"，甚至可以"虽无道"，而能"不失其天下"、"不失其国"、"不失其家"、"身不离于令名"、"身不陷于不义"。

今天，社会的民主环境越来越好，言路越开越广，这就是"新机"。我们更要提高自己的"谏诤"的自觉性、能动性、积极性，不断提高"谏诤"的水平。

我们知道，长期以来"阶级斗争学说"一统天下，法学的研究成为一潭死水。即使是拨乱反正时期，也一度是"高危"领域，举步维艰。郭道晖，一个曾经被清华大学宣布为右派、开除党籍的人物，1979年全国人大常委会成立法制委员会，彭真等人把他调用过去。离休后，又被聘请为《中国法学》杂志的总编辑。他不断用自己的研究，发出一次次"谏诤"。

郭道晖在中国法学界最早提出"法制"与"法治"的本质区别。任何社会都有"法制"(法律制度)，但只有民主社会才有"法治"(法的统治)。其区别在于："法制"往往是"人治底下的法制"，而"法治"才是人民之治。任何人，包括执政党，都应当受法的"统治"与"支配"。他还形象地概括，"法制"是"刀治"，"法治"是"水治"。十五大报告接受了郭道晖等法学家的意见，改提为“建设社会主义法治国家”，“法治”提法一锤定音。然而郭道晖又进一步指出，“依法治国”的“国”，应该是指“国家权力”，重在“治权”、“治官”，而非“治民”。

2004年，发生了中国法治史上的一件大事：“人权”入宪。郭道晖是我国“人权”研究的先行者。上世纪八十年代，“人权”这两个字非常敏感，郭道晖率先在《中国法学》杂志上打破禁区，号召法学界“高举社会主义人权的旗帜”，开展人权法制的研究。他在国内首先提出“人权是超阶级的普遍的权利”，既“人皆有之”，也“人该有之”。他明确提出“人权至上是宪法的最高原则”，应该说，中国在“人权”理论中获得的丰厚成果，中国对“人权”的重新阐述，乃至中国将“人权”入宪，都与郭道晖及其他一些先行者的努力分不开。（以上参见《文史博览》彭子诚等文，《茶余饭后》）

这或者可以说是“新机”下的对传统孝道“谏诤”进行“融合”的一个案例。这后面所体现出来的是一个和一帮法学者对法律、社会、党和国家、人民的忠诚。今天每个系统、每个行业、每个团体都不缺少这样的“谏诤”者，也不能缺少这样的“谏诤”者，而且但愿多一点、执著一点、敏锐一点、水准高一点，让我们的事业更加兴旺发达。

联类而及，一个企业也罢、一个单位也罢，无不如此：有“谏诤”在，是好事；在位者接纳“谏诤”，更是好事。在一个家庭里，面对父亲的不义言行，不能直言相争劝止，而一味盲从父亲的错误的命令，这怎么称得上孝呢？

我们如果再细细读一下《孝经·谏诤章》孔子的那番话，也许一个动情的、深情的、激情的孔子就矗立在我们面前了，而一个深受教育的曾子也活生生地就站在他的身边，被夫子的一番话打动了。

“孝”与商业营销智慧

孝，确实就活生生地潜伏在每一时代的中国人的心中，只不过有时潜伏得很深，但是如果被激发出来，那么在商家那里就会成为极好的生财之道。

我们来看“脑白金”的商业销售案例，就可以体会其中的妙处。

脑白金（口服液＋胶囊）由“上海健特”制造，1998年进入市场，巅峰时期年销售额超过15亿元，而且至今畅销。

脑白金的有效成分是褪黑激素。根据国家卫生部的认证，褪黑激素具有改善睡眠的保健功能，可以用来促进睡眠，调整时差，以及延长睡眠时间，主要适宜人群是中老年人。调查发现，交际活跃的中年人和60岁以上的退休老人共有1.5亿人，而其中有90%的老年人睡不好觉。睡眠不好会引起众多的病症，这就为脑白金提供了潜在的庞大市场。

但是脑白金如果只是凭借帮助人们改善睡眠的功能与意义，很难赢得市场。因为人们睡眠不好，可以服用安眠药、安神药，并不一定要服用保健品。所以健特公司为自己的产品建立起一套延伸的概念，尽量与药品区分开来。

细细想来，人们认知中有这样的逻辑：睡眠良好就能有效地恢复身体机能，消除疲劳；而人一旦脱离了疲劳，变得精神抖擞了，自然就显得年轻。于是脑白金借用了这个我们心里存在却没有说出来的逻辑，将“睡眠好”与“年轻”联系起来，提出“年轻态健康品”的概念。脑白金要表达一种场景：服用了脑白金的老人，可以像一岁的婴儿般熟睡。这种新奇的概念让人们明白，原来老人也可以像婴儿一般睡得安稳甜蜜。一般人不会将药品和婴儿联系起来，因为婴儿的睡眠是最健康的。这暗示了脑白金不但效果好，并且无副作用的健康意义，成功地将其功能与药品相隔，重点针对中老年消费群建立起外在的、不一般的概念。

脑白金有了“里”的功效、“外”的概念，又怎样“里”、“外”联系起来呢？营销初期，脑白金的“联系”过于夸张。褪黑激素是人脑的一个腺体松果体分泌的，“上海健特”将松果体强行翻译成为脑白金体，将褪黑激素说成了脑白金，又大肆夸大了脑白金的功效，如“与克隆技术并称二十世纪两大技术的发现”，“每克脑白金的价格是白金价格的一千零三十二倍”等等，又以大量的媒体宣传塑造强大的功能形象。这样，脑白金的年销售额一度飙升到2亿多元。

虽然以夸张激进的手法使出了奇招，但是过于脱离实际功能的宣传引起了消费者的不信任，后来销售额连月下滑，产品生存出现危机。脑白金的第一次出奇尝试失败了。

于是脑白金另辟蹊径，走了一着妙棋——主攻保健品市场强大的礼品需求。中国人讲究“孝道”，做子女的无不希望父母身体健康、年轻永驻；而大家逢年过节又都有访亲问友的习惯。一年的忙碌之后，同亲友相聚而欢，在拜访时候还要送上一份自己精心挑选的礼物，以示心意。可是当时市场上还没有谁把保健品包装成礼品来迎合这种需求。

他们捕捉到这一点，于是脑白金打出了如下广告：

今年过节不收礼，收礼只收脑白金。

今年孝敬咱爸妈，送礼还送脑白金。

两则广告，一方面脑白金作为营养品，正好满足人们过节不知道送什么礼物给亲朋好友的需要。另一方面年轻态的概念也正好符合子女们希望父母年轻、向父母表示孝心的意愿。于是大量脑白金作为礼品的广告，出现在电视荧屏上。

此后脑白金的购买率和知名度逐年上升，其销售额在1999年重新达到2亿元，2000年到达黄金期的年销售额12亿元。几年之后，脑白金作为礼品的价值褪去，但是购买脑白金产品，期待改善睡眠的消费者留了下来，他们成为脑白金在改善睡眠产品中稳占一席之地的重要力量。（以上参见《郎咸平说》，东方出版社一书内容）

我们进一步分析，脑白金正是用“唤醒”、“激活”的方法，“唤醒”、“激活”了本来或已是洋溢的、或潜伏的、或淡化的人人内心的“孝”的情感，使之转变为一种孝的行动。

其实商界打出“孝敬牌子”的努力并不少，衣食住行各方面都能见到这方面的广告和产品。不仅在中国，在外国也有做“孝道”生意的。笔者还看到一个材料，韩国重视“孝道”，出现许多“孝道”产品。每逢重大节日，韩国厂商都会争先推出孝敬老人和父母的产品，其中最畅销的要数无公害的保健食品。比如，西瓜经过特殊处理，上面隐现出一个“喜”字；一套精美的点心盒上印着一个“孝”字，等等。为表彰企业为国家经济发展所做的贡献，韩国政府还专门设立了“孝子”企业奖。总之，东方的儒教文明在韩国无处不在，甚至比有着礼仪之邦美称的中国更胜一筹。

笔者另外想到的一点是，如果商家“忽视”了孝子们的真心、“忽略”了孝子们的诚意、“疏忽”了货真价实的定律，用伪劣、虚假的东西“忽悠”了顾客，那么不仅销售额不会上去、或上去了还会跌下来，而且在良心上、道德上是一个输家。因此，企业家要打好这一孝道之牌，首先自己是个孝子，是一个行孝道的人。

《孝经》·孝·企业家

企业家与孝的故事很多，他们会给我们什么启示呢？

先说被誉为“中国第一村”的无锡江阴华西村的华西集团公司董事长、总经理的吴协恩，他还是华西村的党支部书记。他是父母眼里的大孝子，外村人眼里的大恩人，职工眼里的大英雄，村民眼里的大能人，党员眼里的好带头人。

这位孝子掌管的华西集团公司，是全国大型一档乡镇企业、全国先进乡镇企业、全国文明乡镇企业、全国先进乡镇企业科技工业园、全国思想政治工作先进单位。从上世纪七十年代开始，华西人从无到有办工业，到1994年组建华西集团公司，下属8大公司，固定资产30亿元。2003年实现销售收入105亿元，2004年实现200亿元。集团有职工2万人，中高级工程技术人员2000多人。绝大多数企业已经从国外引进当今世界一流设备，生产的面料、西服、化纤、针织染整、线材、热带、法兰等系列产品，已经发展到1000多个品种，10000多个规格。同时还创造了驰名国内外的“华西村”牌和“仁宝”牌系列名牌产品。“华西村”A股股票1999年在深圳上市，华西股份有限公司成为全国第一家以村名命名的上市公司。《人民日报》、中央电视台等多家媒体称其为“中国农村第一股”。

这个孝子掌门人，到底是个怎样的人物？吴协恩11岁那年盛夏的一天，本村村民孙良庆家的12岁的孩子游泳时，不幸溺水而亡。惊天大祸使得曾经欢乐的孙家小院笼罩着一片愁云。一直把全村人的悲欢冷暖挂在心头的村党支部书记吴仁宝，经过一番激烈的思想斗争和深思熟虑后来到孙家，对哭肿了眼的孙家夫妇说：“人死不能复生，你们别难过了，我有四个儿子，随你挑哪个都行。”就这样，本是在家排行老四的吴仁宝的儿子吴协恩，转眼间变成了孙良庆的儿子。

吴协恩在以后的日子里，慢慢理解了父亲吴仁宝的良苦用心，在孙家诚实听话、孝敬双亲，在学校勤奋好学、尊师守纪，毕业后又到部队接受锻炼和考验。1985年退伍回村后，吴协恩与青梅竹马的孙家女儿结了婚，既是孙家的儿子，又成为孙家的女婿。

后来吴协恩工作越来越忙，任务越来越重，却始终孝敬两对父母，也很自然地把这份孝敬转化为对华西村事业的忠诚。

在华西村工业化起步最困难的时候，他当过驾驶员、供销员、铝制厂领导，业绩辉煌。他又曾告别妻儿，踏上“扶贫之旅”，走向黑龙江亲手创建了肇东“华西村”。他告别肇东，回到家乡“华西村”后，又将宝昌公司发展壮大，经营范围扩大到烟酒批发销售、五金装潢、物资储运，拥有金属软管厂、化纤总厂等10多家下属企业。他担任华西集团公司总经理后，把目标定位在：本世纪头二十年中的第一个十年，中心村向“中康”迈进，周边村达到“小康”；第二个十年，中心村向“大康”迈进，周边村要努力实现“中康”。

吴协恩在出任村党委书记时，发表了一番就职宣言，值得一读：

我们新一届党委要按照“美丽的华西村，幸福的华西人”的标准，建设名副其实的“天下第一村”。

花3年时间，发展“五业”（工业、农业、商业、旅游业、服务业），实现可用资金50亿元，使大华西的“五容”（山容、河容、田容、厂容、村容）和“五子”（房子、票子、车子、孩子、面子）再上新台阶。作为我们来说，要建设“五个五”，实现“五个五”，关键要团结“五种人”，调动他们的积极性。所谓“五种人”，就是大华西本村工作的人，大华西在外面工作的人，在华西工作的工程技术人员和打工的人，吸收国内外华西需要的人，以及前四种人中德才兼备的人。我们要团结这“五种人”，调动这“五种人”的积极性，发挥这“五种人”的才能，增强更大的力量，创造更好的条件，为共同建设一个更加名副其实的“天下第一村”而努力奋斗！”（以上参见华西村选编的材料）

这是由家庭的孝，推衍为对一个村、一个集团公司的爱、敬、忠的表现了。

再说个孝子企业家施正荣的故事。2007年8月，随着百亿身家浮出水面，43岁的施正荣荣获“中国新首富”桂冠。无锡尚德太阳能电力有限公司，北京时间2005年12月14日，在美国纽约证券交易所挂牌。在《福布斯》杂志2006年“全球富豪榜”上，现居中国、国籍为澳大利亚的无锡尚德太阳能电力有限公司董事长兼CEO施正荣以22亿美元排名第350位。

施正荣是个出色的企业家，也是一个孝子，他的经历非常奇特。1963年，施正荣出生在江苏省扬州市一户姓陈的人家，是双胞胎之一。当时正值三年自然灾害困难时期，他说：“家里非常贫穷，无法同时养活两个孩子。而我的养父母家刚出生的一个女孩却因疾病夭折了。所以，我就被送到施家，由他们抚养长大。”

因此他是在养父家中长大的，姓施，不姓陈。他说：“因为两家离得不远，所以在我五六岁的时候就大概知道了自己的身世，到十岁就很清楚了。但我从来没有想过要跑回原来的家，也从来没有埋怨自己的亲生父母。因为在那个年代，很多事情都是迫于无奈。”

出生没几天的施正荣便因为家庭贫困被送到了施家。骨肉分离，这件事多少带有些悲剧色彩。可事实上，施正荣不仅没有怨悔，对施家反而充满感激之情："养父母对我非常好，甚至超过他们的亲生孩子。从小我就喜欢读书，在那个艰难的年代，不管家庭有多拮据，养父母都全力支持我的学业。没有他们，肯定就没有我的今天。"

施正荣还说："家里两个人对我影响最大，一个是爷爷，一个是母亲。"

说起爷爷，施正荣满脸幸福，"他解放前就是帮助寺庙理财的人，很有经济意识。他从小就告诉我，'钱不是省出来的，是挣出来的'。那时候不让做买卖，但是他还是能找机会在附近几个县做些小生意，所以家里经济一直都挺好的，印象中我就没有挨过饿。"对于母亲，施正荣更多的是尊敬："母亲对人特别好，那时候家里附近有一些外地来的工人，过年过节的时候，母亲就把他们请到家里一块吃饭，这是很少见的，平时帮助别人她也总是很舍得，这让我长大了以后很懂得要和别人分享。"无锡尚德上市之后，施正荣很快拿出了几千万元成立了一个基金，取名"施氏家族慈善基金"，以示对施家的感恩之情。（参见《东方企业文化》，2007年，范学凤等文）笔者还从电视媒体上看到，施正荣为自己的养父家建造了一座很好的别墅，造了桥，还专门修了一条通到施家的公路。

笔者还要再说一个日本的孝子企业家与《孝经》的故事。

日本有很多名人文库，一是私人藏书的文库，一是大学图书馆中的名人文库。现在京都大学所藏清家文库中有《孝经述议》、《周礼疏》、《中庸》三书，早在昭和十七年（1942年）时就已经非常珍贵，现在被定为日本国宝。

私立大学的文库似乎更多一些，关西大学综合图书馆里就有许多名教授、名学者的文库，如内藤文库、服部文库等几十个。其中有一个玄武洞文库，是一个孝子企业家的藏书。他所收集的《孝经》各种版本达483种，570册，是全日本最全的，也可能是全世界最全的。一册目录书名《家藏孝经类简名目录稿》，编者是田结庄·金治氏，于昭和12年在大阪的玄武洞文库出版。《汉书·艺文志》著录以后，可以见到的有汉孔安国《传》、汉郑玄《注》、隋刘炫《述义》、唐玄宗《御注》、唐元行冲《疏》、宋邢昺《正义》、宋司马光《指解》、宋朱子《刊误》、元董鼎《大义》、明江元祚《大全》、清阮元《校勘记》等。《孝经》传到日本的年代，据林秀一博士的《日本孝经年谱》考证，推古天皇12年即公元604年的十七条宪法中引用了《孝经》的话，说明在六七世纪的隋唐之前已经传入日本。（周桂钿《日本的名人文库——旅日杂记之二》）这告诉我们，一位孝子企业家曾经这样孜孜以求地收集了这么多的《孝经》的版本，甚至是

“全日本最全的，也可能是全世界最全的”。至此，笔者无限敬仰!

我们从三个企业家那里看到，他们有国籍的不同，也有时代的不同，有的可能并没有读过《孝经》，但是都是孝子企业家，都遵循和暗合了《孝经》的道理。他们都把自己的孝心、孝行，不仅在家庭里面实现了，而且都推衍至社会，为社会造福，把孝的爱延伸为更为广大的、普遍的大爱。

《游子吟》：现代孝文化的载体

有一首孝子之诗，让古今人读之动情，再读搅动感情，三读涌动深情，千载之后仍然情意绵长。这就是唐代孟郊的《游子吟》。

孟郊（751~814年），字东野，湖州武康（今浙江省德清县）人，德清是孟郊故里。如今在德清县博物馆内，还保留有“东野古井”碑和古井井圈；清河坊里，有孟郊祠；河滨公园内，有孟郊塑像；春晖公园内有“慈母春晖”的大型浮雕，并镌刻着冰心书写的《游子吟》。

孟郊少年时曾隐居嵩山，近五十岁才中进士，任溧阳县尉。他与韩愈交谊颇深，在文坛上有盛名。孟郊作诗歌，多寒苦之音，用字造句力求避开平庸浅率，追求瘦硬，与贾岛齐名，因此有“郊寒岛瘦”之称。

孟郊这首《游子吟》，却朴素无华，通俗易懂，朗朗上口，情真意切，歌颂了最伟大的人性中的母爱、最诚挚的孝子报恩深情，千百年来脍炙人口，成为传播“孝文化”的一个载体。

苦吟诗人孟郊，年届半百及第进士后，来到今天的江苏溧阳任县尉。孟郊到任的第一件事情，就是迎奉老母到溧阳，以尽孝心。他有感于其母裴氏平时辛勤劳作，并三次亲送自己赴京城赶考的恩情，在溧阳写下了千古绝唱《游子吟》，在题下作者自注：“迎母溧上作”。诗云：

慈母手中线，
游子身上衣。
临行密密缝，
意恐迟迟归。
谁言寸草心，
报得三春晖。

这是一首唐诗中的“乐府”诗，古今传诵，选在《唐诗三百首》中。这首诗亲切感人，能感应普天下儿女的亲切联想和思念，更让每一个有过类似经历的人潸然泪下。诗句没有字句的雕琢、肆意的夸张，只是展现了游子告别亲人之际，母亲为儿子一针一线缝衣服，只是密密麻麻，只是将自己的系念、盼望早点归家的心意一针针、一线线全纳入其中、藏在其里。接着便是温煦的太阳与沐浴春晖的小草，小草之心，虽欲报答母亲春晖之恩，但是报得了吗？报得完吗？读诗至此，正如王国维《人间词话》所说的，眼前“一切景语皆情语”了。

在1992年香港举办的“最受欢迎的唐诗评选”中，这首《游子吟》名列榜首。这成为香港德育教育的载体。当然，也不仅是香港，而是中国一代代人孝的教育的载体了。

就拿《游子吟》写作地溧阳来说，此诗也更深地扎根在民众的心里。溧阳是人类文明的发祥地之一，这里的上黄镇发现了距今大约4500万年前的人类祖先中华“曙猿”，贾兰坡说：“上黄动物群，特别是高级灵长类（化石）祖先的发现，其意义可与周口店北京人的发现媲美，是我国20世纪古生物学上又一极为重要的发现。”溧阳还保留有活态傩文化遗存，嵩里村的跳幡神活动，伴随傩舞，驱邪避魔，降福纳祥，充满原始民俗风情。当初伍子胥的父兄被楚平王冤杀，于是他逃出昭关，投奔吴国，在溧阳境内的濑水边，向浣纱女乞食。史贞女倾其所有的“壶浆”给他充饥。伍子胥临别时，再三告诫她，如有追兵赶来，务必严守秘密。史贞女为了表明自己的诚心，抱石投河而没。伍子胥后来灭了楚国，复仇回来途经溧阳境内，就将三斗三升金瓜子撒入濑河中，实现“千金报德”的承诺，并在史贞女溺水处造庙，以祭祀义士的亡魂。

孟郊《游子吟》的感恩，与这些文化积淀融合在一起，成为溧阳文化，特别是感恩文化的载体。民众的感恩是一种大爱，是对自然、社会、家庭的一种深刻的感恩文化，而且感恩也已经嬗变升华为溧阳各级政府执政为民的民本理念。这座感恩之城、大爱之乡开放、包容、谦让，满溢着对大地母亲的挚爱，对生态家园的呵护，对民众、对家庭的关爱、关心与关怀。

美国总统奥巴马的“孝道”

2008年11月5日，美国总统大选尘埃落定，47岁的民主党党员奥巴马击败共和党对手麦凯恩，当选为第56届美国总统。奥巴马由此成为美国历史上第一位非洲裔总统。

奥巴马身上不仅有那种锐不可当的狂飙式的实现“美国梦”的进取精神，笔者还从媒体的报道中看到他的“孝道”。

奥巴马的生父为肯尼亚黑人穆斯林、留美学生，在奥巴马两岁时离他们母子而去，回到自己祖国工作，最后因为车祸去世，年仅52岁。奥巴马出生在夏威夷，幼年在继父的家乡印尼度过了4年时光，后来在美国本土接受精英教育，先后在纽约哥伦比亚大学和哈佛大学学习，获得法学博士。他曾是著名的《哈佛法律评论》历史上的首位黑人主编，同时也在芝加哥的社区担当过社会工作者和街头组织者。

奥巴马有过“寻根之旅”，就读哈佛大学法学院之前，奥巴马带着“一个西方人，西方却不是我的家；一个非洲人，非洲却是陌生的土地”的疑问，远行肯尼亚，“坐在两个坟墓之间哭泣了很久”，最终“知道自己是谁了”，随后感言“我的问题也是兄弟们的问题”。

有关材料说，当奥巴马第一次来到故乡——肯尼亚的一个小村落时，他问他的祖母，父亲可有留下什么。祖母给他一沓信，超过30封。奥巴马说：“这些是父亲手写的信，所有的信都是写给美国的大学的，所有的信都充满了一个年轻人的希望，希望生命拥有更多梦想。”据说，在日后的竞选中，父亲的这些信启发了奥巴马的灵感。他要重申美国梦来重新点燃美国精神的希望之火。

奥巴马的母亲是堪萨斯州的白人，他的母亲也只活了52岁。奥巴马后来表示，他的最大错误是没有在母亲去世时陪在她身旁。事后他赶回夏威夷，和家人一起将母亲的骨灰撒进了太平洋。不过，她的精神被他继承了下来。有友人指出：当奥巴马微笑时，他的脸上带有几分安静的神情——他母亲的那种很能感染别人的独特方式，这种能力来自他母亲对各种不同文化的洞察。她从未与子女谈到大男子主义或种族主义，她总是使用正面字眼：我们正在努力做什么，我们可以做些什么。奥巴马说：“她很不意识形态化，我认为我从她那里遗传了这一点。”

在2008年竞选时，为了前往夏威夷看望病重的85岁外祖母并陪伴在她身边，他宣布取消2天所有竞选活动。美联社曾评论，在选举日到来两周前抽身探病，是奥巴马角逐总统道路上的重大决定。外祖母帮助抚养奥巴马长大，是他人生中最重要的人之一。奥巴马曾在一次竞选活动中说，外祖母教会他许多有价值的东西，比如责任、自信、爱国、努力工作、善待他人等。

在2004年那次成名演讲中，奥巴马动情地说：“在今天这个夜晚，我知道先辈们正在星空中骄傲地俯瞰着我。”我们也许可以体会到，其中有他的外祖母、父亲、母亲等在上空骄傲地俯瞰着他。——如果从《孝经》的角度来说，这是一个孝子在广扬名，在为父母争光!

这位美国新任总统14年前写就的《奥巴马回忆录：我父亲的梦想》，成稿于1995年。这本书的题目，就让人体会到他的孝道! 这个年轻的黑人政治精英用至诚继承他的父亲的梦想，用行动刷新了美国政治的天空。这一刻，距离民权领袖马丁·路德·金发表著名的《我有一个梦想》演说正好45年；这一刻，距离林肯总统签署《解放黑奴宣言》145年。奥巴马以惊人的个人魅力，借助美国历史性转折的有利契机，成功冲破美国政治种族限制，开创了崭新的美国历史，也将深刻地改变世界历史。

有人说，在那本书中，我们会读到奥巴马从母亲那里继承了弥合分歧、保持开阔思维的能力，以及好奇心、同情心和对冒险的热爱；从外祖母那里，他继承了实用主义、冷静的头脑以及在风暴中心处变不惊的能力；从外祖父那里，奥巴马学会了打牌，也学到了外祖父对生活的热情和“一切皆有可能”的生活态度。

有人说，奥巴马的身上汇聚了黑人、白人不同种族的特点，兼具了草根与精英的特质，交集了亚洲、非洲、欧美几大地域文明的影响，更深刻地根植了基督教、伊斯兰教不同文化的基因。而美国本身就是世界上最大的“熔炉”。这是一个由移民组成的国度，不同文化、种族、信仰的人群在美利坚多元共荣，形成世界上最强大的国家。这是一个从经济到文化日益趋平的世界，全球化的趋势正在成为一种潮流，国际化的人才和理念是未来的方向。

有人说，因为父亲的缘故，奥巴马的名字中有“侯赛因”的姓。作为美国总统有一个穆斯林名字，他在阿拉伯世界可以被认可，中东与西方世界的对立情绪、宗教冲突必将得到缓和。奥巴马少年时代曾生活在亚洲，还在印尼上过学，受到过东方文化的影响，使他成为第一位有过这种少年亚洲生活成长经历的美国总统。奥巴马的家就是个“小型联合国”，同母异父的妹妹还嫁给了一位加拿大华裔。

奥巴马在选举中不断重复他的著名句子：“这不是一个黑人的美国，或一个白人的美国，或是一个亚裔人或拉丁人的美国。我们只有一个美国，那就是美利坚合众国。”我们还记得奥巴马说过这样的话：“我是同胞兄弟姐妹的守护人! ”这话让美国的许多人感动、激动、心动!

奥巴马主张不分种族和派别，强调共同团结，以美利坚民族的共同努力实现美国梦。其实是否可以这样来考察，奥巴马是在宣扬一种不分种族的“博爱”之道，而这种“博爱”之道也就是他从自己家庭、家族的“孝道”中延伸出来的，然后推广至于种族，最后至于整个国家。——当然这是从中国式的“孝道”视角与理念观察的结果。

动物世界：孝乌·驴子孝·孝牛

孝本是人类的美好的德行，但是一些人却往往泯灭了，相反人们打量动物界的时候，却读出了许多让那些所谓的人惭愧不已的东西来。

网上流传着一篇《农村老人关于养老的“语录”》，源自《检察日报》(2008年1月10号)。我读后，感慨万千！且看这些来自农村老人的养老“语录”，折射出很多的东西。

1. 能干，俺是儿女的劳力；不能干，咱就成了人家的累赘。

2. 人老了，最靠不住的就是儿女呀，歹心的儿女都赶不上好心的邻居。

3. 我养你们18年，你们养我8年还不行吗？

4. 能动一天就得干，不能干躺下就等死。

5. 穷的富不得，一富就了不得。这儿女有了钱就没了心，除了钱就谁也不认了。

6. 人可别老啊，老了难过呀！

7. 孝，是一辈讲给一辈听，一辈做给一辈看啊，没啥大道理，全凭良心。

8. 老话说：家有一老，如有一宝。现在呢，是家有一老，如有一草。

我想，其实不仅在农村，城市也有很多不孝不养的子女，比如为抢夺房产把父母赶走、为侵吞父母的存款玩弄花招，还有“儿子不养父，孙子吃祖父”等等，不一而足，媒体报道不绝于耳。

我此时不再想讲道理了，而是想起了动物世界中的“孝”。

大家都知道古代丝绸之路、敦煌绿洲、玉门关、戈壁滩、罗布泊，但是不一定知道这样一个感人的故事。2001年的5月，在距离玉门关外的一二十公里的大漠古道上，人们惊奇地发现了一座坟墓，墓前高大的黑色大理石墓碑上镌刻着醒目的三个大字：驴子孝。有一篇文章曾广为流传——《驴子孝——生命禁区的人性丰碑》，介绍了这样的真实事情：

在那一片荒漠上，牧民的一头母驴突然病倒在滩涂上，才生三个月的小驴，寸步不离地守护着自己的妈妈。小驴不停地用舌头舔着母亲的眼睛、肌肤，用头拱着躯体，流着泪，不停地吼鸣，试图把妈妈唤醒，让它站立起来。一天，两天，三天，一天又一天，小驴守护着，不吃、不喝、不睡，舌头干裂了、流血了，但坚持着，一直挨到第七天，终于栽倒在妈妈的身边，小驴和驴妈妈一起魂归大漠。有一位诗人、制片人，在这里为之矗立起这一块特殊的墓碑，记载了这个动人的“孝”的故事。

有人说，一只小小的驴子，如此重孝重义，就是到死也不忘养育自己的母亲，动物的孝义之心让人感动。万物之灵的人类，要是不孝顺含辛茹苦养育自己的父母，那他就连动物都不如。

有人说，虽然这对母子不是有灵性的人，可它们母子间那份不弃不离、生死相随的至情，比人间亲情更让人震撼。

有人还说，尽管人们骂别人笨时常说“比驴还蠢”，其实驴是很有灵性的。

后来有位歌手还创作了一首歌曲《驴子孝》：“是谁在亲吻母亲的脸颊，从清晨到日暮守护着她？是谁依偎在母亲的腋下，用自己的身体温暖着她？哦，妈妈，孩子怎能将你丢下？哦，妈妈，养育之恩还未曾报答……快快醒来吧，我要牵着手和你一起回家……”

笔者读到有关材料说，有人经过反复琢磨，音乐电视短片《驴子孝》终于制作完成。2004年底，《驴子孝》上网播出后，引起了轰动，每天的点击率多达上万人次。该作品在第3届全国动画短片奖评选中，被评为“最佳动画音乐电视片奖”。

一个驴母子之间的故事，为什么会感动这么多具有高科技、高智商、高水准、高度个性张扬、高度现代化的21世纪的人们？就像歌曲《常回家看看》一样被现代人欢迎，此中的意蕴实在值得发掘，令人深思。

21世纪的现代人之所以会被这一“驴子孝”感动，是因为人的心肠不是铁石铸成的。正因为是人心、是良心，所以深深潜伏在那里的道德根本还在，只不过被各种贪欲、私心、杂念掩埋了，一旦开启，照样会良心发现；一朝触动，照样会善心萌动的。

其实我们古人早就用动物的孝来教育人的孝了。

羔羊之跪乳，古人用来喻指孝义。《公羊传·庄公二十四年》何休注云：“羔取其执之不鸣，杀之不号，乳必跪而受之。类死义知礼者也。”汉代班固《白虎通义·衣裳》："羔者，取跪乳逊顺也。"《九尾龟》："你想羔羊跪乳，鼷鼠成群，虽是禽兽，也还都有孝义之心。"动物都如此，何况是人？

乌鸦反哺，就是被人们经常称道的。据说乌鸦长成之后，会衔食喂养其母，后来比喻报答亲恩。晋代成公绥《乌赋》："雏既壮而能飞兮，乃衔食而反哺。"

在《二十四孝别录》中还记载《乌助成坟》的故事。汉代有个叫颜乌的，是会稽乌伤县人，平时以打鱼为生，自己每每忍饥挨饿，也一定要孝养其父。其父去世，颜乌无力营造坟墓安葬，便自己负土筑坟墓。于是出现成群的乌鸦主动衔土来帮助筑坟，乌鸦的嘴都因此而受伤，后来就将那个县改名为义乌。

不过这个故事也有另外的说法。传说乌鸦嘴里衔的是鼓，飞集到颜乌所居住的地方，鸟嘴都受伤了。人们以为乌鸦衔鼓，是为了传扬孝子的名声，据说当时就设立了乌伤县，王莽时候又改名为乌孝。

不管"反哺"也罢，也不管地名是"乌伤"也罢、"乌孝"也罢，还是叫"义乌"也罢，突出的是乌鸦的"孝"与"义"，而且正因为乌鸦能"孝"，所以才会有帮助孝子之"义"。这一动人的故事的意义，是在向人们诉说，而不是讲给乌鸦听的，是在用乌鸦来反衬人类的"孝"。这里面也正反映出人们是多么需要"孝"，每一代人都呼唤着"孝"，翘首盼望着"孝"！

我不禁想起孙中山在《言论一致》中所说："譬如生子虽好，反哺必在二十年之后。"如果接着再说，那么父母苦苦等了二十年，盼望晚年有个依靠，得反哺之孝养，但是等来的却是不养、不顺、不孝、不敬的子女，这是何等的令人心酸，何等的令人失望啊！一些人甚至连传说中的乌鸦都不如了，这不是耸人听闻，而是代代不乏其人其事！

笔者写到这里，不禁感慨中国大地孝文化的博大，又记起一个美好的民间故事，一吐为快，也可以重新触发对驴母子的再回味。

云南滇池风景名胜林立，其中一处称为"孝牛泉"，就在滇池西山罗汉崖三清阁侧。这是一口石井。《昆明县志》里记载了一则有关石井的意味深长的故事。

明代嘉靖初年（1522年），有一个叫赵炼的道士隐居在这里。石崖上面没有水，他每天牵牛载水上山，非常艰苦。那头牛载运水达20年之久，一天突然死了，就在牛倒下去的地方，岩石竟然陷落成一眼井。井水清澈甘冽，就是炎热的夏天也不会枯竭。

这口井又连着一个奇妙的故事。过去昆明有个屠夫买来了一头母牛和一头小牛犊。他磨好刀，捆绑了母牛正准备杀，忽然听见门外有人叫他。他放下刀去看，不见有人，返回身来，那刀却不见了。家里的人都不知道刀的去向。他见小牛犊卧在地上，心中疑惑，打起小牛，果然刀藏在小牛的腹下。

屠夫找到了刀，准备向母牛下手，这时小牛跪在地上，泪水不断，望着母牛哀叫不止。屠夫见到这情景，顿时产生了怜悯之心。于是放下屠刀，牵着母牛和小牛到三清阁修道。到了三清阁，山上没有水，小牛犊以蹄子刨石，刨成这口石井，引来甘泉给屠夫和母牛喝。人们因此把这口井，称为孝牛泉。(《中国风景名胜故事词典》)

这个传说故事或许民间已经加工了，但是依然打动了我，这也许就是“至孝”所能产生的感应效果吧。试想牛尚且如此，何况是人呢！故不吐不快。

再思：《孝经》与现代生活

在结束本节的时候，让我们再一次回眸《孝经》这一中国文化之高耸山峦，再思考一下《孝经》与现代生活的关系。

孔子的“己所不欲，勿施于人”，曾被法国人写进法国的宪法。法国1793年宪法所附《人权和公民权宣言》以及法国1795年宪法所附《人和公民的权利和义务宣言》都将其分别定义为自由的道德界限和公民义务的原则。有人说，把外国先哲的格言写入宪法，这是第一例。当然还有《孝经》也曾庄重地被写进了日本的宪法。

1988年1月，诺贝尔奖获得者在巴黎集会的发言上说：“人类要生存下去，就必须回到25个世纪以前，去汲取孔子的智慧。”

《孝经》是孔子智慧的一部分，是否也要汲取呢？其实读者读完了这本书，当然是可以自知，并且自明了。

《孝经》与社会风气的营造可以嫁接起来，可以和现代反腐败沟通起来，这不是天方夜谭吗？否！

我的面前摊开一份新华社的材料，是《2008经典大案要案扫描》，记载九个大案要案，点评得也很好，很有教育意义，全国大小报刊也有转载。我读后很有感慨，也想从《孝经》角度谈谈这一经典与社会风气的营造问题。

1. 许霆案改判——“法治”与“人文”本可兼容

案情：2008年3月，备受关注的“许霆ATM机盗窃案”经广州市中级人民法院重审后公开宣判。法院认定被告人许霆犯盗窃罪，收回一审无期徒刑的判决，改判有期徒刑5年。法院审理查明：2006年4月的一天，许霆在广州一银行ATM机取款。因机器故障，许霆实取1000元，ATM机却只在卡里扣划1元。此后一天内，许霆故意从这台ATM机内先后取出17.5万元。

点评：一审判决的无期徒刑引来社会各界热议，多数观点认为量刑过重，而从无期徒刑到5年有期徒刑，改判幅度也不可谓不大。如果单纯从法律条文出发，一审判决其实算不得错；不过，考虑了法律效果与社会效果统一的重审判决，似乎更能体现法治与人文的内在统一。

——这里，笔者若用《孝经》的理念来点评，那么“法治”不仅是与“人文”本可以兼容的问题，而从深层理念上看，“法治”必须有“人文”的“德治”为先导。《论语·颜渊篇》：“听讼，吾犹人也。必也使无讼乎！”孔子说，审理诉讼，我与别人差不多，然而不同的地方是，孔子必定会使得诉讼的案件渐渐减少，乃至于没有。这是何等深刻的刑法、法律理念！这就是用“德治”去治世、治法、治人，“德治”治理得到位了，也就会“使无讼”了。而“德治”的根本在于从人的德行的根本治理着手，人德行的根本就是孝道，所谓“百行孝为首”，《孝经》所说的“夫孝，德之本也，教之所由生也”，此绝非虚言。我们可以重新体味前文已经分析过的《论语·学而篇》所说：“其为人也孝弟，而好犯上者，鲜矣；不好犯上，而好作乱者，未之有也。君子务本，本立而道生。孝弟也者，其为仁之本与!”此中含有深刻的行为逻辑，值得深思。此一则还均可以通用于下面数条的评点。

2. 华南虎照案终审——“周老虎”终是“纸老虎”

案情：“周老虎”终于被认定是“纸老虎”。在全国人民的关注下，在“华南虎照”出笼一年多后，2008年11月，陕西省安康市中级法院以诈骗罪、非法持有弹药罪判处周正龙有期徒刑两年零六个月，缓刑三年，并处罚金2000元。

点评：周正龙被判刑了，这是作假者应得的下场。“周老虎”被揪出来并获刑，社会各界特别是网民的热切关注功不可没。而对于周正龙案背后可能存在的利益集团，人们依然有权追问。

——这里，笔者若用《孝经》的理念来点评，那么不错，“周老虎”终是“纸老虎”，但是毕竟有过“老虎”的贪欲在，而“周正龙案背后可能存在的利益集团”，那就是可能存在着一群贪欲的“老虎”了。一只“贪欲的老虎”与一群“贪欲的老虎”，终于构成了这样一出沸沸扬扬的闹剧，真是教训深刻！这些“老虎们”，一是虎视眈眈，一是张开老虎的血盆大口，准备填满自己难填的欲壑。“老虎们”个个无所畏惧，什么都敢想、敢做、敢骗，然而最终都没好下场。

他们胆大妄为，完全不懂得《孝经》所说的："非先王之法服，不敢服。非先王之法言，不敢道。非先王之德行，不敢行。是故非法不言，非道不行，口无择言，身无择行，言满天下无口过，行满天下无怨恶。"今天的人们或许深深地讨厌这些说教，却又屡屡因为不知道这些教导而跌入深渊。如果我们把"先王"转换一下，说成是智慧的历史老人、睿智的先哲，那么历史的经典的教诲与教训，还应该拒绝吗？《孝经》中的"不敢服"、"不敢道"、"不敢行"，这"三不敢"却可以换回来人们自由地言、自由地行、自由地活着！

3. "亿元贪官"姜人杰案——反腐形势仍严峻

案情：2008年10月，江苏省苏州市原副市长姜人杰因受贿1亿多元人民币，被南京市中级人民法院一审判处死刑。法院经审理查明，2001年至2004年间，主管城建等领域的姜人杰利用职务便利，先后收受四家房地产公司和一家科技公司的贿赂，共计人民币1.0867亿元、港币5万元、美元4000元，其中最高单笔受贿竟达8000余万元。

点评：姜人杰创造了受贿总金额、单笔受贿金额两个可耻的"新高"。受贿亿元以上，那个1后面的8个"0"触目惊心！ 2008年以来，同为"土地巨贪"的上海市房产局原副局长殷国元、北京市海淀区原区长周良洛等也相继受审判刑。姜人杰等案件说明，反腐败形势依然严峻，如何实现更加注重治本、更加注重预防、更加注重制度建设的创新也是人们的新期待。

——这里，笔者若用《孝经》的理念来点评，那么《孝经》所说的一段话值得反思。《孝经·圣治章》："君子则不然，言思可道，行思可乐，德义可尊，作事可法，容止可观，进退可度，以临其民。是以其民畏而爱之，则而象之。故能成其德教，而行其政令。"这些官员们如果做到这些，比如言说的时候思考是否能被民众称道，行动的时候思考是否给民众带来快乐，德义是否能被人尊重，做事是否能被民众效法，容貌举止是否可观，进退是否合度，然后以这些来面对他们的民众。因此其民就畏而爱之，就效法而模仿之。故能成其德教，而行其政令。我们的官员有此素质吗？思考了这些吗？

4. 黄光裕被拘——揭开"中国首富"神秘面纱

案情：当黄光裕以430亿元的身价登上胡润富豪榜榜首不久，这位"中国首富"随即遭警方拘查。2008年11月，北京警方证实黄光裕"涉嫌经济犯罪遭拘查"，证监会随后承认黄涉嫌"三联商社和中关村科技两家上市公司在重组、资产置换中的重大违法违规"行为。目前，此案还在进一步侦查中。

点评：又一个“首富”被刑事调查。如何为企业家创造健康的市场环境，企业家如何建立基业常青的“企业观”，都值得思考。

——这里，笔者若用《孝经》的理念来点评，那么《孝经·广扬名章》可再读再思：“君子之事亲孝，故忠可移于君。事兄悌，故顺可移于长。居家理，故治可移于官。是以行成于内，而名立于后世矣。”孔子确实有这样的理念，人生一世就得有名声，这一章主旨就是要“广扬名”。但是，这种扬名，是正儿八经的、自然而然的，这一路径是从“事亲孝”、“事兄悌”、“居家理”、“治于官”、“忠于君”一路走来的。贯穿于其中的核心理念是优秀的道德加上自己的有为。这一案件，让我们看到“以430亿元的身价登上胡润富豪榜榜首”的“首富”，曾经是“广扬名”的一个“典范”，赢得了无数人的仰望和羡慕，但是因为缺少孔子所说的“广扬名”的两大基本元素，很快就栽了下来，陷了进去。历史不开玩笑，经典也不搞笑！

5. 天水高考替考案——须严把高考“利益关”

案情：2008年10月，甘肃天水麦积区人民法院对“天水高考替考案”公开宣判，以徇私舞弊罪一审判处天水六中原教师蒋鑫等5名主犯有期徒刑3年至拘役5个月不等。法院审理查明，蒋鑫利用师生、亲属、同事等社会关系，采取给好处费等手段，伙同他人为多名学生非法取得天水市户籍、假学籍和报名资格，并实施非法替考。

点评：作为我国规模最大、组织最严密的考试，高考背后的“漏洞”和“黑幕”，其原因在于非法利益链作祟。

——这里，笔者若用《孝经》的理念来点评，也有道理可讲。面对着那些官员的贪欲与黑心、听闻那些不法商家的暴富与暴利，一般人也会心动于那些财富，白日黑夜地做着发财之梦，于是不择手段以至于此。《孝经·庶人章》：“用天之道，分地之利，谨身节用，以养父母，此庶人之孝也。”发财要有机遇，发财要靠正当的本领，发财还有各种因缘的凑合，一般的人们就顺着自然之规律，去获得利益吧。如果立身谨慎，用度节约，过着平平安安的生活，还孝养父母，这不也是一种幸福的人生？其实不仅是庶人，其他各个层次的人也何尝不是如此呢？

6. 臧天朔涉恶案——娱乐明星的“双面人生”

案情：以一曲《朋友》红遍大江南北的著名歌手臧天朔，因涉嫌聚众斗殴被警方依法逮捕。据查，臧天朔案案情复杂，涉及恶势力团伙，涉案人员多。目前此案已进入司法程序。

点评：一些明星在台上风光无限，台下生活却十分放纵。法律面前任何人都没有特权，做一个遵纪守法的好公民，明星之路才能走得更远。

——这里，笔者若用《孝经》的理念来点评，那么《孝经》也有教导。娱乐明星自以为高人一等、贵人一等，其实有的并不是真的高、真的贵，一些娱乐明星当有自知之明。就算你是真正的高与贵，那么《孝经》教导也不妨一听："在上不骄，高而不危；制节谨度，满而不溢。"一切在上的人要不骄傲，才会虽高而不危；制节谨度，才会虽满而不溢。反过来，在上骄，则居高必危；不制节不谨度，则已满必溢。政治上如此，商场上依然如此，娱乐明星当然亦是如此，如此等等，如此而已！

7. 三鹿毒奶粉案——"潜规则"必须"见光死"

案情：2008年9月，根据连续对三鹿集团婴幼儿奶粉污染事件的深入调查，公安机关依据《刑法》和《刑事诉讼法》的有关规定，对三鹿集团原董事长、总经理田文华刑事拘留。

点评："三鹿毒奶粉事件"暴露出了国内整个奶业的"潜规则"。正是对食品安全的漠视，对不法行为的纵容，才酿成婴儿重病乃至死亡的悲剧。食品安全事关民族未来，痛定思痛，希望"三鹿毒奶粉事件"成为中国食品行业最后一次安全事故。

——这里，笔者若用《孝经》的理念来点评，那么《孝经》亦有说。《孝经》说："夫孝，天之经也，地之义也，民之行也。天地之经，而民是则之。"孝道中的核心孝是天经地义的，孝道转换为商道的天经地义就是对顾客的博爱，要用爱心、良心、真心、热心、善心、苦心去经营，去赚钱。相反，"三鹿毒奶粉"让人们看到的是商家的没心没肺，或是黑心黑肠了。

8. 杨佳袭警案——暴力行凶必受严惩

案情：2008年7月1日，北京青年杨佳携尖刀等作案工具闯入上海闸北公安分局机关大楼疯狂袭警，致六死四伤。10月20日，上海市高级人民法院对"杨佳袭警案"作出终审裁定，驳回杨佳上诉请求，维持原判，以故意杀人罪判处其死刑、剥夺政治权利终身。经最高人民法院复核后，杨佳于11月26日被执行死刑。

点评：北京大学教授储槐植等知名法学家认为，在社会转型、价值观念多元的背景下，公众对杨佳袭警杀人案虽有不同声音，但有一点是一致的，即认为杨佳袭警致六死四伤，一定要受到法律的严惩。无论有什么理由，暴力行凶致无辜者死伤，都为道义和法律所不容。

——这里，笔者若用《孝经》的理念来点评，那么《孝经》的教导也很深刻。《孝经》说，“为下不乱，在丑不争”，“为下而乱则刑，在丑而争则兵”。不要去作乱，更不要去犯法，否则作乱则遭受刑法；还有，如果处在众人中而喜欢争斗，那么就会互相残杀。

9. “王木匠”巨骗案——官僚主义是帮凶

案情：2005年3月，呼和浩特市来了一位名叫“郑泽”的港商，自称要在呼市盖“西北第一高楼”。在呼市为此炸掉公安局指挥大楼后，“郑泽”尽管获得了种种不可思议的优惠政策，“西北第一高楼”还是很快成了烂摊子。警方调查显示，“郑泽”原名王细牛，是一个仅有小学文化程度的木匠。此前，他还曾用相同手法，以建设“宁夏国际村”为名实施过诈骗。王细牛在各地行骗，涉案金额高达十几亿元。最近，王细牛被法院判处无期徒刑。

点评：被抓起来的是王细牛，丢人的是为王细牛一路绿灯、摇旗呐喊的一些地方官僚主义者。王细牛之所以“牛气十足”，关键是抓住了一些地方官员好大喜功的心理，围绕献礼工程、形象工程、政绩工程大做文章。

——这里，我们若用《孝经》的理念来点评，那么《孝经》把孝道分为“五孝”，也就是从天子到庶人的五级进行了孝的责任、任务的梳理，或相当于今天对社会各个层次人提出了各自应遵循的纲要。每一级别、层次都要履行而不失之。一个小学文化程度的“王木匠”行骗竟然畅通无阻，难道还不够让人们反思、深思、痛思吗？

上面的这些案件，可以警示今人，也可以告诫后人。笔者从《孝经》切入进行评论，其内容是“互文”性质的，也就是说上面九则评论彼此之间是可以在文义上相互联系的。另外，如果归总来说，那么上面所说的大案要案都出现了一个共通的毛病，那就是贪欲。为贪欲而肆无忌惮，为贪欲而丧心病狂！这是心有病了，灵魂有病了，道德有病了！那么一个人的道德的根本在哪里呢？《孝经·开宗明义章》说，“夫孝，德之本也”。这就在“孝”上。

有人也许要反问说，天下犯罪的人中难道没有孝子、孝行吗？可能有，但其实是没有，如果从《孝经》的标准与理念来说，那就是真的没有。因为《孝经》说：“立身行道，扬名于后世，以显父母，孝之终也。”这是教导我们，作为一个孝子，不仅仅是供养父母，更要紧的是不能辱没父母、祖先，而且要给父母带来好名声，因此这些犯罪者既然已经辱没了父母，那么何孝之有？

《孝经》以及孝的话题，其实在人们的生活中是永远不会说完的。我们一路叙述下去，让每个人慢慢地、好好地、深深地品味吧！

篇二

《孝经》与《二十四孝》

《孝经》是经书，篇幅虽短小，但毕竟义理深邃，不易解读。这与百姓之间，特别是在过去文盲充斥的时代，还是远远地隔离开了。

《二十四孝》以及此前的《孝子传》等，其实就是用历史故事对《孝经》进行的案例解读，通过一个个感人的故事，化解这中间的隔阂，在广大的百姓中传播着生动的“天经地义”的孝的教化。一直到今天，《二十四孝》又重新出现在各地的新的石刻中，展示在现代人的绘画中，甚至精致地印刷在当代的邮票上。此种能动的教化智慧，值得今人深思与借鉴。

——作　者

《孝经》的民间解读本

《孝经》作为经部之书，地位很高，历史上还有不少皇帝亲自为它作注解，但是就与一般老百姓的距离来说，还是很远很远。

老百姓更爱好以喜闻乐见的形式来了解孝子、孝女，以及孝的历史、道理、典型、故事，于是在历史上出现了许多的《孝子传》。除了正史以外，还有许多人热心于《孝子传》编纂，汉代刘向的《孝子传》，大概是最早出现的。后来晋代有陶潜、萧广济、师觉授、徐广等分别著有《孝子传》。唐代又有武则天时的《孝女传》等。明成祖颁行的《孝顺事实》里还收录了二百多位有孝行的人。清代茆泮林编纂《古孝子传》，刘青莲撰《古今孝友录》，李文耕有《古今孝友录》，李元青有《诸史孝友录》等等。

元代出现了《二十四孝》，其实是对于此前历史上出现的《孝子传》、《孝女传》的继承与发展。《二十四孝》，确切的作者已经不太清楚，有三说：一是郭居敬；一是郭居业；一是郭居敬之弟弟郭守正。一般认为是元代郭居敬编纂。郭居敬，元代福建延平府尤溪县人。传说他是一个典型的孝子，双亲去世的时候，哀伤的程度甚至超过了礼制的规定。他曾选择历史上的二十四位孝子的故事，并且为每一则故事配上一首诗，便于作为儿童的启蒙教材。

日本影印的《二十四孝》是较早的抄本，留给今人一些重要的信息。在抄本的首页的下方，题有“延平尤溪郭居敬撰”，卷尾署有“岁嘉靖廿五己巳年刊”。有人认为，这个明代的刊本，距离今天已经有四个半世纪了，元代郭居敬的生活时代“至少应再比此早200年”，这样说来，《二十四孝》至今已经流传了五六百年了。

清代道光年间刊行有《孝行录》，其书中有石韫玉的序言曰：“世传《二十四孝》一书，不知何人所著，凡采取子史所载孝行二十四则，集为一编。向时乡塾都有之，今高君月槎复录二十四事以广之，又每事系之一诗，以致其长言咏叹之意。”这些材料告诉人们，《二十四孝》的作者是一个谜，而一般认为是郭居敬；此书曾作为民间的启蒙读物。

《二十四孝》流传的版本较多，因此出现许多的不同，比如所收录的故事就有很大的不同，再如即使是同一个故事，也有题目名称的不同，同一故事里

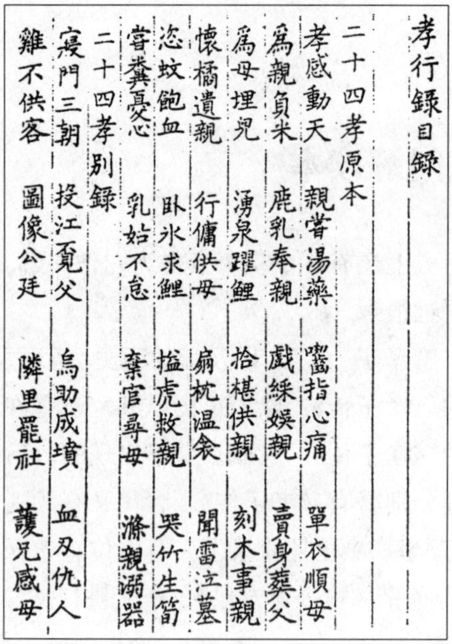
孝行録目録

二十四孝原本

孝感動天　親嘗湯藥　嚙指心痛　單衣順母

爲親負米　鹿乳奉親　戲綵娛親　賣身葬父

爲母埋兒　湧泉躍鯉　拾椹供親　刻木事親

懷橘遺親　行傭供母　扇枕温衾　聞雷泣墓

恣蚊飽血　卧冰求鯉　搤虎救親　哭竹生筍

嘗糞憂心　乳姑不怠　棄官尋母　滌親溺器

二十四孝別録

寢門三朝　投江覓父　烏助成墳　血刄仇人

難不供客　圖像公廷　隣里罷社　護兄感母

面的内容、文字也有差异。当然《二十四孝图》表现出更大的创作空间，画家凭借自己的理解与才能，各自创造性地构图绘画。

《二十四孝》内容与《孝经》的义理解读关系，主要有几点可说：

一，《二十四孝》编辑了由天子、诸侯、孔门弟子、官员、一般平民的孝行故事，回应了《孝经》中的“五等”人即是“天子章”、“诸侯章”、“卿大夫章”、“士章”、“庶人章”的孝的道理。在这样的坐标系统中，让每个人都找到了自己的定位，解读自己的孝心孝行。

二，《二十四孝》中有“孝治”义理的回应，比如虞舜、汉文帝等孝行的故事。这些即是解读《孝经》“孝治章”的案例，表明“故明王之以孝治天下也如此”。

三，《二十四孝》中有关居家时怎样“孝敬”亲人，在“孝养”方面怎样尽心竭力，在亲人病时又怎样恪尽孝心。这些故事，回应了《孝经》中“纪孝行章”的义理。

四，《二十四孝》有很多是描述孝子在丧亲情况下尽孝的故事，这回应了《孝经》中的“丧亲章”的义理。

五，《二十四孝》的故事反复出现孝子、孝行所产生的“感应”，将孝神秘化，至孝“则通于神明”，于是也产生了神秘的心灵感应、天人感应、神明感应。这些理念的源头就可以追溯到《孝经》中的“感应章”。

六，《二十四孝》还讲述了一些因为行孝道而最后做官，“行成于内，而名立于后世”的故事，回应了《孝经》中的“广扬名章”的义理。

历史上的《孝子传》、《列女传》、《二十四孝》、《二十四孝图》等等，多用一个个小故事串联起来，有的还配上图画。这种图文并茂的小册子，为百姓所喜欢，流传得很广，也很久远。《二十四孝》、《二十四孝图》就是其中的典型，从实质上来说，它们就是对《孝经》经义的民间解读本。它们选用不同孝子、孝女的故事作为案例，用案例来解读《孝经》。如果作一比拟，那么《孝经》是孝道的理论性的经典，而在民间影响深远的一种通俗版、案例版的解读本，便是《二十四孝》了。

《二十四孝》形成以后得到了广泛的传播，除了文字形式，配有图画，又配有诗，还刻有许多的石刻。元代已经有王克孝作《二十四孝图》，后来有人刊行《二十四孝图诗》。坊间还继出《后二十四孝图》、《女二十四孝》。清代道光时高月波作《二十四孝别录》，吕默庵合刻题为《前后孝行录》。同治、光绪之间，俞诚甫增广为《百孝图》，胡虎臣又增广为《二百四十孝》。咸丰年间，还有人将《二十四孝图》改编为说唱材料《二十四孝鼓词》，在民间演唱。（参见肖群忠《孝与中国文化》，人民出版社）

关于《二十四孝》石刻，有关材料介绍，河南省社旗县二十四孝石刻、陕西潼关二十四孝石刻、黑龙江绥化二十四孝石刻、湖北孝感二十四孝石刻等，都是其中的著名者。有的还是目前全国保存最完好的二十四孝石刻图，有的以人物为主体，以山水、花草、禽兽、楼阁等为衬托，形象生动，通俗易懂，栩栩如生，达到了生活真实和艺术真实的完美统一。

解放以后，经过一个较长时期的沉寂以后，新时期里《二十四孝》的读物、绘画、石刻又重新回到百姓的生活中来了，甚至还印刷在邮票上广为流传。《二十四孝》为什么有这样悠久的历史和生命力？为什么21世纪的人还会喜欢这类内容及这种喜闻乐见的教化形式？这是值得我们深思的。

接下来，我们将一一解读《二十四孝》中的故事，看看其中究竟讲了些什么内容，这些故事还能打动高科技、高节奏、高智商、高眼界时代的现代人的心肠吗？

虞舜：孝感动天

《二十四孝》中第一个故事便是《孝感动天》：

[虞]舜，姓姚，名重华。瞽瞍之子，性至孝。父顽，母嚚，弟象傲。舜耕于历山，象为之耕，鸟为之耘，其孝感如此。陶于河滨，器不苦窳，渔于雷泽，烈风雷雨弗迷。虽竭力尽瘁，而无怨怼之心。尧闻之，使总百揆，事以九男，妻以二女。相尧二十有八载，帝遂让以位焉。

队队耕田象，纷纷耘草禽。

嗣尧登宝位，孝感动天心。

【评说】

虞舜，即是舜，姓姚，一说为妫（guǐ）姓，有虞氏，名重华。相传尧年老选择继承人时，“四岳”即四方的部落首领推举了舜。尧对舜经过三年的严格考察，然后命他摄政。舜巡行四方，消灭了鲧、共工、驩兜与三苗。摄政八年而尧去世，舜继位，后来又咨询四岳，挑选贤人，治理民事，并选拔治水有功的大禹作为继承人。

传说，舜的生母早亡，父亲是一个瞎子，娶了后妻后厌弃前妻生的舜。“瞽”（gǔ），瞎眼。“瞍”（sǒu），眼睛中没有瞳仁。舜生性至孝，即是行孝臻于至极。他的父亲很顽劣，用一个“顽”字来描写其性格实在妙得很。《说文》：“顽，梱（hún）头也。”“顽”，就是难劈开的囫囵木头疙瘩。诸位可以想象到其父的顽固、固执、愚蠢、不开窍的那种样子。

他的后母很嚚，“嚚”也一字传神，《说文》：“嚚，声也。气出头上。”《段注》：“声出而气随之。”诸位也可以想象到，其后母那种撒泼、刁蛮、无理取闹的喧嚣的样子。

他的弟弟是后母生的，叫象，性情很傲，《说文》：“傲，倨也。”此一“傲”字也把其弟的傲慢不逊、趾高气扬的神情表露无遗。

孝感动天

舜就在这样一个家庭中过着日子，其父母以及其弟都不善待他，甚至要谋害他。《史记·五帝本纪》：“舜父瞽叟盲，而舜母死，瞽叟更娶妻而生象，象傲。瞽叟爱后妻子，常欲杀舜，舜避逃；及有小过，则受罪，顺事父及后母与弟，日以笃谨，匪有解。”“舜父瞽叟顽，母嚚，弟象傲，皆欲杀舜。舜顺适不失子道，兄弟孝慈，欲杀，不可得；即求，尝在侧。舜年二十以孝闻。”

《史记》记录传说的两件事就可以看到舜生活的艰难、险恶与至孝。当舜被四岳推举出来后，尧还把两个女儿嫁给舜，并赐给舜仓库、牛羊和许多财物。但是，舜之父母及弟还想陷害舜。

一次，瞽叟又想杀害舜，就让舜爬上高处去涂抹仓廪。瞽叟就在下面纵火焚烧仓廪，希望就此烧死自己的儿子。但是舜很机警，用两个斗笠护卫自己，且像鸟一样张开翅膀轻轻跳下，又逃离了火境，没有被烧死。

后来，瞽叟又想杀害舜，让舜去挖井。舜有防备之心，因此顺便挖了一个暗道，可以从旁边的井口出去。舜挖井越来越深，瞽叟就和象一起倒土来填井，想以此来活埋了舜。但是，舜又机警地从暗道逃出，脱离了险境。

瞽叟与象很高兴，认为舜死定了，因此象说："最先出这个主意的是我。"于是接下去的分家中，象要求分得舜的那张琴和两个老婆，即尧的两个女儿。他就住进了舜居住的地方，还操着那张琴。

没有想到，舜突然回来了。象惊愕不已，装模作样地说："我正思念您舜，好不忧愁！"舜却说："然，尔其庶矣！"是的，你与我兄弟之间的友悌情谊可以说很深厚了！

《史记》："舜复事瞽叟爱弟弥谨。于是尧乃试舜五典百官，皆治。"舜达到了"至孝"的境界，那种胸怀的描写很感人，当然也感动了尧，这也是选他为接班人的一个重要依据。

这种"至孝"，又成就了一种天地之间的孝的"感应"，出现了诸多动人的情景。因为舜的"至孝"，竟然获得大象与鸟类对孝行的感应，于是在历山耕耘时，大象来帮助他耕地，鸟儿帮助他耘田播种，孝行的感应竟然能达到如此地步。

历山在哪里？众说纷纭。史称禹舜建都于蒲坂，也即是在今天永济市南。历山是山名，也称首雷山，就在今山西永济市东南。但是也有传说是山东济南之南，即今天千佛山一带。还有河南、河北、浙江、安徽、湖南等省份都有历山，大都附会为舜耕作的遗址。

舜在黄河边制作陶器，制造的器物质量都很好。文中的"苦窳（yǔ）"是指粗劣不合格的意思，"不苦窳"就是质量好。他到雷泽打鱼，虽遇到烈风雷雨也不会迷失方向。"雷泽"，是古泽名，又名雷水，在今永济市南，或说即雷夏泽，在今山东菏泽市东北。

舜对父母至孝，"虽竭力尽瘁，而无怨怼之心"。这就是竭尽心力与劳苦，"瘁"就是劳苦的意思；然而没有怨恨之心，"怼"（duì），怨恨的意思。帝尧听闻到舜的至孝，"使总百揆"，使他总管国家大事。"揆"（kuí），就是管理的意思。帝尧还让九个儿子侍奉他，并将女儿嫁给他；传说中的娥皇、女英，就是尧的两个女儿。帝尧，陶唐氏，名放勋，史称唐尧。传说他曾经设立官员掌管时令，制定历法，在位九十八年。

舜为帝以后，依然尽孝，载着天子的旗帜去看望自己的亲人瞽叟，尽儿子的孝，并且还封自己的弟弟象为诸侯。此可见地位变了，却不记前怨，不念旧恶，依然竭尽孝悌之道。舜在帝位三十九年，南巡狩，逝世于苍梧之野，葬于江南九疑山，就是所说的零陵。这山就在今天湖南宁远县南。

《二十四孝》开始第一篇安排虞舜的故事，很有深意：一从时代上来说，具有久远性，虞舜是“三皇五帝”时代的人物；“五帝”一说，便是黄帝、颛顼、帝喾、唐尧、虞舜。二是从人物的地位上说，具有权威性。三是从影响来说，具有广泛性。四是综合起来说，最有典范性。

再从《孝经》这一角度看，回应了《开宗明义章第一》里孔子所说的“先王有至德要道，以顺天下，民用和睦，上下无怨”，“夫孝，德之本也，教之所由生也”。舜，就是这样的先王，有“至孝”的“至德要道”，也成了帝王们的一个典范。当然这故事也回应了《感应章第十六》：“孝悌之至，通于神明，光于四海，无所不通。”

从现代的角度去看，舍去故事中古人原始思维的一些东西，而抽取其合理的内核，则有三点可说：一，在种种不和睦的家庭中怎样去行孝？那便是学会忍受、克制、宽容，用自己的真诚去感动家人。二，孝绝不是“愚孝”，舜的种种逃生的机警与智慧，就是“至孝”中的聪明之孝，而不是愚蠢之孝。三，古代选拔人才时，孝行也是一个必要的条件，孝就是舜被选举为尧的继承人的一个必要条件。这对今人又有何启发？四，孝的层次是：孝——能孝——尽孝——非愚孝——至孝，舜让大家看到了“至孝”的古代典范。

汉文帝：亲尝汤药

《亲尝汤药》讲述的是汉代文帝孝行的故事，这是《二十四孝》中的第二则故事。

[前汉] 文帝，名恒。高祖第三子，初封代王。生母薄太后，帝奉养无怠。母病三年，帝为之目不交睫，衣不解带，汤药非口亲尝，弗进。仁孝闻于天下。

仁孝临天下，巍巍冠百王。

汉庭事贤母，汤药必亲尝。

【评说】

亲尝汤药

西汉文帝刘恒(前202～前157年),在位时间为公元前180年至公元前157年,其实他是汉高祖刘邦的第四个儿子,而不是文中所说的“三子”。他最初被封为代王,代国辖区在今河北、内蒙交界以及山西东北部。周勃、陈平等在诸吕之乱平定之后,经群臣之议,迎立其为帝。即位后重本抑末,兴修水利,农业生产有较大发展。又削弱诸侯王势力,加强中央集权。驻兵北方,移民屯田筑城,增加粮食储备,加强北方防御力量,为全面反击匈奴作了准备。

文帝的生母是薄姬,即后来的薄太后。汉文帝奉养母亲毫不懈怠。母亲曾经生病三年,文帝晚上不合眼,也就是“目不交睫”,不解衣带,尽心服侍母亲。母亲喝的汤药,不是自己亲口尝过,就不进献给她。文帝的仁孝传闻于天下。今天来看,虽然这些历史的记载不免有夸大阿谀之处,但是他的孝行却确实被人们一代代认可了。

如果对照《孝经》来解读此故事,作为文帝,如《孝经·天子章》所说的,他尽到了一个“天子之孝”。“文景之治”,是历史上有名的治世,其中从文帝来说,那么他自己或者可以说是“爱敬尽于事亲,而德教加于百姓,刑于四海”。他有对亲人的孝、爱、敬,又延伸到对百姓的“爱亲者,不敢恶于人”、“敬亲者,不敢慢于人”,自己成为一个榜样,也教育了百官与百姓。

《史记·孝文本纪》列举出文帝的一些做法:如废除“肉刑”,废去了黥面、劓鼻、刖足等的刑罚。他认为这些是不讲求恩德的做法,不符合自己作为民之父母的主旨。又如他登上帝位二十三年,宫室、苑囿、狗马、衣服、车驾无所增加,有时候还开放法禁来为百姓谋利。再如他曾经想要建筑一个露台,但预算下来要花费黄金百斤,于是放弃了。他说:“黄金百斤就相当于十个中等水平家庭的财产了。我留守在先帝的宫室,还常恐怕玷污它们,还要建筑露台来干什么呢?”他自己常穿粗厚的衣服,连宠幸的慎夫人衣服也不能长到拖地,帷帐不能有绣花图案,表示敦厚俭朴,作天下的表率。汉文帝治办霸陵,既不修高大的坟冢,也不许用金银铜锡来装饰随葬器,而都用瓦器,这也是意在节俭，不扰民。

另外文帝死时，留下的遗诏也很有意思，有几点可以说：一，明确指出反对当时社会的厚葬风气。二，不要因为他的逝世，而让百姓服丧很长时间，避免扰民。要对天下的官吏、平民发命令，只用三日举行丧礼，免除其余的服孝规定。此间不要禁止婚嫁、祭祀、饮酒食肉。三，作出许多细节的规定，比如参加丧礼不要求光着脚、服丧的带子不要超过三寸，不要陈列军队和用上兵器仪仗，不要动员百姓到宫殿去哭丧。对宫中如何操办丧礼也有很多简化的指示。四，他命令死后将后宫中夫人以下至少使全部遣送回家，也显现出了人性化的某些光彩。五，霸陵一带的山水保持原来的面貌，不要因为修建陵墓而有所改变。用今天的话来说，这个皇帝死了还关心着生态保护的问题。

汤谐曾有评论："孝文为三代以后第一贤君，史公在孝武时作《孝文纪》，故尤极无穷慨慕也。二十余年，深仁厚泽，纪中排缵（zuǎn）不尽，止举其大要，而余者令人悠然可思，正是史公画龙点睛妙手。"（《史记半解·孝文本纪》）当然，这里不去全面评价汉文帝的历史功过，但是一个封建的帝王能做到上面所说的那些，也已经是很不容易的了。

汉文帝对后世的影响是深远的，比如汉光武帝曾使司空告祠高庙时，就说到"薄太后母德慈仁，孝文皇帝贤明临国，子孙赖福，延祚至今"，还给薄太后上尊号"高皇后"，并迁移到高庙奉祀，而把吕后从高庙中替换出来。汉光武帝去世时，在遗诏里还说："朕无益百姓，皆如孝文皇帝制度，务从约省。"

以上两篇《孝感动天》、《亲尝汤药》，讲述了虞舜、汉文帝之孝，可以看作《二十四孝》中的第一个单元，都是从最高层次的天子角度来说的。不过也有区别与互补，虞舜、汉文帝虽然都是天子、帝皇，但是虞舜毕竟让人感到传说的虚无缥缈，而汉文帝则让人感到历史的真实性，而且汉文帝行孝之中也没有那种渲染的"孝感"神奇，是实实在在的。这两则也让人们看到孝子传统在最高层面的遥接、继承与流播的情况。

曾参：啮指心痛

《啮指心痛》是《二十四孝》的第三则故事：

［周］曾参，字子舆。孔子弟子，事母至孝。参尝采薪山中，家有客

至，母无措，望参不还，乃啮其指。参忽心痛，负薪以归，跪问其故。母曰："有客忽至，吾啮指以悟汝尔。"

母指才方啮，儿心痛不禁。

负薪归未晚，骨肉至情深。

【评说】

此则标题"啮指心痛"，也有作"啮指痛心"的。"啮（niè）"，是咬的意思。这是一个有趣的故事。

曾参这个孝子，服侍母亲的孝敬之心达到了极点。一次，曾参在山中砍柴，家里有客人来到，其母不知道该怎么办，盼望儿子早点回来，但曾参还是没有回来。于是她就咬自己的指头，曾参忽然心痛，就马上背柴归家，跪在母亲前面，询问缘由。母说："有客人突然来到，我咬指头让你感悟。"

现代人一看这故事当然会哑然失笑，这种通讯的方法竟然比现代人的手机、电话还方便？其实这就是《孝经》所说的"至孝"而引发的"孝感"了。当然这是一种浪漫化的思维方式，然而往其深层看，就是说孝子与亲人的心是时刻连在一起的，彼有所动，此有所感，彼此相互感应，心心相印，息息相关。这大概就是现代人所谓的心灵感应吧？骨肉至情之深、孝子至孝之诚，由这一故事彰显出来了。

东汉的王充在《论衡·感虚》中首次记录了这一故事：

传书言：曾子之孝，与母同气。曾子出薪于野，有客至而欲去。曾母曰："愿留，参方到。"即以右手搤（è，同扼）其左臂。曾子左臂立痛，即驰至，问母："臂何故痛？"母曰："今者客来欲去，吾搤臂以呼汝耳。"盖以至孝，与父母同气，体有疾病，精神辄感。

啮指心痛

这里有一个细节可注意，即其母不是咬手指，而是用右手扼掐自己的左臂，然后曾子的左臂也立刻疼痛起来。唐代的干宝《搜神记》则有这样记载："曾子从仲尼在楚而心动，辞归问母，母曰：'思尔啮指。'孔子曰：'曾参之孝，精感万里。'"此故事在流传中不断被改变、加工，至此出现了"啮指"的细节，而且又将母与子之间的距离隔得更远了，甚至远在楚国了。这似乎又太玄乎了一点。因此回过头来再看《二十四孝》的"啮指心痛"，我们可以看到其中一些综合、融会、演化的发展线索。

不过，传说的方式虽不一，但是心灵的感应是一样的，由于孝子与亲人的"同气"，达到的精神上的通感、感应是一样的。《孝经·感应章》所云："子曰：'昔者明王，事父孝，故事天明；事母孝，故事地察；长幼顺，故上下治。天地明察，神明彰矣。'"曾子的故事虽然有些夸张，其实也就是《孝经》中"孝的感应"之说的演绎。我们都知道"母子连心"这句话，曾子的故事从某一个侧面为此作出了一个注解。其实父母与子女之间就应该心连心，心印心，心贴心，是一种心心相印的心爱。

闵子骞：单衣顺母

《单衣顺母》，又称为《芦衣顺母》，这里讲述孔子又一个著名弟子闵子骞的孝行故事。这是《二十四孝》中的第四则故事。

[周] 闵损，字子骞，孔子弟子。早丧母，父娶后母，生二子，衣以棉絮。妒损，衣以芦花。父令损御车，体寒失靷。父察知故，欲出后母。损曰："母在一子寒，母去三子单。"母闻改悔。

闵氏有贤郎，何曾怨晚娘。

父前留母在，三子免风霜。

【评说】

闵损（前536～前487年），名损，字子骞，春秋时期鲁国人，是孔子的著名弟子，其家乡在今天山东的费县汪沟镇闵家寨村。

闵子骞，早年丧母，其父娶了后母，又生了二子。后母给自己生的儿子穿上棉絮做的冬衣。后母妒恨闵损，给他穿的是芦花填充的冬衣。父让闵损驾车，闵损因为身上寒冷不堪而失控，连驾车的皮带子都掉了。"靷"（yǐn），就是驾车前行所用的皮带，从骖马的外辔穿过服马的游环，系于车轴，从而引车前进。

其父察知了此中的缘故，便想要休掉闵损的后母。闵损说："母亲若在，只是我一个儿子寒冷；母若离去，三个儿子都寒衣单薄。"其母听到后，后悔不已，从而改过。

单衣顺母

这一则，民间又称为《鞭打芦花》，其中不是由闵子骞自己陈述原因，而是由其父用鞭子抽打闵子骞，从而衣中露出芦花而知道了实情，这样的细节似乎更有戏剧性。如今汪沟镇闵子故里，依旧民风淳朴，《鞭打芦花》的故事广为流传，并且已申报市级非物质文化遗产。他们准备打好闵子品牌，加快闵子祠的建设和闵子文化的传播，提升该镇的文化品位。

在今日之济南，市内还有一条以其名字命名的道路，另外还有以闵子骞墓地扩建而成的"孝文化博物馆"。在济南百花公园西邻，便是"济南孝文化博物馆"。这里也称为"崇孝苑"，一座突起的坟墓，便是"闵子骞墓"，是第一批市级重点文物保护单位。

闵子骞曾得到鲁国季桓子之请，让他当费邑宰。他淡漠仕途，没有同意。后来经孔子劝说，他担任了费邑宰，并把家迁到东蒙之阳。他治理费地很有成绩，但与季氏的所作所为格格不入，最后毅然辞官。或说最后他病死于长清县内。因此，这里的闵子骞墓也仅是衣冠冢而已。闵子骞葬于何地，现在尚不能确定，在江苏萧县、河南范县以及安徽宿州都有闵子骞墓或祠。

据有关材料报道，上世纪60年代前，济南的闵子骞墓规模还很大，当时墓区南北长约300米，东西宽约200米，墓堆封土直径有七八米，高约十几米，周围还有合抱粗的古树30余棵，历代碑刻十余尊。但后来"文革"时，整个墓区遭到严重破坏，祠堂被拆掉，碑刻被毁，古树被砍，仅剩两棵，封土被挖去烧砖瓦。

近年来，随着许多市民要求恢复保护闵子骞墓地的呼吁，加上文物部门的努力，在市政府的支持下，他们先后投资180多万元，对墓园进行了修缮，在2004年初步建成了现在的模样，并对外开放使沉寂多年的闵子骞墓终于又重见了"光明"。

子路：为亲负米

《为亲负米》，又称为《负米养亲》、《百里负米》等，讲述孔子的著名弟子子路的孝行。此为《二十四孝》的第五则故事。

[周] 仲由，字子路，孔子弟子。家贫，食藜藿之食，为亲负米百里之外。亲没，南游于楚。从车百乘，积粟万钟。累裀而坐。列鼎而食。乃叹曰："虽欲食藜藿之食，为亲负米，不可得也。"

负米供甘旨，宁忘百里遥。

身荣亲已没，犹念旧劬劳。

【评说】

仲由（前542～前480年），字子路，春秋末期鲁国汴人，即今天山东泗水人，为孔子的弟子。他是又一个出名的孝子典型。

子路对于"孝"是很重视的。他曾经向孔子提了一个问题：如果有一个人，夙兴夜寐，手足长满老茧，面目黧黑，种植五谷来侍奉双亲，但是还是没有孝子的声誉，这是为什么？

孔子回答说，恐怕有几个方面没有做好。一，大概自身不敬重。二，大概脸色不温顺。三，大概出言不逊。四，大概是交的朋友不是仁人。因此君子在家要忠实地孝敬父母，出外结交贤能的朋友，就不会没有孝子的声名。（《韩诗外传》第九卷）

在《为亲负米》中，可以看到子路的孝顺。子路家里很贫穷，只能吃粗劣的饮食。"藜藿之食"，即指粗劣之饮食。"藜"，草名，又名莱，初生可以吃，俗称为红心灰藋。"藿"，豆叶。子路曾从百里之外，背米回来供养双亲。

亲人去世，子路游学到楚国。后来做了官，随从的四马拉的车就有百辆，积累的粟子多达万钟。"钟"，古代六斛四斗为一钟。此时子路就坐，有一层层的垫褥；饮食供给，则有一只只排列的大鼎。于是他感叹地说："虽然想要再吃粗劣的饮食，能为亲人从百里之外背米回来，已经不可能了。"

这则故事有两点涵义可警示今人：一，孝子在奉养上要尽心竭力，比如子路为了让双亲能吃到米饭，从百里之外背米回家。这是孝养亲人的一个典型。

正如诗句所说：“负米供甘旨，宁忘百里遥。”为了让父母尝到米饭的“甘旨”，也就是好味道，宁愿不顾百里之遥背米回家。

为亲负米

二，故事还给人们这样的启示，孝子的尽孝要及时，在父母还在的时候要尽心尽力，即如诗句所说：“身荣亲已没，犹念旧劬劳。”自己荣华富贵了，但是亲人已经去世，即使念念不忘旧时亲人养育的种种“劬劳”，要孝敬父母却已不可能了。“劬”(qú)，辛苦、辛劳的意思。我们经常看到，很多人往往在失去了父母以后，心想再尽孝，但是已经不可再得；特别是自己生活条件好了、地位高了后，想再报答父母之恩情，却已经成为一生的遗憾了。

人们都熟知一句话：“树欲静而风不止，子欲养而亲不待。”从古至今，不知道有多少人重复着这句名言，表露出深深的、不可重新再来一次的巨大遗憾。这一则故事中子路的感叹，也便是这样的心绪。

此名言出自汉代韩婴《韩诗外传》，可以延伸解读一番。一次孔子出行，闻哭声甚悲。孔子说：“快赶车，快赶车，前面有个贤者！”一看原来是皋鱼，身披粗褐，手执镰刀，在路边哭泣。孔子下车，对皋鱼说：“你家没有丧事吧，为什么哭得如此悲伤？”皋鱼回答说，我的过失有三方面：其一，就是少好学，周游各诸侯国，但回来时候，父母已去世了。其二，志向高尚，想做大事业，不愿侍奉庸君，结果年岁已晚仍一事无成。其三，与朋友交往很深厚，但是都中断了。最后说，“夫树欲静而风不止，子欲养而亲不待，往而不可追者年也，去而不可得见者亲也”。后来他就自己寻死了。这时，孔子说：“弟子识之，足以诫矣！”于是门人辞别孔子，归还家里去侍养亲人的有十三人。

以上三篇《啮指心痛》、《单衣顺母》、《为亲负米》，在《二十四孝》中可以看作一个单元，那就是讲述了孔门弟子中三位孝子曾参、闵子骞、子路的至孝。

郯子：鹿乳奉亲

《鹿乳奉亲》讲述了作为孝子怎样冒着生命危险，想方设法得到鹿乳来奉养亲人。此为《二十四孝》的第六则故事。

> [周] 郯子，性至孝。父母年老，俱患双目，思食鹿乳。郯子顺承亲意，乃衣鹿皮，去深山，入群鹿中，取鹿乳以供亲。猎者见而欲射之，郯子具以情告，乃免。
>
> 老亲思鹿乳，身挂鹿毛衣。
>
> 若不高声语，山中带箭归。

【评说】

郯子，是春秋时候郯（tán）国的第一任君主，品性至孝。郯子父母年老，且双目都患有眼疾。父母想食鹿的乳汁，郯子就披上鹿皮，前往深山里去，伪装在群鹿之中，于是取鹿乳来供养双亲。有一次，打猎者见到，以为是鹿而欲射之。郯子便将实情告诉他，才得幸免。

郯国，可追溯的历史很悠久。早在商代，少皞氏的后裔即在此建立了炎国，至春秋时期演化为郯国。古城在今山东省郯城县西南二十里。

鹿乳奉亲

关于郯子，《左传·昭公十七年》中有段记载：这一年的秋天，郯子来到鲁国朝见昭公。鲁昭公与他宴会时，问起少皞氏用鸟来命名官爵的原因。郯子很博学，回答说：少皞氏是我高祖，我知道为什么。往昔黄帝以云作为百官名号，炎帝以火作为百官名号，共工以水为百官名号，太皞以龙作为百官名号。我的高祖少皞挚立朝时，有凤凰正好飞来，因此用鸟作为百官的名号。于是百官的名号，有如凤鸟氏、玄鸟氏、伯赵氏、青鸟氏、丹鸟氏、祝鸠氏、雎鸠氏、鸤鸠氏、鹘（gǔ）鸠氏、爽鸠氏、五鸠、五雉、九扈等。——孔子听到这一信息后，求见郯子，向他学习这一方面的知识。据说当时孔子还是一个27岁的年轻人，至今还流传着“孔子师郯子”的故事。

这里可以看到，除了血统的传承外，郯子有孝行，而且有丰富的学识，也许这些都是他能成为国君的原因之一吧。再说，郯子披着鹿皮，伪装后居然能忽悠母鹿，而骗取乳汁，如果不深知鹿的生活习性，怎么可能呢？这也见到郯子与大自然零距离接触的一面，也许他的血脉中就遥承了来自他高祖的“天人合一”的智慧。

郯，秦置郯县、郯郡，汉改郯郡为东海郡。隋唐几经废置，元时始称郯城县，其后成为了较为稳定的县级城市。今天郯城县位于山东省最南部，地处鲁苏交界，是著名的银杏之乡、杞柳之乡。境内马陵山绵延东境，沂、沭河贯穿南北，又素有“鲁南粮仓”之称。郯城县旅游资源得天独厚，马陵古道神秘壮观。庞涓沟、恨谷崖、箭眼石、老虎崖、由吾仙境、孔子登临处，一线南北；孝妇冢、于公墓、郯国故城、郯子庙、倾盖亭等，星罗棋布。位于新村乡银杏古梅园内的“老神树”，是“华夏银杏第一雄树”，虽历经2000余年，仍树叶繁茂，果实累累。郯城的郯子孝文化也在默默流传着。

老莱子：戏彩娱亲

《戏彩娱亲》讲述老莱子奉养二亲的孝行。此为《二十四孝》中的第七则故事。

[周] 老莱子，楚人，至孝。奉二亲，极其甘脆。行年七十，言不称老，着五彩斑斓之衣，为婴儿戏舞于亲侧。又取水上堂，诈跌卧地，作小儿啼，以娱亲喜。

戏舞学娇痴，春风动彩衣。
双亲开口笑，喜气满庭闱。

【评说】

老莱子，春秋时期楚国的隐士，传说居住在蒙山之阳。楚王曾使其出仕，他和妻子便迁居江南，不愿应召。

老莱子是至孝之人，侍奉父母二亲，极尽甘美香脆的饮食。自己将要七十岁了，还说自己不老。他穿着五彩斑斓的衣服，扮作婴儿嬉戏舞于双亲面前。又曾经取水上堂，假装跌卧在地上，随即发出像小儿那样的啼哭，以此来使双亲高兴。

师觉授的《孝子传》中有关老莱子孝行的一个早期记载："老莱子者，楚人也，行年七十，父母俱存。至孝蒸蒸，常著斑斓之衣，为亲取饮。上堂脚跌，恐伤父母之心，因僵仆为婴儿啼。孔子曰：'父母老，常言不称老，为其伤老也。'若老莱子，可谓不失孺子之心矣。"——比较起来，"上堂脚跌"，作为事实，而不是"诈跌卧地"，似乎更合乎逻辑一些。

又徐坚的《初学记》有另外记载："老莱子，至孝奉二亲。行年七十，婴儿自娱，著五色彩衣。尝取浆上堂，跌扑为小儿啼，或弄乌鸟于亲侧。"这里又多出在二亲身边把弄"乌鸟"的游戏。

在《艺文类聚》的《列女传》中还有一则记载："老莱子孝养二亲。行年七十，婴儿自娱，著五色采衣。尝取浆上堂，跌扑，因卧地为小儿啼。或弄乌鸟于亲侧。"此可以见到这些版本中的同与异，在流传中整合，在整合中又流变。

再看看武梁祠中的有关老莱子的画像，有学者作出了较详细的分析。武梁祠画像表现为四个人：老莱子的父母坐在帷幔下的榻上，一位妇女手持盘子，正在侍候他们进食；右边老莱子跌倒在地，并抬起手臂。再看武氏祠前石室的图像，重复了此图的左边部分，但右部与武梁祠画像不同，那位持盘的女性在此图中消失了，她可能是老莱子的妻子，但地上还留有一只盘子。老莱子跪在父母的前面，手持顶端有鸟的杖——此名鸠杖，是西汉政府赠送给耄龄之人的——这件器物表现出老莱子的年纪。然而另一种解释是，这只鸟是莱子用来取悦父母的真鸟，这就如上面说到的一样了。

戏彩娱亲

(巫鸿《武梁祠——中国古代画像艺术的思想性》)

在武梁祠的画像上还有榜题:“老莱子,楚人也,事亲至孝,衣服斑连,婴儿之态,令亲有欢,君子嘉之,孝莫大焉”,还标有“莱子父”、“莱子母”字样。

这些都说明,作为孝子的老莱子,在民间广泛地传播着,且历史相当悠久。虽然老莱子孝行的做法,被后世认为有做作之嫌,甚至有些令人讨厌,但是其主旨很明确,就是千方百计让高寿的父母享受到生活的愉悦,希望永远保持像婴儿和父母相处的那种令人愉快幸福的感觉,使得父母之心常驻于年轻之时,常葆青春之态。

董永:卖身葬父

这是最为大家熟知的故事,因为被改编为《天仙配》等形式而广为流传。此为《二十四孝》中的第八则故事。

> [汉] 董永,家贫。父死,卖身贷钱而葬。及去偿工,路遇一妇,求为永妻,俱至主家。令织缣三百匹乃回,一月完成。归至槐荫会所,遂辞永而去。
>
> 葬父将身卖,仙姬陌上迎。
> 织缣偿债主,孝感动天庭。

【评说】

董永,是东汉时期人,家里贫困。父亲死了,董永将自身卖了,预借贷款而安葬。等到他去打工偿还时,在路途中遇到一位女子,自求作董永的妻子。两人便一起来到主人家里。主人责令他们织成三百匹细绢,才可以返回。“缣”(jiān),细绢。终于一月完成,两人回到当初槐树荫下相会的地方,女子就辞别董永,离去不返。

听此故事,今人会想起黄梅戏《天仙配》,还有那婉转动情的“树上的鸟儿成双对”等的戏歌。其实这个故事早在曹植的《灵芝篇》中就有记载,后来在《搜神记》中也有记载,是魏晋之间流传的故事。明代传奇有《织锦记》,地方戏中的《天仙配》则又不断演绎着这一动人的故事。

如果从《孝经》的角度来看,这一孝行的主题有两个:一是《丧亲章第十

卖身葬父

八》所说的道理，亲人死了“为之棺椁衣衾而举之”，“卜其宅兆，而安措之”，“生事爱敬，死事哀戚，生民之本尽矣，死生之义备矣，孝子之事亲终矣”。董永作为孝子，为了尽此孝行，竟然将自己“卖身贷钱”而葬父，这是很感动人的，甚至感动了天庭之神灵。

二是此故事又合乎《感应章第十六》所说的，至孝而“天地明察，神明彰矣”，孝行换来了上天的回报，有仙女下凡，自求为董永之妻。

董永故事的发生之地，一直被认为是湖北的孝感。《孝感县志》里有记载：董永年幼丧母，家庭贫寒，佣耕而事养父亲，“父没不能葬，贷钱里富人裴氏，约身为奴偿之”。在这广为流传的真人真事之上，民间艺人又进行浪漫主义的再创造，孝子的孝行感应了上天的七仙女，下凡与之结为夫妻，度过了一段男耕女织、生儿育女的美满生活。随着文艺形式的创造，董永的形象也深入人心。

今天孝感还留有许多有关董永的文物古迹。根据有关材料介绍，孝感城北门外有一古碑，碑身由青石砌成，下面是巨石凿成的赑屃(bì xì，传说中的一种动物，象龟)，其上立有两米高的石碑，碑文为“汉孝子董永故里”七个正楷大字。此碑是董永故里的见证。

这里还有董公墓。孝感城关东南五公里处有一董永湖，湖边汤家老屋村的北面有两座并立的古墓，左边是“汉孝子董公永先代之墓”，右边是“汉孝子董公永墓”。两墓皆有高耸之石碑，为清代所立。此被称为“古孝感八景之一”。

孝感还有董永的“孝子董公永祠”，在城关小东门处。原祠正堂立有董永塑像。据《孝感县志》记载，孝子董永祠最早建于城关北门，明代迁至文庙东面，与唐代忠臣张汴合祀，改名“孝祠”。清代改建于文昌殿西北门，立匾为“孝子董公永祠”。现孝子祠在董永公园内，祠内以浮雕形式展示民间传说的16个孝子、孝女的故事，集孝子事迹于一祠。

董永公园在孝感城北傅家冲南端，相传为董永卖身的傅员外的家址。公园占地72亩，以仿古建筑为主，根据神话故事设置了瑶池仙境、槐荫古树、理丝桥、升仙台等景观，展示了董永孝敬老人、勤劳朴实、热爱生活的美好情感。

郭巨：为母埋儿

《为母埋儿》，又名《为母弃儿》等，讲述了孝子郭巨的孝行。此为《二十四孝》中第九则故事。

[汉] 郭巨，字文举。家贫，有子三岁，母尝减食与之。巨谓妻曰："贫乏不能供母，子又分母之食，盍埋此子？子可再有，母不可复得。"妻不敢违。巨遂掘坑三尺余，忽见黄金一釜。金上有字云："天赐黄金，郭巨孝子，官不得夺，民不得取。"

郭巨思供给，埋儿愿母存。
黄金天所赐，光彩耀寒门。

【评说】

汉代有个叫郭巨的人，或说是今山东长清县人，或说是隆虑（今河南林县）人，或说是河内温县（今河南温县）人。

郭巨家贫，有个儿子三岁。郭巨的母亲常分减自己的饮食而给孙子吃。郭巨就对其妻说："贫穷困乏不能供养母亲，儿子又分吃老母之食，何不抛弃这个小子？儿子可以再生，母亲不可再有了。""盍"，就是"何不"的意思。《二十四孝》的其他版本上为"盍埋此子"，或作"盍弃此子"，一个"埋"字，意思更加显豁。

于是挖地掘坑三尺，这时却从土中获得黄金一釜。"釜"，古代六斗四升为一釜。金子上面写着字，意思是："上天赏赐黄金，给郭巨孝子，官员不准抢夺，民众不准分取。"

这则故事是荒诞不经的，但是一个孝子的深情跃然纸上。当在孝敬母亲、关爱儿子的天平上只能倾斜一方的时候，他选择了做孝子，而舍弃了做慈父。

此故事又重复地申说一个主旨，即行孝是会感动天地的，是会获得好报的；在挖地获得黄金一釜之后，既不用埋儿，又可以孝养老母，一个难题因孝而产生，也因孝而圆满解决。

此故事虽然荒诞，但是对于今人未必没有启示。如今每家只生一个孩子，孩子是家中的“皇帝”、“宝贝”，父母对孩子是做牛做马都可以，但是往往把年迈的双亲、甚至是夫妇双方的四位亲人冷落了。当然反过来也不能只是为了老人一头，而忽视孩子。因此忙忙碌碌的现代人，要寻找一种智慧来求其平衡：既对父母不失其孝，又对孩子不失其慈。这也是一道不易解的难题。

山东省长清县孝里铺的孝堂山相传是郭巨故里，据传“郭巨埋儿”的故事就发生在这里。笔者虽心向往一游，但终未成行。看到一些材料的介绍，更是为其魅力吸引。

孝堂山，其实是一座高约30米的土山，古代曾称作巫山。因为这里有一座石祠郭氏祠堂，即东汉孝子郭巨的墓祠，因而自南北朝以来，这座土山就著称于世，且山名因之更名为“孝堂山”。

先看其祠堂结构，有关材料说：石祠坐北朝南，平面呈长方形，面阔3.8米、进深2.13米，高2.63米，墙厚0.2米，全部用青石砌筑而成。屋顶两面坡的石板刻出脊背等形状，作单檐悬山顶式。前面正中置八角形石柱，高86厘米，上下端刻成斗形，与后墙间置跨度2.13米的三角石梁，负载着重达20多吨的屋顶，并将石祠分为东西两间。就祠内题记和画像风格判断，建筑年代约为公元一世纪，是我国现存最早的地面房屋建筑。

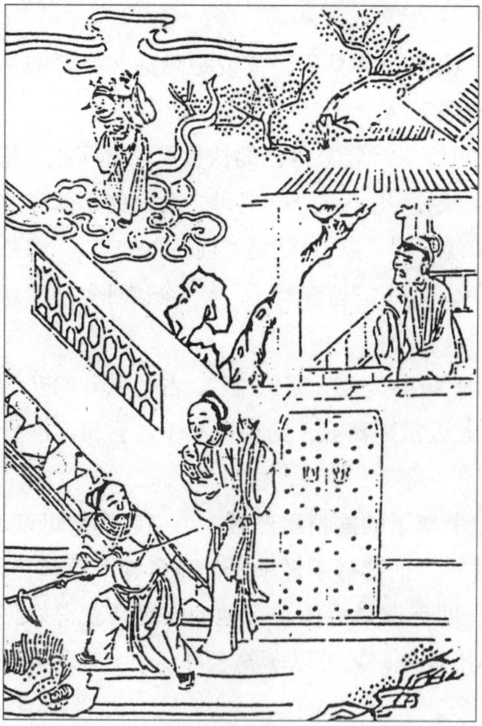

为母埋儿

再看此中的文化层积，有关材料介绍：祠的各种建筑构件上雕刻有垂帐纹、菱纹等简朴的装饰，石壁和三角形石梁上还雕刻有精美的图画，内容包括神话传说、历史故事、天文星象以及朝会、出行、迎宾、征战、献俘、狩猎、庖厨、百戏等，十分丰富。雕刻手法多采用平地线刻法，风格劲利，在汉画像石中独具一格。

祠内还保存着许多汉唐以来的游人题记，其中最早的是东汉永建四年（129年）和永康元年（167年）的两则题记。在石祠的山墙外侧，刻有北齐武平元年陇东王的《感孝颂》，具有较高的历史文化和书法艺术价值。

郭巨墓祠由于具有很高的历史价值和艺术价值，所以自宋代著名的金石学家赵明诚把它录入其著作《金石录》后，后人又多有著录。虽然有关建筑的确切年代仍是千古之谜，至今众说纷纭，但依然是研究我国建筑史的宝贵实物资料。

又听闻孝里镇正在热热闹闹地评选"孝里镇十大孝子"，此也可以悟通一个地方的文化传承是如此绵绵不绝的，那么也可以进而晓悟一个民族的文化传承更是不绝绵绵的了。

姜诗：涌泉跃鲤

《涌泉跃鲤》讲述了汉代姜诗与其妻的孝行。此为《二十四孝》的第十则故事。

[汉] 姜诗，事母至孝。妻庞氏，奉姑尤谨。母性好饮江水，妻汲而奉之。母更嗜鱼脍，夫妇作而进之，召邻母共食。舍侧忽有涌泉，味如江水。日跃双鲤，诗取以供母。

舍侧甘泉出，一朝双鲤鱼。

子能知事母，妇更孝于姑。

【评说】

汉代的姜诗，广汉（今四川德阳）人，事母至孝。据说，赤眉军经过姜诗的住地，不仅不侵犯他，而且赠送他米和肉。姜诗后来出任江阳令，卒于官。

此则故事写姜诗的孝行很简单，且主要写其妻的孝行。其妻庞氏，侍奉姑，也即是婆婆，尤其谨慎。姜诗的母亲性好饮江水，其妻就外出汲江水来奉养婆婆。母亲又特别嗜好鱼脍，指切细的鱼与肉。夫妇常烹调供养，并且还召来邻居的母亲一起食用。后来在他们房舍的旁边忽然喷涌出泉水。泉水的味道就如江水一样，且每日还跃出两条鲤鱼，姜诗夫妇就取来供养母亲。在《后汉书·列女传中》有更为详细的记载，可以参见。

姜诗家的孝行对现代人也很有启示：一是除了儿子孝顺外，还有媳妇的孝顺问题，当然最好的就像他家那样，子是孝子，媳妇也孝顺。正如诗句说："子能知事母，妇更孝于姑。”此点醒世人，儿子的孝敬更为重要，因为会影响到自己的妻子；如果儿子自己都不孝顺父母，那么很可能妻子也步其后尘了。当然也有这样的情况，儿媳妇很贤惠，自己孝敬公公婆婆，从而感应并改变了丈夫对父母的不孝敬。

二，有时老父母有特殊的嗜好，对子女提出了一些难办到的事情，比如“好饮江水”、“更嗜鱼脍”，但是孝子还是尽可能地满足他们的要求。

三，这里的至诚之孝又来个“感应”说，什么“有涌泉，味如江水”、“日跃双鲤”等，这当然是不科学的。但是，社会中至诚之孝也会产生其他的“感应”，比如感应了下一代的孝心，比如会给周边的家庭带来感应，使之家庭和谐，这不也是一种有意义的回报吗？

再看看当地对这一孝文化的传承，也很有启发。自从《后汉书·列女传》中记载了姜诗妻的故事，后来又选录入《二十四孝》以后，这个处在四川成都平原西北部边缘的德阳市旌阳区孝泉镇，也成为了一个著名的“孝子故里”、一个历史文化名镇。他们曾举办“中国孝文化节”，而“孝文化节”又为今日的孝泉镇拓展了巨大的德孝文化空间。

他们那里演绎着许多故事，其中一个就是“皇帝做广告，‘强盗’敬孝子”。这是说东汉明帝刘庄于永平三年曾表彰过姜诗妻庞三春，另外是所谓的“强盗”赤眉军不侵犯他们，并且还赠送了米和肉。

涌泉跃鲤

据有关材料说，当地还建立了一个以宣扬孝文化为宗旨的有教化意义的“德孝城”。这里崇阁巍峨，层楼高起，画栋雕梁，龙盘螭护，古色古香。石砌山门上刻着御敕“圣旨”二字，在门坊的正中镶有两块石碣，一是“姜孝祠”，一是“跃鲤名区”。

这里有一副对联也有意思：“赤眉滔天，曾教万马衔枚去；清泉涌地，犹想双鲤献瑞来。”上联写的是，传说东汉造反的赤眉军路过孝泉时，首领听说这是孝子姜诗故里，立即翻身下马，传令三军悄悄地衔枚行军，以免惊扰了孝子。所以，有史以来，凡是经过孝泉镇的达官贵人，武官下马，文官下轿，逐渐成为传统。下联的意思是，姜诗的妻子庞三春每日往返离孝泉镇七里远的临江河中挑水，姜氏至孝，感动上苍，井中涌出泉水和鲤鱼，每日庞三春打水时都会随带打上两条鲤鱼来。

民间还创造性地丰富了这一故事，“姜诗孝亲，涌泉跃鲤；一门三孝，安安送米”的美丽传说，在当地流传了一千多年。

姜家因为有庞三春这个孝顺媳妇，全家人本来过得十分幸福和睦。不过后来姜诗的姑姑从中挑拨离间，使姜家遭遇家破的危险。姜母听信了谣言，于是请人做了一尖底桶，让庞三春在距临江七里的挑水路上不能歇息。后来，天上的太白金星知道了人间有这样一个孝子媳妇，便下凡来，将一根马鞭给了庞三春，要她拿回去放在水缸里，从此就再也不用挑水了。果然，庞三春不仅不用每天去七里以外的临江挑水，每天还有两条鲤鱼从井中跳跃起来，改善了姜家的生活。

但姜母知道这件事后大怒，硬逼着儿子姜诗休了庞三春。姜诗遵循了母亲的意愿，将妻子庞三春休了。有位邻居可怜三春，找到了白衣庵道姑收留了庞三春。

姜诗的儿子叫姜石泉，也称为安安，知道母亲被休，想到妈妈吃不饱饭，就在每日上学时抓一把米藏在路边的土地菩萨背后。日积月累，安安终于积蓄了一小口袋米，便给住在白衣庵的母亲送去。

庞三春住在白衣庵，每日砍柴，做针线活，托人卖了，就给婆婆买米买肉回去，仍然尽她一个媳妇的孝道。当安安将米送到白衣庵时，庞三春抓起米来，见那米的颜色深浅不一，顿时愤怒地质问儿子。安安只得说出这是自己积攒起来的米。三春再也忍不住了，抱着儿子痛哭了一场。后来，姜诗弄清楚了事情原委后，将三春领回家，一家人才又幸福和睦地生活在一起……

我读到这些有关的材料，心中也掀起情感之波澜，被深深打动。这一延伸出来的民间故事，让这“一门三孝”的情节更加丰富生动了。孝泉镇的孝子故事真的很美丽，颇能洗涤今人的心灵，在流传了一千多年后，还会默默地传播下去的。

蔡顺：拾椹供亲

《拾椹供母》讲述了汉代蔡顺的孝行。此为《二十四孝》的第十一则故事。

[汉] 蔡顺，字君仲，少孤，事母至孝。遭王莽乱，岁荒不给，拾桑椹，以异器盛之。赤眉贼见而问曰："何异乎？"顺曰："黑者奉母，赤者自食。"贼悯其孝，以白米三斗、牛蹄一只赠之。

黑椹奉萱帏，啼饥泪满衣。

赤眉知孝顺，牛米赠君归。

【评说】

此则故事又称为《拾桑异器》等。东汉蔡顺，安城人，字君仲。幼时便成了孤儿。文中的"孤"，是指幼年失去父亲。他侍奉母亲，极其孝顺。后来遭遇王莽之乱，又逢饥荒，口粮不足，于是采拾桑葚，并用不同的容器来盛放。文中的"给"(jǐ)，是丰足的意思。"不给"就是不足。"桑椹"，即"桑葚"，是桑树的果实，可以吃。桑葚黑色的比较成熟，甜一些，红色的就差一点。

拾椹供亲

赤眉军遇见蔡顺，便问他：为什么桑葚要分开来盛放？蔡顺说："桑葚黑色的给母亲吃，赤红色的自己吃。"诗句中的"黑椹奉萱帏"便是这意思，"萱帏"也即是"萱闱"，是指母亲所居处，也指母亲。赤眉军怜悯他的孝顺，就给了他白米三斗、牛蹄一只。这也就是诗句所说的"赤眉知孝意，牛米赠君归"。

这个孝子孝心纯厚，最感动人处又是一个细节：桑葚分成两种，给母亲吃好的，自己吃差的。

《后汉书·蔡顺传》的记载也可一读：蔡顺，汝南人，字君仲，以至孝称。少时，其父去世，赡养母亲。尝出外砍柴火，有客人至，母亲望蔡顺还不回来，乃噬咬手指，而远在外面的蔡顺即刻心动，于是弃柴奔驰而回，跪地问缘故。母亲说："有急客来，吾噬指以悟汝耳。"

其母九十而寿终。未及葬，邻里发生火灾，火逼近他家，蔡顺便抱伏棺柩呼天号哭。火灾过后，蔡顺独得以免灾。

他的母亲害怕打雷，自从其母死后，每逢打雷，他都绕母亲的坟墓哭泣，曰："我蔡顺就在这里！"当时的太守韩崇很关照蔡顺，每遇到打雷时，就会派人遣车马到墓地去。

当时，有太守召他为东阁祭酒，有太守召举他为孝廉，他都因为不肯远离母亲的坟墓而不应召。八十岁终老于家中。

蔡顺的故事也被选用在《二十四孝》中，不过有两点很有意思：一，我们会发觉，其中"啮指心痛"的细节和《二十四孝》中的曾子叙述是一个模式。这说明孝子的行为的背后潜伏着一种约定俗成的行为模式的表述，因此会出现重复的情况。二，《二十四孝》的作者为了避免重复，曾子用了"啮指心痛"的内容，而写蔡顺则绕过了这一历史故事，用"拾椹供亲"的故事，而在《后汉书》中没有这一记载。三是，蔡顺怕死后的母亲害怕打雷，因此常在雷雨天绕墓哭泣。这一情节，与《二十四孝》的孝子王裒《闻雷泣墓》又有类似了。

虽然今人去读这些历史上的孝子孝行，会产生种种想法，或不可理解，或理解不了，或厌其做作，或恶其封建，或恨其落后，但是往深处的内核思考一下，不就是尽其尊亲、养亲、孝亲之心吗？难道古今人心就不能沟通吗？

丁兰：刻木事亲

《刻木事亲》讲述了孝子丁兰的孝行。此为《二十四孝》中的第十二则故事。

> [汉] 丁兰，幼丧父母，未得奉养，而思念劬劳之恩，刻木为像，事之如生。其妻久而不敬，以针戏刺其指，血出。木像见兰，眼中垂泪。因询得其情，即将妻弃之。
>
> 刻木为父母，形容在日身。
>
> 寄言诸子女，及早孝双亲。

刻木事亲

【评说】

丁兰，或说是东汉河内人。丁兰年幼即父母丧亡，想到未能奉养父母，又思念父母养育自己的辛劳，因此雕刻木头制成肖像，侍奉他们，就如活着一样。文中“劬（qú）劳”，就是辛苦劳累的意思。

丁兰的妻子时间一长就开始不敬重了，用针戏谑地刺木像的手指，竟然流出血来。木像见到丁兰来了，眼中还居然掉下了眼泪。丁兰询问得到真情，于是把妻子休了。

这个故事虽然不符合事实逻辑，但是符合《孝经》的“感应”说，也合乎浪漫主义的创作理路。正因为孝子深情，木像才能“感应”，不仅成为血肉之躯，且有细腻之情感，因此木像既会流血，也会流泪。

至今浙江还有丁兰的文化遗存的踪迹距杭州市中心约十多公里处，有个丁桥镇，据说此地乃汉朝孝子丁兰的故里。后人在此建丁桥、兰桥，遂以此为地名。又因镇旁有丁、兰二桥，所以此镇也以桥命名。《杭州市地名志·丁桥乡》：“丁桥（自然镇），丁桥乡和丁桥居委会驻地。西南距杭州市中心约12公里。此地乃汉朝孝子丁兰的故里。丁兰，事母至孝，母死，刻木为像，事之如生。镇旁有丁、兰二桥，镇以桥名。”

早在南宋吴自牧《梦粱录·历代古墓》有载：“丁兰母冢，故居在艮山门外三十六里丁桥之右。母死，刻木事之如生，冢在姥山之东。”南宋《咸淳临安志》卷八七：“丁兰故居，在今艮山门外三十六里丁桥。”民国年间在此建乡，属杭县。1953年从杭县划入杭州市，仍称丁兰乡，1956年改称丁桥乡至今。

不过关于丁兰的故事也有不同的传说记载，如《孝子传》记录：

丁兰，河内野王人也。年十五丧母，刻木做母，事之供养如生。兰妻夜火灼母面，母面发疮。经二日，妻头发自落，如刀锯截，然后谢过。兰移母大道，使妻从服，三年拜伏。一夜忽如风雨，而母自还。邻人所假借，母颜和即与，不和即不与。邻人曰：“枯木何知？”遂用刀斫木，母流血。

兰还悲号，造服行丧。廷尉以木感死。宣帝嘉之，拜太中大夫者也。

这就有点恐怖并且更含怪诞的感觉了。《初学记》也有记载：

丁兰者，河内人也。少丧考妣，不及供养，乃刻木为人，仿佛亲形，事之若生，朝夕定省。后邻人张叔妻，从兰妻借。看兰妻跪投木人，木人不悦，不以借之。叔醉疾来，酣骂木人，杖击其头。兰还，见木人色不怿，乃问其妻，具以告之，即奋剑杀张叔。吏捕兰，兰辞木人去。木人见之，为之垂泪。郡县嘉其至孝通于神明，图其形象于云台也。

这些版本与《二十四孝》的比较，可以看到孝子的孝行被不断地加工，虽然诸版本都一个样地有不可相信的荒诞内容，但《二十四孝》的内容更显得简洁些、明快些。

陆绩：怀橘遗亲

《怀橘遗亲》讲述了东汉陆绩作为一个六岁的孩童就知道爱母亲的孝行。此为《二十四孝》中的第十三则故事。

[后汉] 陆绩，字公纪。年六岁，至九江见袁术。术出橘待之，绩怀橘三枚。及归拜辞，橘堕地。术曰：“陆郎作宾客而怀橘乎？”绩跪答曰：“吾母性之所爱，欲归以遗母。”术大奇之。有诗为颂。诗曰：

孝顺皆天性，人间六岁儿。
袖中怀绿橘，遗母事堪奇。

怀橘遗亲

【评说】

陆绩（187～219年），三国时吴郡吴县（今属苏州）人，字公纪。

陆绩六岁时，曾随其父到九江袁术那里去做客。袁术拿出橘子来招待他们。陆绩将三只橘子揣藏起来，等到告别跪拜的时候，橘子掉在了地上。袁术便开玩笑，说："陆家小儿郎作宾客，还要怀揣橘子吗？"陆绩跪下，回答说："吾母生性最爱橘子，想要留给母亲。"袁术对他的机警和孝心大感惊奇。后人有诗为颂，意思是：孝顺皆是出于天性，比如人间的六岁儿童就是这样。怀藏橘子留给母亲，这也堪称奇事了。

《二十四孝》中有几则是讲述孩子的孝行的，这一维度的故事突出一个主题，那就是爱父母是一种天性，是自然而然的人性。其次，这也回应了《孝经·开宗明义章第一》："夫孝，始于事亲，中于事君，终于立身。"在人生的第一阶段，即在一个人儿童的时候，就可以懂得孝顺双亲。

江革：行佣供母

《行佣供母》讲述东汉孝子江革的孝行。此为《二十四孝》中的第十四则故事。

[后汉] 江革，字次翁。少失父，独与母居。遭乱，负母逃难。数遇贼，或欲劫去。革辄泣告有老母在，贼不忍杀。转客下邳，贫穷裸跣，行佣以供母。母便身之物，莫不毕给。

负母逃危难，穷途贼犯频。

哀求俱获免，佣力以供亲。

【评说】

这一则故事出自《后汉书·江革传》。东汉江革，字次翁，齐国临淄（今山东临淄）人。少失父，独自与母亲居住。王莽新朝政治腐败，战争频仍，天下大乱，为躲避战乱，江革背着母亲弃家出走，四处逃难，历尽艰难险阻，常常靠采拾来供养母亲。

江革数次遇到盗贼，有的还要劫持他一起干。江革都哭泣哀求，说家有老母，语气很真诚，足以感动人心。盗贼因此不忍心侵犯他，有的还给他指出避开贼兵的方法。他曾辗转客居下邳，贫穷得常赤裸着双足。江革靠帮别人打工来供养母亲，母亲平时所需要的生活必需之物，莫不全部供给。

后来回到家乡，每到年终县令考核即所谓“案比”，百姓都必须到县衙去核实户籍。江革的母亲年老难行，若雇牛车、马车则不堪颠簸，于是江革自己在车辕中驾车，不用牛马，缓步慢行，送母亲去县衙。乡里的百姓见此情景，非常感动，都称他为“江巨孝”。

行佣供母

太守曾经备礼物相召，但是江革以母亲年迈为理由不应召。其母去世，常寝伏在坟墓上，丧期满了还不肯除去丧服。

江革引起了朝廷的重视与重用。东汉明帝永平初年，被举为孝廉，担任郎官。后来汉章帝时，有太尉将他举为贤良方正，还迁升为司空长史，又调任五官中郎将。每次朝会，皇帝都派人扶持江革，对他行注目礼。有时江革有病不能上朝，皇帝还送醪膳慰问恩宠。京城的一些达官贵戚对他崇礼之，曾分别写信问候他，他都没有回信，皇帝更加赞赏他。后来江革上书要求告退，皇帝让他转任谏议大夫，赐他告老还乡。

汉章帝元和中，皇帝思念江革的品行，特地制诏书于齐国之相，曰：“谏议大夫江革，前以病归，今起居何如？夫孝，百行之冠，终善之始也。国家每惟志士，未尝不及革。县以见谷千斛赐巨孝，常以八月长吏存问。致羊酒，以终厥身。如有不幸，祠以中牢。”由此，“巨孝之称，行于天下”。

这一则可以看到，当时社会自上至下重孝的风气，以及汉代以孝治天下的一个侧面。江革“巨孝”的称号，在当时由民间而至天子都认可了，而且又流行于天下。后来这一历史故事被收进了《二十四孝》中，广为流传。

有学者还对江革之后的情况加以梳理研究。江革死后，他的三个儿子都在朝廷做官。因为江革的孝顺、清廉的影响很大，地位又高，所以赢得了族人的敬重，被历代《济阳江氏宗谱》尊为一世始祖。江革后代名人辈出，如第十六世孙、南朝著名的文学家江淹，考县人（今河南兰考），于齐明帝初年(494年)出任宣城（今安徽宣城）太守。又如江革的二十世孙江韶又举家从宣城迁徙到今安徽省旌德县白地镇江村定居。清咸丰年间，为躲避清军镇压太平军造成的战乱，江村江氏的一支又迁徙到江苏扬州。江革的孝行也被后人代代传颂着。

在江革故乡淄博地区的历史上，还有“四大孝子孝女”的说法，他们是春秋战国时期孝敬婆婆的博山媳妇颜文姜、西汉时期上书救父的临淄小姑娘淳于缇萦、东汉巨孝临淄江革和北宋时期将国仇家恨融于一心、发愤为国著书的淄川王樵。今天，当地正在开发这些深厚的孝文化资源。

黄香：扇枕温衾

《扇枕温衾》讲述了汉代孝子黄香的孝行。此为《二十四孝》中的第十五则故事。

[汉] 黄香，字文疆。年九岁失母，思慕惟切，乡人称其孝。躬执勤苦，事父尽孝。夏天暑热，扇凉其枕簟。冬天寒冷，以身温其被席。太守刘护表而异之。

冬月温衾暖，炎天扇枕凉。

儿童知子职，千古一黄香。

扇枕温衾

【评说】

东汉黄香，字文疆，是江夏安陆（今湖北安陆市）人，约生于汉明帝永平元年以后不久，约卒于安帝延光三年左右，年六十多岁。

黄香九岁就失去了母亲。他思慕母亲极其哀切，乡人都称赞他的孝心。他年纪虽小，却做事不顾劳苦，服侍父亲竭尽孝顺。夏天酷暑炎热，黄香就挥扇而使父亲的枕席子凉快。文中的“簟”（diàn），即指席子。冬天天寒地冻，黄香就以自己的身体去温暖父亲的被席。

黄香十二岁时，还被太守刘护召至门下，加以表彰，非常惊奇一个孩童竟然有这样的孝行。黄香虽家贫，却专心经典，精道术，能文章，京师号曰："天下无双，江夏黄童。"他曾拜为郎中，在元和元年（84年）诏诣东观读未见之书。和帝四年永元（92年）拜左丞，六年累迁尚书令，勤于政事，忧公如家，喜欢推荐人才。安帝时，黄香迁魏郡太守，遭遇水灾饥荒，于是分出自己的俸禄及所得的赏赐，赈济贫民，富裕人家也各出义谷帮助他，救活的人不计其数。著有《九宫赋》、《天子冠》等文。关于黄香的事迹，汉刘珍等《东观汉记·黄香传》有载。关于黄香的传说和遗迹，有云梦义堂汉孝子黄香故里、黄孝村、黄香园、黄香墓遗址碑、黄香纪念馆等等。

黄香的行孝也给了今人有益的启示。他九岁失去了母亲，便把对母亲的思念，把自己对双亲的爱又全部转移到父亲身上。这是一个孩子从内心深处自然萌发、激发出来的孝。"扇枕温衾"，反映出一个孩子细致、纯真的孝行，这又是出于天性的、并尽自己的能力所能做到的孝行。

今天我们有了电扇、空调、暖气，孩子不必像黄香那样去"扇枕温衾"。但是黄香的孝心孝行，是值得今天的孩子学习的。其实每一个孩子都会对父母有一种出于天性的敬爱、孝顺的感情，对于这些，作为父母的要学会保护好，并引导好。但是现代父母往往因为溺爱独生子，反而把孩子的孝心淹没了。我们可以设想一下，如果妈妈下班，孩子给她挥扇子凉快，许多做母亲的可能会说：快去做功课，不要浪费时间，成绩好最要紧！许多这样的事情就发生在我们身边，我们没有引导好孩子的孝心。再说我们的学校也没有理直气壮地进行孝的教育，社会风气也淡化了孝的传扬。于是孩子原本具有的孝心可能就会慢慢变化，直至最后变质。许多不孝子孙就是这样在不管、不教、不诲、不导中渐渐变得无情、无义、无爱、无孝！

王裒：闻雷泣墓

《闻雷泣墓》，又称为《王裒泣墓》，讲述了魏晋时孝子王裒的孝行。此为《二十四孝》中的第十六则故事。

［魏］王裒，字伟元，事亲至孝。母存日，性畏雷。既卒，葬于山林，每遇风雨闻雷，即奔墓所，拜泣告曰："裒在此，母勿惧。"隐居教授，读《诗》至"哀哀父母，生我劬劳"，遂三复流涕，后门人至废《蓼莪》之篇。

慈母怕闻雷，冰魂宿夜台。

阿香时一震，到墓绕千回。

【评说】

魏晋时代的王裒（póu），字伟元，晋城阳营（今山东昌乐县的阳郡）人。他身长八尺四寸，容貌绝异，博学多能，德操高尚，言行必遵礼法，侍奉亲人至孝。

他的母亲活着时，性极胆小，畏惧打雷。其母死后，葬于山林中，每次遇到风雨，听到雷声，王裒就即刻奔向母亲的墓地，跪拜哭泣，并诉说："我王裒在此，母亲不要畏惧！"其诗描写得很生动："慈母怕闻雷，冰魂宿夜台。阿香时一震，到墓绕千回。""冰魂"，形容梅花、莲花等清白纯净的品质。这里另有意思，指因夜宿坟墓，有侵骨之冷。"夜台"，指坟墓、墓穴。"阿香"，是神话传说中的推雷车的女神；又有"阿香车"之说，指雷神之车，或雷声；说见晋陶潜《搜神后记》卷五所载。不过，读到这里我们也会马上想起，在《后汉书·蔡顺传》一则里也有记载："母平生畏雷，自亡后，每有雷震，顺辄圜冢泣，曰：'顺在此。'"这也见到古人在表述孝子之孝行时，有雷同的模式。

王裒的祖父王修，是魏国的名士，官至大司农郎中令；其父是王仪，为司马昭的司马，因讨伐东吴失败，直言得罪了司马昭而被杀害。王裒就携其母，将其父的灵柩运回家乡昌乐，隐居起来，自耕自食，并以教授为生。

他终生不面向西而坐，表示绝不做晋朝之臣。《诗经·小雅·蓼莪》有云："蓼蓼（lù）者莪（é），匪莪伊蒿。哀哀父母，生我劬（qú）劳。"这是说，又长又大的莪啊，那不是莪而是蒿；哀伤哀苦啊我的父母，生养我啊真劳苦。文中的"蓼"，是长、大的意思。"莪"，美菜。"蒿"，贱草。莪蒿，也叫萝蒿、抱娘蒿。诗句的意思很有喻义，莪蒿常常抱宿根而生长，就像子依靠着母一样，比喻子长大了，全靠父母生养我。然而蒿不可食，又比喻子不能终养父母之遗憾。据说，每次王裒读到这里，就常常流泪，后来他的门人甚至避开《蓼莪》之篇而不诵读了。

司马炎建立晋朝后，知王裒贤德有才，不仅给其父王仪平反，并多次邀请王裒做官，但王裒坚辞不就。据说，他在其父墓侧筑屋而居，每日朝夕至墓前跪拜，且攀柏悲号，涕泪溅树枝。日久，树木也为之枯槁。王裒孝行操尚感动乡里，曾被推为"孝廉"。晋怀帝永嘉五年（311年），汉刘曜攻陷洛阳，大肆烧杀抢掠，齐地盗匪四起，亲戚朋友大批南迁，但王裒恋祖茔不肯离去，遂为盗贼所害。

有关材料说，孝子王裒是历代儒学和官方教化民众与学子、倡导孝文化的榜样。明成化二年即公元1466年，昌乐知县范威倡导儒学，于王裒故里增筑王裒墓，并刻碑“魏孝子王裒之墓”记之，以表其德。此后孝风倡行乡里，历代多有修葺增筑及刻碑表彰。

清康熙五十一年，知昌乐县事徐人元《王裒墓》有诗云：“至性孤行绝代天，蓼莪诗废感生徒。终生耻向西都坐，永痛长庐北海隅。墓筑垣墉人共护，邑修俎豆吏躬趋。刘君手植森森柏，莫遣哀魂泪洒枯。”

今人有关的文字材料，也值得作一引述推介。笔者看到，网上就有许多介绍材料。

据《昌乐县续志·古迹志》载：魏孝子王裒墓，在县治东南五十五里之马宋集以东八里，即今天的昌乐县营丘镇王裒院村。该村原名桃花村，因临近王裒墓院，王裒墓每年农历三月三和九月十七日两次香火会，蔚为壮观，香火旺盛，闻名百里。日久，桃花村名渐隐，王裒院之名益显，遂改名为王裒院。王裒院村位于昌乐县城东南30公里，省道胶王路北，西距镇住地马宋5公里。王裒墓在村西，巍然兀立，墓前至今立着明成化二年“魏孝子王裒之墓”碑，碑高2.2米，宽1.1米。墓院两侧另有碑记6方，周围有柏树、国槐、白杨树等，院貌朴素、宽阔、宁穆，望之令人肃然起敬。

据该村老人讲，王裒墓有“仙方活人”的灵气，谁家的人得了重病，前去求拜，辄赐神药，食之即愈，十分灵验。还有“雹子不打孝廉地”的说法，传说王裒的孝心感动了玉皇大帝，特赐“免雹照牌”一面，所以王裒院附近很少发生雹灾。

闻雷泣墓

相传王裒墓原有一个大院子，四面是砖砌围墙，南北近百米，东西宽60米，占地近10亩。墓前建有凉亭三楹，八根八棱石柱挺拔矗立，雕梁画栋，斗拱飞檐，十分壮观。当时墓高20多米，院内有六十多棵两抱粗的大松树。1947年，潍县解放前夕，墓院内的大松树被国民党陈金城的部队全部伐去修了碉堡。上世纪60年代“文革”期间，又遭严重破坏，院墙、碑碣基本毁尽。今天的王裒墓院状况，是改革开放之后由乡民捐资重修，并搜集了部分古碑，重刻了多方碑记，在周围种植了一些树木。

王裒墓院近代几经浩劫，现状已非昔比，其状态与规模与原貌相差天壤，几近荒芜。近年镇政府和周边村民虽已陆续投资20多万元，搜集了部分古碑，重刻了多方碑记，出版了有关书籍，被列入了县级重点文物保护单位。但这还远远不够，要想恢复原来的规模形制还需要多方关注，加大投资，才能真正把这一珍贵的非物质文化遗产保护好，并传承下去。

读了这许多的有关介绍，笔者也萌动了瞻仰一番的愿望。若有机会，笔者必将去观瞻一番，看看古迹，看看一个孝子怎样成为当地的非物质文化而被流传、保护，又怎样被破坏、被重建的。其实中国大地的孝子文化就这样千百年来在历史的风雨中坎坷前行，永远不会被磨灭。

吴猛：恣蚊饱血

《恣蚊饱血》讲述了一个孝子在蚊虫肆虐的时候，怎样不让亲人遭受蚊虫之害。这是《二十四孝》中的第十七则故事。

恣蚊饱血

[晋] 吴猛，年八岁，性至孝。家贫，榻无帷帐。每夏夜，任蚊多攒肤，恣渠膏血之饱。虽多不驱，恐去己而噬亲也。爱亲之心至矣。

夏夜无帷帐，蚊多不敢挥。

恣渠膏血饱，免使入亲帏。

【评说】

吴猛，东晋豫章（今江西南昌）人，字世云，以孝行闻名。又传说吴猛年四十，得神方，能以羽扇划水而渡。

这里举了一个例证，吴猛八岁时侍奉亲人就已行孝至极。他家里贫困，没有钱购买床上的蚊帐。每当夏天的晚上，很多的蚊子来叮咬他，但是他听之任之，从不驱赶，恐怕驱赶这些蚊子，蚊子就会去叮咬自己的父母亲。

文中的“攒肤”，就是指蚊子聚集在皮肤上叮咬。“攒”（cuán），就是聚集的意思。“恣”，恣肆、肆虐的意思。“渠”，第三人称，这里指蚊子。“膏血之饱”，指蚊子吸血而饱食。“噬”（shì），咬，叮咬。

这是一个八岁孩子的心理活动与逻辑推理。他认为自己被蚊子叮咬了，让恣肆的蚊子吸饱了自己的血，就不会或会减少对亲人的叮咬。虽然事实上并非如此，但是孩子幼稚想法的深层，是对亲人的深爱，爱亲人而可以让自己受罪。

今天的儿童听了此则故事，可能马上会反驳吴猛的做法，甚至嘲笑他的“愚蠢”。现今的孩子确实见多识广，眼界开阔，根本不是古代的那些儿童可比的。但是孩子们天性中的孝之本性，我们注意引导、培养了吗？我们是否可以从表面上的不成逻辑却深合人性逻辑的行为中，摄取其中孝文化的精华来滋养孩子的心灵呢？

王祥：卧冰求鲤

《卧冰求鲤》讲述了一个孝子对后母的孝行。此为《二十四孝》中的第十八则故事。

[晋] 王祥，字休徵。早丧母，继母朱氏不慈；于父前数谮之，由是失爱于父。母欲食生鱼，时值冰冻。祥解衣，卧冰求之。冰忽自裂，双鲤跃出，持归供母。

继母人间有，王祥天下无。

至今河上水，一片卧冰模。

【评说】

王祥（185～269年），琅琊（临沂）人，字休徵。汉朝末年，他曾经隐居庐江（今安徽舒城）二十多年。后来出任温县（今河南温县西南）令，再任大司农、司空、太尉。晋代魏之后，官至太保，以侍奉后母至孝而闻名。《晋书·王祥传》卷三十三中记载了王祥卧冰的故事。

王祥的母亲去世后，有了后母朱氏。后母不慈爱，在王祥的父亲前数次说

卧冰求鲤

他的坏话。“谮”（zèn），是诋毁的意思。由于这样，王祥又失去了父爱。一次，后母想要吃鲜鱼。当时天寒地冻，王祥就脱下衣服，躺卧在冰层上来求鱼。冰忽然自己化开，有双鲤跃出。王祥捉到两条鲤鱼，归家供养后母。

据说，后母不断刁难王祥，她要王祥捕捉黄雀烤给她吃。这是个很难做到的麻烦事情，但是由于孝的“感应”，许多黄雀又自动飞到王祥的帐篷中，王祥又过了一坎。

后母还是不放过王祥。家里有一棵果树，据说是李子树，果实快熟了，后母要王祥看守着，不能让一颗果实掉到地上。因此遇到刮风下雨之时，王祥就会奔向果树，抱着果树哭泣，哀求果实不要掉落下来。

人心终究不是铁石浇铸成的，王祥的后母终于被一次次的孝行所感动，终至羞愧自己的行为，最后把王祥看成自己亲生的一样。

在《二十四孝》中有一个主题反复渲染，便是“感应”，孝子的孝行会感动天地万物，并且得到好的回报。这则故事亦是如此，《卧冰求鲤》的故事再次为孝的“感应”提供了又一个例证。当然，这些“感应”的故事大多经过了加工、放大，故不必当真，但是从中可以抽取出一种核心的、合理的智慧，那就是侍奉亲人要顺从、宽容、忍耐，哪怕在刁难、刻薄之下，也能用自己真诚的孝行来化而解之。

另外这一则故事还突出了又一个主题，即子女与后母之间的关系处理问题。这样的家庭中怎样来行孝呢？应该像虞舜、闵子骞那样，用自己的孝行和睦自己与后母、父亲以及同父异母兄弟之间的关系。

这个问题在《颜氏家训·后娶》中有专门的论述，是从另一个角度来谈的，即告诫子孙，对于丧妻后再娶的事情要特别慎重。他举出好多的例子，其中说到周宣王时候的重臣尹吉甫有个长子叫伯奇，他的后母在父子之间挑拨离间，说伯奇对她有邪念，其父一怒之下将其放逐。伯奇作了琴曲《履霜操》表明心志。其父感悟，射杀了后妻，父子归好。比如又说到，曾子的妻子死了，他拒绝再娶，并对儿子说：“吾不及吉甫，汝不及伯奇。”有意思的是，西汉成帝时候的大臣王骏丧妻，也终身不娶，谓人曰：“我不及曾参，子不如华、元。”华、元，是曾子的两个儿子曾华、曾元。

在传统的《二十四孝别录》中还有一则《护兄感母》的故事，也与王祥有关，可以一起通读：

> 王祥弟览，字元通。母朱氏，遇祥不慈。览年四岁，见祥被挞，辄流涕抱护。及长，朱虐使祥妻，览妻亦往。祥渐有时誉，朱益恶之，乃酖祥。览知取饮，祥固争之，不与。朱恐览饮，急倾去。自后食，览必先尝，坐卧必同处。朱感而悔，爱祥如爱览。

这个故事很生动，就是21世纪的现代人读一下，恐怕也颇能触动情怀。王祥之同父异母弟王览，在四岁时候，见到其兄王祥被母亲鞭挞，常流着眼泪抱住王祥护卫哥哥。等到长大了，都娶了媳妇，朱氏虐待王祥之妻的时候，王览之妻也前往保护。王祥渐渐在当时有了声誉，朱氏更加厌恶他，于是想用毒酒杀害王祥。王览知道这件事情，便想取而先饮，王祥极力争夺，不给其弟。朱氏恐怕自己亲生的儿子王览饮了毒酒，急忙倒掉。从此以后，每次饮食，王览必定自己先尝一下，坐卧必与其兄在一起。朱氏终于感动而后悔，爱王祥也就如同爱王览一样。

王祥、王览用自己的孝悌感动了母亲、感化了母亲，使得她重新回归到一个做母亲应该有的道德轨道上来。此中亦然看到，孝子的感化力量是无穷的。

临沂市兰山区白沙埠镇有一个孝友村，这里就是王祥的故里。2006年12月，《卧冰求鲤》这一流传了1700多年的传说，成功入选山东省首批非物质文化遗产名录。

看到一个材料说，临沂市兰山区白沙埠镇孝友村共有3000人，95%以上为王姓。孝友村沿河而建，这条河名叫“孝河”，“卧冰求鲤”的故事就发生在这条河里。“孝河凝冰”是琅琊八景之一。在“孝河”莲池边的小亭下，明朝嘉靖年间所立“晋元公王祥卧冰处”碑依然耸立。这块碑也曾被毁坏，有关人士在附近搜集碎石并谨慎整理，使石碑恢复了原状。另外“孝河藕”是老城三宝之一。传说那藕有九个眼，比平常的多了一眼，这个眼就是“孝眼”。另外直到今天，在临沂孝河边还立有一块石碑“风雨守李处”，据传这便是王祥守护那棵李子树的地方。

如今王祥的后裔在河边建起了仿古的“孝园”，建有怀里抱着大鲤鱼的王祥雕塑。“孝园”内还有“孝友祠”，此地乃王氏家族世代居住之所。“孝友祠”曾因战乱、“文革”以及千年风雨的侵蚀而遭到破坏，但是还有几方断裂的古石碑，能够证明此地为王祥故里的物件。

杨香：搤虎救亲

《搤虎救亲》也作《扼虎救父》，讲述一个孝女的孝行。此为《二十四孝》中的第十九则故事。

[晋] 杨香，年十四，随父丰往田中获粟。父为虎曳去。时香手无寸铁，惟知有父，而不知有身。踊跃向前，搤持虎颈，虎磨牙而逝。父因得免于害。

深山逢白额，努力搏腥风。

父子俱无恙，脱离馋口中。

【评说】

杨香，是晋代的山东人，杨丰的女儿。杨香还是十四岁的时候，跟随父亲杨丰去田间收获粟子。其父被老虎拖咬了去。杨香手无寸铁，但心里只想着父亲，她奋不顾身，死死地卡着老虎的脖子。"搤"，就是扼的意思。老虎最后也只能磨着牙而离去。其父因此得免于害。

搤虎救亲

《二十四孝》中讲述的女性只有三人：一是年老的唐夫人是怎样孝敬自己的婆婆的，见《乳姑不怠》。一是姜诗之妻是怎样孝顺侍候婆婆的，见《涌泉跃鲤》。这两则都是一样的主题，着眼于婆媳之间的关系。这一则就是讲述杨香怎样勇敢救父，是孝女对父亲的至孝。

《二十四孝》中讲述孩童时期的故事有八个，占了三分之一，如闵子骞、蔡顺、陆绩、黄香、吴猛、王祥、孟宗、杨香，而只有杨香是个女孩。这些作为孝子、孝女的孩子，在孝敬父母中作出的那种大无畏、无私奉献、不惜牺牲自我的精神，让古人赞叹，也让今人感动。

杨香，一个年仅十四岁的小女孩，又是手无寸铁，竟敢不惧虎视眈眈、虎牙的锋利、虎爪的凶猛、虎口的难逃，而救下父亲，逼走老虎，真是令无数人敬佩。此故事再次表明：一，孝行不分男女，不分长幼。二，至孝所转换成的胆量、力量是巨大的，甚至是不可想象的。

我不禁想起汉代的那位也是十四岁的孝女曹娥的浪漫传说。曹娥，浙江上虞人，他的父亲曹盱是一个巫祝，能奏乐祭祀神灵。在汉献帝建安二年（197年）的五月五日，其父在溯江而上迎神时，不幸为江水所淹没，一直找不到尸体。十四岁的曹娥，沿江寻找，呼号哭泣，并将衣服扔到江中，祝祷神灵，说：衣服沉下之处，但愿是父之尸体所在之处！她沿江十七天奔波，最后衣服下沉了，曹娥也就投水寻父。又经过五天时间，江上出现了奇怪的情景，女儿扶着父亲的尸体浮出了水面。后人为她立庙，并称此江为曹娥江，这个江名一直流传到今天。

这一故事记载在《后汉书·列女传》中。后来《二十四孝别录》里也有记录，稍有改动："曹娥，上虞人，曹盱之女。盱为巫祝，能抚节按歌以悦神。五月五日，逆流而上，为水所淹，尸不能得。娥年十四，沿江号泣，既而投瓜于江，祝曰：'父尸所在，瓜当沉。'旬有七日，至一处，瓜沉，遂投水。经五日，负父尸出，颜色如生。邑人为立曹娥孝女庙。"

同样是十四岁的女孩，让我们看到孝女们的至孝之行，也看到至孝之心。当然故事从古至今，都不是教后人去模仿她们的行为，而在于是否能从她们那里解读出一些灵魂中的高尚的东西来，滋养今天现代人，特别是滋润那些"小皇帝"、"掌上明珠"的内心。

孟宗：哭竹生笋

《哭竹生笋》讲述了三国时孝子孟宗的孝行。此为《二十四孝》中的第二十则故事。

> [吴] 孟宗，字恭武，少丧父。母老病笃，冬月思笋煮羹食。宗无计可得，乃往竹林，抱竹而哭。孝感天地，须臾地裂，出笋数茎，持归作羹奉母。食毕，病愈。

泪滴朔风寒，萧萧竹数竿。

须臾冬笋出，天意报平安。

【评说】

孟宗（？～271年），字恭武，一字子恭，三国时吴国江夏（治所今湖北鄂城）人。曾为吴盐池司马、豫章太守、司空。

孟宗年少时就失去了父亲，母亲年老且“病笃”。“病笃”就是病重的意思。冬月，其母想用竹笋来煮羹汤之饮食。今人也知道，竹笋煮羹汤之类，特别有鲜味，可以改善胃口。

孟宗无计可施，因为当时的季节得不到竹笋，于是前往竹林，抱竹而哭。哭泣的原因，就是一个孝子不能满足老母的心愿而难过。然而，“孝感天地”，孝子的纯孝感动天地，不久地面裂开，长出数支竹笋。孟宗即捧持竹笋回家，做了羹汤奉献给老母。“孝心”又一次生效，其母亲吃完竹笋煮的羹汤，竟然重病得以痊愈了。

《三国志》于孟宗其人其事，也有记载：孟宗“事母至孝。母嗜笋，冬节将至，时笋尚未生，宗入竹林哀叹而笋生，得以供母”。南朝宋裴松所注《三国志·吴书·孙皓传》引《楚国先贤传》：“（孟）宗母嗜笋，冬节将至，时笋尚未生，宗入竹林哀叹，而笋为之出，得以供母。皆以为至孝之所致感。”

哭竹生笋

此故事的要旨：其一，就是树立一个孝子对年老且病重的母亲的尽孝的典型。俗话说：“长病无孝子。”孟宗却尽了孝，对老母哪怕是不太合理的要求也尽量去办妥。其二，再次强化了《孝经》“感应”之理念。当然这里面也含有了古谚所说的义理，“皇天不负苦心人”。

孟宗哭竹生笋的故事，想象丰富，当然在流传中也被不断加工了。今天在孝感市孝昌县周巷镇还留有孟宗遗址、孟宗书屋、孟宗哭竹港、泣笋台及双峰山滴翠园等等。

当地的民间传说很生动。孟宗读书

勤奋，夙夜不懈，奉母至孝。孟宗少时，母病思食竹笋，时值隆冬，竹不生笋。孟宗入竹林哭泣，得竹笋以奉母。今孝感“哭竹港”遂以得名。后来，孟宗在外做官时，凡有好吃的食物必先寄给其母，然后才自己吃。吴永安五年（262年），孟宗自光禄勋任右御史大夫，宝鼎三年（268年）拜司空。

笔者读过当地的一位记者写的《走进孟宗的神秘故里》，所写也很有意思。

“哭竹港”，是因孟宗而得名的，位于孝昌县东20公里处的周巷镇青山村。此地为大别山的尾部。“哭竹港”旁的墩坡遗址，坐落于澴水支流之一的青山河一块小平原上。墩坡遗址地处群山环抱之中，山清水秀，是人类赖以生存的繁衍生息之地，也是中国古代二十四孝之一的汉江夏大司马孟宗的故乡。

孟宗，就出生在青山口孟家栗林的一个农民家庭。他少时读书十分用功，每天学习至夜深，且侍奉母亲无微不至。据说，孟母十分善良，非常疼爱儿子。一年冬天，天寒地冻，孟母特地缝制了又厚又大的被褥给儿子送去。人们看到这么大的一床被子，都感到十分奇怪。孟母却深情地说：“我儿子的学友大多很贫寒，拿不出什么好东西来结交朋友，这床大被子正好可以让他们一起盖用，共同御寒，增进他们学友之间的感情。”孟宗在母亲的言行感召下，品学兼优，尊敬老师，与同学们打成一片，做出了许多学习上帮助同学、生活上照顾学友的感人事迹，这些事迹在学堂广为传颂。

孟宗更孝顺自己的母亲。母亲每有疾病，他都要亲自照顾，端茶倒水侍奉于床前，无微不至，总是想方设法满足母亲的愿望和要求，哭竹生笋就是最典型的故事。传说他上山在竹园中抱着竹子，坐在雪地里失声痛哭，一直哭到第二天天明，竟然生出竹笋出来。孟宗的泪流成河，融化了冰雪，形成潺潺流水，向青山口西南的山沟流淌，后来竟然使原来不足二三尺宽的小水沟变成了一个丈余宽小港。港中之水清澈碧绿、品味咸甜，港四周得到灌溉的庄稼与其他田里的庄稼相比，格外茂盛。病者喝了此港之水后也百病消除。

当地还传说，有一年吴帝孙皓患肠炎，久医未愈，经人介绍，喝了“哭竹港”之水，竟奇迹般地“水到病除”了，人们说这是孟宗孝母哭竹时所流的泪水。后来，吴帝孙皓便赐此港为“哭竹港”。“哭竹港”也就因此而得名。

后来由于孟宗孝母哭竹生笋，其尽孝子之道的典型事迹在吴国广为传颂，孟宗也被举荐为官。吴帝亲自召见了孝子孟宗，还赐给他多件物品以慰其母，并安排他在骠骑大将军朱据名下当了一名军吏。日后，孟宗出任望江盐池司马，主管渔盐。

初任盐池司马时，他经常亲手做母亲喜欢吃的食物。为对母亲尽孝，他一有空余时间，就亲自结网捕鱼，并腌制了拿回家孝敬母亲。母亲却责备他：既为鱼官，应避嫌疑，教育他要公私分明。在母亲的教导下，孟宗逐步明白了做人为官的道理，为官非常清廉，在老百姓中有非常好的口碑。

传说孟宗的母亲因年迈而病逝，他弃官回家为母奔丧，守墓三十五天，日夜以泪相伴，跪守在母亲坟旁，极尽孝子之道，四乡八里百姓无不动容。守孝完后，他又屡建功勋，升任光禄勋，居宫中。后吴帝又将孟宗由右御史大夫提升为司空，主管礼仪、德化、祭祀等。

千百年来，人们附会传奇的孟宗哭竹台、哭竹港遗址，就是指的墩坡台地及环壕遗址。在“哭竹港”旁边看到，至今还长有一些竹子，许多竹子长势很茂盛。

读了这些传说与报道，我们会跳出孝行感应而生竹的怪诞逻辑，而被那种真情、纯情所感应，也为民间传说的魅力所吸引。

庚黔娄：尝粪忧心

《尝粪忧心》讲述了南北朝齐梁时候的孝子庚黔娄的孝行。此为《二十四孝》第二十一则故事。

[南齐] 庚黔娄，为孱陵令。到任未旬日，忽心惊流汗，即弃官归。时父病始二日，医云：“欲知瘥剧，但尝粪苦则佳。”黔娄尝之甜，心忧甚。至夕，稽颡北辰，求身代父死。

到县未旬日，椿庭遘疾深。

愿将身代死，北望起忧心。

【评说】

庚黔娄，新野人，字子贞。其父庚庚易，移居江陵（今荆州），隐居而不出，南齐朝廷数次征聘他，都不肯就职。庾黔娄少时即好学，且性至孝，曾出仕齐为编令，后任孱陵令，又再任蜀郡太守；至梁代，他累迁至散骑常侍。庾黔娄做官很有政绩，以仁爱化俗，居官清廉。这一则就介绍他的至孝的故事。

尝粪忧心

他当孱陵县令，到任还没有满十天，忽然心惊肉跳，满身流汗。他感应到家里可能有大事急事了，即弃官归家。当时他的父亲已经生病两天了。这就是诗中说："到县未旬日，椿庭遘疾深。""椿庭"，是一个典故，因为《庄子·逍遥游》中说到上古有树木大椿长寿，又《论语·季氏》说到孔鲤趋庭，受到父亲孔子的教诲，后来就组合成"椿庭"一词，作为父亲的代称。"遘（gòu）"，是遭遇的意思。又文中的孱陵县，西汉设置，治所在湖北公安县西，隋朝开皇九年（589年）废之。——读到这一则，我们会再次想起《二十四孝》中的诸如"啮指心痛"那一类的遥感之说。这种孝的"感应"，不断被不同的情节渲染着；而现代人是最反感这一点的，指责它不科学。

但是，那个医生很奇怪，居然说："想要知道病情是好还是坏，只要尝一下粪便。如果是苦的，则病不要紧的。"文中的"瘥剧"，"瘥"，此字有两个读音：一读cuó，是疾病、病疫的意思；一读chài，是病愈、病好了的意思，本文用此义。"剧"，指病加重、危险。

庾黔娄尝了一下，是甜的，心里很忧伤。到了晚上，庾黔娄向北斗星辰叩拜祈福免灾，请求以自身来代替父死。"稽（qǐ）颡（sǎng）"，即"稽首"，"颡"，额头。此即是跪下并拱手至地、头也至地的礼节。"北辰"，就是北极星。

现代人读到这一故事，大概首先反感的是那个医生的"混账"，竟然想出这样的"馊主意"，令人厌恶；而孝子尝便，也让人恶心。其次，感到庾黔娄的"感应"以及做法也有点太过分了。这都是正常人的正常的心理活动。

然而，笔者想到的是，对于一些流传故事的情节，后人不必看得很重，也不必看得过真，关键是能抽绎出其中合理的内核，这也是古人编写此类故事的出发点。

这一孝子庾黔娄的故事，其合理内核，有三点可说：一，孝子和亲人是心连心的，无时无刻不牵挂着老人，尤其在远离亲人时候，更是会牵心挂肚，而当父母有病痛或生命垂危时，更让孝子们的神经绷得紧紧的。这可能是古今孝子都相通的地方。二，孝子之至孝，甚至可以放弃自己的官位，当然还有舍弃其他的东西而在所不惜。顺便想起元本高明在《琵琶记·伯喈五娘相会》中的一句很有趣味的话："书，我只为你其中自有黄金屋，却教我撇却椿庭萱草堂。还思想，休休，毕竟是文章误我，我误爹娘。"现代读书人读来，不知另有一番滋味否？三，孝子之至孝，甚至把亲人的生命看得比自己更重要，以至于可以用己身来换他身。今天有许多报道，孝顺的子女把自己的器官移植给父母，不就是这回事吗？

唐夫人：乳姑不怠

《乳姑不怠》讲述了唐代崔山南家里已经是做祖母的媳妇用乳汁孝养已经是曾祖母的婆婆，且永不懈怠的孝行。此为《二十四孝》中第二十二则故事。

乳姑不怠

[唐]崔山南，曾祖母长孙夫人，年高无齿。祖母唐夫人，每日栉洗，升堂，乳其姑。姑不粒食，数年而康。一日病笃，长少咸集，曰："无以报新妇恩，愿汝孙妇，亦如新妇之孝敬。"

孝敬崔家妇，乳姑晨盥梳。

此恩无以报，愿得子孙如。

【评说】

崔山南，即崔琯，唐博陵（今河北蠡县）人，字从律。举进士，性方正，以公直敢言见称于时，官至山南西道节度使。

崔山南的曾祖母叫长孙夫人，年岁很高，没有了牙齿。崔山南的祖母叫唐夫人，每日还为自己的婆婆梳头盥洗，还搀扶她上堂。“栉洗”，就是梳头、盥洗的意思。看见婆婆没有牙齿了，就用乳汁供养其婆婆。婆婆不吃米粒饭食。数年后，她的婆婆康复了。有一天，曾祖母病重了，她把长幼都召集起来，对大家说：没有什么可以报答我的儿媳妇的恩德。愿你们这些孙媳妇，能像她一样孝敬就足够了!

在《二十四孝》中讲述女性之孝的不多，内容集中在两个方面，一是孝女对父亲的孝敬，一是媳妇对婆婆的孝顺。编辑者选取的这两个不同的向度中，后一个向度的志趣，在古代社会里非常讲究，因此在《女孝经》、《女论语》、《女训》等里面都着重于阐明、宣扬这一主题。

这位作为儿媳的唐夫人，自己本已经是祖母级了，可是上面的婆婆还在，因此依然尽心竭诚、周到细致地服侍她，令古人感动，大约也不会不使得今人也感动。

长期以来婆媳关系是一个令许多家庭、许多婆媳之间困惑的难题。看看这个四代同堂的大家庭中，祖母对曾祖母的孝顺、孝敬、孝养，是何等感人。故事所产生的教育意义，是永久的。

朱寿昌：弃官寻母

《弃官寻母》讲述了宋代的孝子朱寿昌的孝行。此为《二十四孝》中的第二十三则故事。

> [宋] 朱寿昌年七岁，生母刘氏为嫡母所妒，出嫁。母子不相见者五十年。神宗朝弃官入秦，与家人诀誓：“不见母，不复还！”行次于同州，得之。时母七十余。
>
> 七岁生离母，参商五十年。
> 一朝相见面，喜气动皇天。

【评说】

朱寿昌，宋代扬州天长（今安徽天长市）人，字康叔。其父朱巽，宋仁宗年间的工部侍郎，生母刘氏是朱巽之妾。朱寿昌历任阆州知州、司农少卿，颇有政绩，后来弃官寻母，以孝闻名于世。王安石、苏轼等都有诗赞美他。

弃官寻母

朱寿昌七岁时，生母刘氏，因为被嫡母所妒忌，逼出家门，重新改嫁了。“嫡母”，即朱寿昌父亲的正妻，而朱寿昌的生母当为偏房之妾。

朱寿昌与生母之间，不相见达五十年之久。这就是诗句所说的“七岁生离母，参商五十年”。“参”（shēn）、“商”均是星宿名，参星酉时（下午五时至七时）出现在西方，商宿也称为辰星，卯时（早晨五时至七时）出现在东方，它们不同时出现在天空中，比喻相隔遥远不能见面，因此也有“参辰卯酉”之说。

宋神宗朝时，朱寿昌决定弃官入秦，进入今陕西和甘肃一带去寻找自己的生母。他与家人诀别，发誓说：“不寻见生母，绝不回来！”后来留宿在同州（今陕西大荔县）时，竟然寻得了母亲。当时他的生母已经七十多岁了。后来他迎接生母以及两个弟弟归家，孝子名声大振。

今天在安徽天长市秦栏镇向东一公里处，有一棵千年古柏，据传是大孝子朱寿昌在其母亲的坟旁亲手所植，人称孝子树。据说，朱寿昌把生母接回来后，对其母精心供养直至送终。朱寿昌母亲在世时怕雷声，逝世后，每逢雷雨天，朱寿昌总要撑把伞到坟头守护。尽孝三年后，宋神宗赵顼（xū）嘉其孝义，诏令官复原职。朱寿昌离开秦栏前，到母亲的坟前，栽下了一棵松柏，以代表他永远陪伴着母亲。

今天这一孝文化的遗存也被重视起来。由于年代久远，千年古柏出现倾斜现象，秦栏镇党委、政府会同有关部门花了4万多元，对千年古松进行了保护，并在这著名风景点建设集孝文化、佛教文化、现代文化和教育基地为一体的“寿昌公园”。

当地还出产一种“朱孝子卤鹅”，又称“秦栏卤鹅”，这与朱孝子之间也有一段传说。有材料说，当年生母刘氏被弃时，朱寿昌跟随着母亲生活了三年。三年间母子相依为命，生活孤苦，朱寿昌以牧鹅为生，后其父将他领回抚养。朱寿昌对与母亲三年的艰辛生活经历刻骨难忘，做了官后，更是日日思母，“饮食罕御酒肉，言辄流涕”。家人及侍从想起他与母亲生活时牧鹅的经历，便使厨师卤制熟鹅，增加食欲。朱寿昌食之，果然食欲大增，自此每餐必吃，身体逐渐调养康复。然而朱寿昌每次食鹅之时，思母之情也更为迫切，于是弃官，千里寻母。寿昌母子团聚后，心情舒畅，更加喜食卤鹅，嘱咐侍从每日卤制熟鹅与母同食，乐享天年，并自称为“寿昌卤鹅”。后“寿昌卤鹅”的秘制工艺遍传秦栏乡里。乡民们敬佩朱寿昌的孝心，尊称“朱孝子卤鹅”。这种卤鹅制作工艺虽经千年，至今仍完好地留传了下来。

黄庭坚：涤亲溺器

《涤亲溺器》是《二十四孝》最后的第二十四则故事，讲述宋代黄庭坚的孝行。

[宋] 黄庭坚，字鲁直，号山谷。元祐中为太史。性至孝，身虽贵显，奉母尽诚。每夕为亲涤溺器，未一刻不供子职。

贵显闻天下，平生孝事亲。

亲身涤溺器，婢妾岂无人。

涤亲溺器

【评说】

黄庭坚（1045～1105年），洪州分宁（今江西修水）人，字鲁直，自号山谷道人，晚号涪翁。宋英宗治平（1064～1067年）年间进士。宋哲宗立，召为校书郎、《神宗实录》检讨官。《神宗实录》修成，擢升为起居舍人。绍圣初，新党谓其修史“多诬”，被贬为涪州别驾，安置在黔州等地，宋徽宗初，羁管宜州而卒。

此故事说，黄庭坚在宋哲宗元祐（1086～1094年）年间曾为太史，其情性至孝，虽然身为高官尊贵显赫，但还是侍奉母亲竭尽诚孝。每天晚上，他都亲自为母亲洗涤便溺之器，没有一刻不尽到孝子的职责。

附录的诗，也有意思："贵显闻天下，平生孝事亲。亲身涤溺器，婢妾岂无人。"虽然贵显而名闻天下，但是还不忘记亲自为母亲洗涤溺器，难道是没有婢妾吗？此也发人深省。

黄庭坚不仅做过高官，而且是大文学家、大书法家。他早年以文章、诗词被苏轼赏识，与张耒、晁补之、秦观并称"苏门四学士"。他创作的诗，以杜甫为宗，讲究修辞造句，强调"无一字无来处"，多写个人的日常生活，风格奇崛，开创了"江西诗派"。他擅长行书、草书，与苏轼、米芾、蔡襄，并称为"宋四家"。

黄庭坚的故事列入《二十四孝》中，告诉人们这样一个典型：一，孝没有尊卑之别，没有贵贱之分，没有贫富之差，因为做子女是一样的，对父母是一样的，孝敬之心是一样的。二，尽管服侍亲人或有妻妾，或有奴婢，或有其他人、或雇佣他人来代劳，但是孝子会自己去尽孝。三是，孝子的孝行是真诚的，孝的行动没有高下之分，哪怕是又肮脏又卑贱的洗涤便溺之器物，哪怕是高官、哪怕是名人、哪怕是有钱人，孝子也会自己去干，而不是由他人替代自己的孝行。

在古本《百孝图》中还收录一则石建《亲涤衣厕》，可以和这一则故事通读。石建是西汉时期石奋的长子。石奋（？～前124年）是西汉的大臣，为汉文帝时候的大中大夫、太子太傅；汉景帝时任诸侯国之相，位至九卿。石奋为人恭谨，教导的四个儿子也都驯行孝谨，一家以孝著称，因为他与其四个儿子都是二千石以上的官员，因此号称石奋为"万石君"。

窦太后因为石奋家孝行谨慎，故任命石建（生卒年不详）为郎中令。他以孝闻名于当时，后来虽然年纪大了，但是还是不忘记孝顺老父。每五天就离开朝廷，回家探望亲人一次，在拜见亲人之后，还为老父亲石奋洗涤内衣，并洗刷马桶。他还叮嘱仆人，不要让老父亲知道这事。其父死，他哭泣哀思，不久也去世了。这与上一则黄庭坚的故事一样，没有情节的传奇，也没有孝的"感应"，虽平平淡淡，但却会默默地掀起人性的情感波澜。汉代的扬雄有个评论："石奋、石建，父子之美也。无是父，无是子；无是子，无是父。"（《法言·至孝》）此亦可以体会，一个家庭之中，父亲的孝行对于下一代人，以至于一个家庭的孝的影响之大。

其实还不止于此，石奋的少子石庆（？～前103年）也被窦太后封为内史，迁太仆。他为官谨慎，齐国慕其家风，不言而治。这又是一个家庭的孝文化对一个社会的影响了。

篇三

《孝经》智慧典藏

《孝经》的智慧深藏在历史中，储存在每个王朝的岁月里。人们或知道所有的历史都是现代史，然而我们也可以说，古代的经典未尝不可以转化成“现代的经典”。因为具有现代思维的人们可以从中生长出、碰撞出、演绎出、评判出新的智慧来，滋养现代人的血脉，超拔现代人的灵魂。

如老子所说：“执古之道，以御今之有。”此真乃不朽名言。《孝经》如此，《孝经》的历史智慧亦如此！

——作　者

从《孝经》的“孝”字说起

“孝”字是怎样构形的？“孝”字有什么涵义？

先来看看甲骨文、金文、小篆的“孝”字、“老”字、“考”字：

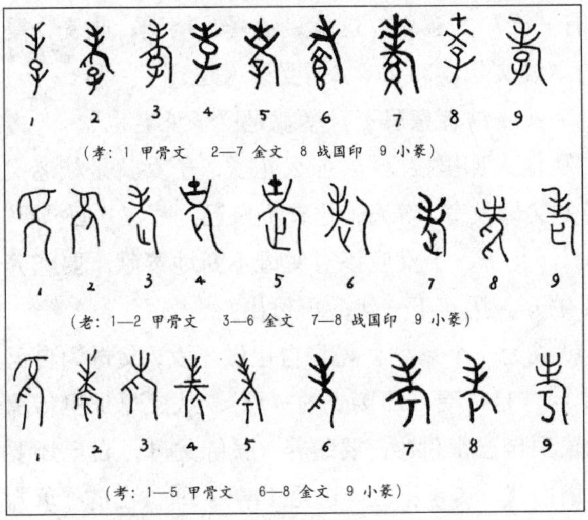

（孝：1 甲骨文 2—7 金文 8 战国印 9 小篆）
（老：1—2 甲骨文 3—6 金文 7—8 战国印 9 小篆）
（考：1—5 甲骨文 6—8 金文 9 小篆）

甲骨文的“孝”字，上面是“老”，下面是“子”。虽然也有学者认为，甲骨文的这个字形和商周金文的“孝”字在构形上有差异，不认可是“孝”字，但还是有很多学者认为这就是“孝”字。

在金文中“孝”的字形也大都是由表示“老”与“子”的形体构成。有人指出，“孝”的最初的意思是年轻人“参”（搀）扶族中老者，“孝之本谊（义），恐非限于父母，诸父诸祖亦应善事”。这种说法是有道理的。在铜器铭文里，可以看到，“孝”的对象相当广泛，不仅有父母，还包括了祖妣、宗室、兄弟婚媾诸老等等。“孝”的道德，实际上是对老年家庭成员的尊重、敬爱、赡养和祭祀。（见胡平生《孝经译注》，中华书局）人们还发现“孝”的字形里有“食”（《曾伯簠》）。阮元说：“孝字从食，创见于此，殆取养义。”（《积古斋钟鼎彝器款识》）有人说，此字“象老人就食，为享孝之专字”（陈初生《金文常用字典》）。这个字的结构，突出了一个老人就食的情况，其理念就是突出孝的一大重任就是赡养、供养父母。

我们再看“老”与“考”字，原来是一个意思，指老人。《说文》：“老，考也。七十曰老。从人、毛、匕，须发变白也。”《说文》：“考，老也。”孝，就是与老人有关的，因此成为构形的一部分。

小篆的孝，《说文》：“孝，善事父母者。从老省，从子；子承老也。”孝，就是善于侍奉父母的人。这一字形的结构，来自两方面：一是“从老省”，意思是由“老”字省略的形体来构成字形的一部分。一是“从子”，意思是由“子”字来构成另一部分。这两部分合起来就是“孝”的字形，而其中会合起来的意思就是，“子承老也”。当然从小篆以前的形体来看，“从老省”不确切，因为老字原来就没有“匕”。

那么“子承老也”的“承”字又是什么意思呢？“承”字，《说文》：“承，奉也，受也。”这字很有意思，有两个相反方向的字义：其一，“承”有“奉”的意思，这就是奉献、侍奉、给予，是对他人的付出。如王筠《说文句读》云：“谓授之人也。”其二，“承”有“受”的意思，这就是承受、接受、收受、受到，从他人那里得到。如王筠《说文句读》云：“谓受诸人也。”

这样两方面来解读“孝”字就非常有意思了。孝就是“子承老也”：一方面“承”从承受来看，就是“从他人那里接受”，那么儿子、子女就是从老父老母那里诞生出来的、不断接受父母教育、养育，才有了自己。另一方面“承”从付出来看，就是“给予他人”。儿子、子女应该对父母不断地奉献，要赡养他们，要孝敬他们。当然还要生养、抚养下一代，再付出。

这两方面又联系在一起，就成为一个系列：先是自己做子女，父母为自己付出了很多，自己接受了很多；这是“受”即接受的“承”，从父母那里传承过来。等到自己成家立业，就轮到自己来付出，要赡养、服侍父母；自己还要传递、繁衍到下一代，生育繁衍后代，传承下去。这是“奉”，即付出的“承”。

父母——子女——父母，每个人都在这样的系列中变换着角色，完成“子承老”的“奉”、“受”两方面任务。每一代人也都要这样完成“承”的两件大事。因此付出和接受，是孝子的历史使命、社会责任、人生大事，也是人的道德的根本。

我们可以再来看看“教”字的写法，就会豁然开朗。《说文》：“教，上所施，下所效也。从攴，从孝。”其字义是，上面有所施教，下面就会仿效。其字结构是由孝、攴（pū）构成。

“攴”的甲骨文字形是手中拿着小棍、教鞭一类的东西在敲打的意思。《说文》：“攴，小击也。”“教”字，一面是“孝”，一面是手执东西在敲打，人们可以会其意思，它的本义就是严厉地教人遵从孝。我们还记得《孝经·开宗明义章》里孔子说：“夫孝，德之本也，教之所由生也。”郑玄注：“教人亲爱，莫善于孝，故言教之所由生。”至此可以省悟汉字“孝”与“教”之间的密切关系了，若从汉字的表层结构潜入，则会发现其层积在深层的中国孝文化中。

至此也可以深刻理解以下汉字之链：老——子——孝——教，让我们看到

"子承父"是孝，其中含有自然的、人性本有的元素，自然的元素还要不断地在后天进行严格的教育、教化、教养。这种"教"，又有两途：一是上面的要严格教育下面的人，二是上面的要做出好的榜样来，下面的就会仿效了。否则原本善的心灵也会荒芜，而杂草丛生，人性中的"善"就被湮没了。古往今来，社会上出现的许许多多不孝，其中的深层原因之一就是"不教"与"教之不严"，就是上之"不孝"导致下面仿效的"不孝"。

综合起来说，"孝"字先是孝顺父母的意思，然后引申发展为美德孝道的通称。比如《诗经·大雅·文王有声》："遹(yù) 追来孝。""遹"，遵循，或说语助词。朱熹说："特追念先人之志，而来致其孝耳。"陈奂说："遹追来孝，犹言追孝于前人也。遹，发声。来，语助。"王引之说："遹追来孝，遹，辞也。来，往也。言追前世之善德也。前世之善德，故曰往孝。即所谓追孝于前文人也。"孝者，"非谓孝弟之孝"。王引之《经义述闻》又说："《尔雅》'善父母为孝'，推而言之，则为善德之通称。《逸周书·谥法篇》曰：'五宗安之曰孝，慈惠爱亲曰孝，秉德不回曰孝。'则所包者广矣。"这就是说"孝"的意义被泛化了、引申了。

另外"孝"字还有享献、孝敬的意思。《诗经·大雅·载见》："以孝以享。"马端辰说，"是孝与享同义。故享祀也即孝祀"，"致享亦曰致孝"，孝、享"两字同义，合言之则曰'孝享'"。金文亦有"享孝"连用的情况。故祭祀亦称"孝"。高田忠周说："事死犹事生，故祭祀有享献之礼，享献亦是饮食事也。"（《金文常用字典》）这又可联想到金文《曾伯遹》中那个由"食"构成的"孝"字，其中就储存着远古的信息。

"孝"词语场的"考古"

中国的孝文化异常丰富，由"孝"字所衍生成的"词语场"，就可以看到其文化层积丰厚的一角。我们不妨也来一番知识的"考古"。

一、孝与人物

"孝子"：孝顺父母的儿子，这个词早在《诗经》中已经出现。《诗经·大雅·既醉》："威仪孔时，君子有孝子。孝子不匮，永锡尔类。"也特指父母去世后居丧的人。所谓孝子，是一个表旌孝行的光荣称号。

"孝子顺孙"：就是孝顺的子孙。"孝子慈孙"：指孝顺且有爱心的子孙，语出《孟子·离娄上》。"孝子贤孙"：孝顺子孙的意思。——中国古代希望，不仅子孝，还要孙孝，如此传承下去，代代不绝。说到子用"孝"，说到"孙"用"顺"、"慈"、"贤"，字面虽变换，意义仍一贯，也就是"孝"的意思。

"孝子爱日"：特指在与父母相处的时间里要珍惜那些时日，及时行孝。此语出自汉代扬雄《法言·至孝》。——这很有意思，要人们珍惜与父母相处尽孝的时光，不要一朝"子欲养，而亲不待"了。

"孝女"：有孝行的女子。"孝妇"：尽孝道的媳妇，不过也用为居丧中的妇人。——男女都有行孝者，性别不同，名称也不同。

当然还有年龄的不同，比如"孝童"：卓有孝行的孩童。还有特指的专用人名，如"孝己"：传说中殷代高宗武丁的儿子，以孝行著称，因为遭到后母的谗言，被放逐，忧苦而死。后来作为孝子的典范。先秦时候还有以"孝公"为称的，如齐桓公的儿子，名昭，而称为"孝公"（前642年~前633年在位）。《国语·晋语四》："桓公卒，孝公即位。"

在居丧、祭祀或一些特殊的时候，自称也有讲究。比如"孝男"：居丧的儿子，也泛指居丧的儿孙。"孝孙"：祭祖时候对祖先的自称。"孝王"：古代帝王祭祀时候对祖先的自称。"孝夫"：古代丧失妻子的人对亡妻的自称。"孝妻"：古代丧失丈夫的人对亡夫的自称。

二、孝与义理、情意

孝在这方面的词语渊源很深，量很多，如"孝思"：孝亲之思，出自《诗经·大雅·下武》："永言孝思，孝思维则。"

"孝道"：儒家伦理的核心，指以孝为本的理法规范。《吕氏春秋·孝行》："行于亲重，而不简慢于轻疏，则是笃谨孝道，先王之所以治天下也。"后来又有"孝理"一词，也就是指孝的道理，如宋洪迈《容斋续笔》：大臣权若讷建议唐中宗，不要废除其母亲武则天所创造的那些天地日月等新字，说"削之无益于淳化，存之有光于孝理"。

"孝德"：此词出现很早，《周礼·地官·师氏》："以三德教国子。一曰至德，以为道本；二曰敏德，以为行本；三曰孝德，以知逆恶。"郑玄注："孝德，尊祖爱亲，守其所以生者也。"

"孝心"：本指对双亲长辈孝敬的心意，如出现在《礼记·檀弓下》。不过后来演变为对官长孝敬的心意，也称为孝心。比如《二十年目睹之怪现状》："这是卑职的一点穷孝心，求大人赏收了。"

"孝情"：孝顺父母的诚心。此词出现也很早，《战国策·齐策四》："北宫之女婴儿子无恙耶？彻其环瑱（zhèn，戴在耳垂上的玉），至老不嫁，以养父母，是皆率民而出于孝情者也。”鲍彪注：“情，犹诚。”

“孝义”：行孝重义。“孝慈”：对尊长孝敬，对下属或后辈慈爱；或同“孝友”的意思。“孝爱”：孝敬爱重。“孝诚”：孝敬的诚心。“孝节”：孝行节操。“孝诚”：孝敬的诚心。“孝熙”：孝德光明盛美。“孝决”：有孝行而果敢。“孝性”：孝顺的德性。“孝和”：孝顺淑和。“孝睦”：孝顺长辈，敦睦亲属。“孝慕”：对先辈的孝敬追慕。“孝恺”：孝悌、孝敬。“孝谨”：孝顺而恭谨。“孝烈”：孝义节烈。

孝还有“大孝”、“至孝”、“纯孝”等说。如果是孝悌人家，还称为“孝门”。南朝梁的吴均《续齐谐记·紫荆树》写过一个很生动的故事。京兆田真兄弟三人，商议分家，原则是平均分配。但是堂前一株紫荆树，怎样来平分呢？商量下来，一劈为三，每人一份。第二天要去动手时，那棵树已经枯死了，形状就像火烧过的一样。田真见状，大惊，对诸位兄弟说：“树本同株，闻将分斫，所以颠顇（憔悴），是人不如木也。”因此悲不自胜，不再砍劈树木，树木也就马上恢复了荣茂。兄弟相感互应，不再分开，成为了“孝门”。

“忠”与“孝”相连，便有“忠孝”一词，忠于国君，孝于父母。金代有把军队称为“忠孝军”的，清代还有把官吏行装所配之带称为“忠孝带”的。

“孝”和汉语中最美好的那些词语联姻在一起，熠熠生辉。

三、孝与行为

“孝行”：孝敬父母的德行。《周礼·地官·师氏》：“教三行：一曰孝行，以亲父母；二曰友行，以尊贤良；三曰顺行，以事师长。”

“孝敬”：孝顺父母，尊敬亲长。此词语出现也早，《诗大序》：“先王以是经夫妇，成孝敬，厚人伦，美教化，移风俗。”《左传·文公十八年》：“孝敬忠信为吉德，盗贼藏奸为凶德。”一直到今天，我们还常用“孝敬父母、亲人”等说法。有意思的是，后来人们把钱物贿赂、讨好上司，或其他有势力的人，也称为“孝敬”了，其实在心里却是既不孝也不敬的。

“孝顺”：指对父母的奉养和顺从，原来是指爱敬天下之人、顺从天下人之心的美德。此词语出现很早，今天还在广泛使用。《国语·楚语上》：“勤勉以劝之，孝顺以纳之，忠信以发之，德音以扬之。”

“孝恭”：孝顺恭谨。此词出现很早，《尚书·君陈》：“惟尔令德孝恭。”孔颖达疏：“孝是事亲之称，恭是身之所行。言其善事父母，行已以恭也。”不过“孝恭”、“孝敬”虽然都出现得很早，但到今天普及的是“孝敬”，而不太说“孝恭”了，词语就这样约定俗成地在变化着。

“孝亲”：孝敬父母。“孝养”：竭尽孝心奉养父母。此在《尚书·酒诰》已经出现：“肇牵车牛远服贾，用孝养厥父母。”孔传：“农功既毕，始牵车牛，载其所有，求易所无，远行贾卖，用其所得珍异，孝养其父母。”孝子的一个最基本的任务就是孝养。

“孝悌”、“孝弟（tì）”：孝顺父母，敬爱兄长的意思。汉代以其为乡官名。有意思的是，“孝弟”在流传中也发生了意义的扩大。如弟弟继承其兄的帝位，享祀宗庙时候也称为“孝弟”。《续资治通鉴·宋仁宗嘉祐八年》：“故太祖之室，太宗称孝弟，真宗称孝子，大行皇帝称孝孙。”清代钱大昕《十驾斋养新录·孝弟》：“古人惟子孙称孝，《诗》‘绥予孝子’、‘孝孙徂位’，皆庙中之称，后代以弟承兄，则有称孝弟。”

“孝友”：出现很早，有两个意思：一是奉事父母孝顺，又对兄弟友爱。《诗经·小雅·六月》：“侯谁在矣，张仲孝友。”“侯”，同语助词“惟”，张仲是人名，为周宣王时候大臣尹吉甫的朋友，其性孝友。诗句意思是，还有谁在坐席中，张仲能孝父母善兄弟。毛传：“善父母为孝，善兄弟为友。”另一意思就是指对兄弟的友爱，《尔雅·释训》：“善兄弟为友。”如《尚书·君陈》：“惟孝友于兄弟，克施有政。”

“孝履”：居丧时间的起居行止。“孝祀”、“孝享”、“孝飨”：祭祀的意思。

“孝称”：尽心行孝的名声。

“孝治”：用孝道治理国家，教化百姓。

“孝感”：孝行的感应。

四、孝与丧事

“孝家”：居丧守孝的人家。

“孝衣”、“孝服”、“孝裙”：居丧时候穿的白色布衣、麻衣或素裙。

“孝帛”、“孝绢”：供丧事用的布帛、白绢。“孝器”：指棺材等丧具。

“孝帏”、“孝幕”、“孝帘”：悬挂在灵床或灵柩前的帷帐、帐幕、帘子。

“孝堂”：治丧时停放灵床或灵柩的厅堂。“孝棚”：灵堂前临时搭起的供吊唁用的帐棚。

“孝假”：古代居父母丧事者，在一定期限内免除劳役赋税。

“孝陵”：明太祖之陵墓、清世祖陵墓均称孝陵。

五、孝与特殊事物

“孝弟力田”：古代选拔官吏的科目。

“孝廉”：孝悌清廉之士，古代选拔人才科目。

“孝廉方正”：清代特诏举行的制科之一。

“孝廉船”：褒奖赞美才士的典故。出自《世说新语·文学》：晋代吴郡人张凭被推举为孝廉，自负其才，认为一定能加入到当时的社会名流中去。他去拜见丹阳尹刘惔(dàn)，刘正忙着事情，就让张凭坐在下座，只是寒暄了一下。正好长史诸贤前来清谈，主客之间有说得不流畅的时候，张凭就在下座为他们评判，言约旨远，一座皆惊。刘惔就延请张凭上座，跟他清谈整日，至晚留宿。至晓，张凭告辞。张凭回到船上，不久，刘惔就遣人来寻觅张孝廉的船，同侣都很吃惊。刘惔与张凭即同车去拜见抚军，说：“下官今得一太常博士。”抚军称善，即用张惔为太常博士。后来“孝廉船”就成了一个典故了。

六、孝与动、植物

“孝竹”：是一种竹子的名称，又称为子母竹、慈竹、慈孝竹、义竹。丛生，一丛或多至数十百竿，根窠盘结，四时出笋。竹高至二长许。新竹旧竹密结，高低相倚，若老小相依，所以有这些名称。详见元代李衎(kàn)《竹谱详录·竹品》。

“孝乌”：又称为“孝鸟”。《说文》：“乌，孝鸟也。”古人以为乌鸦幼雏长大以后，能衔食哺养其母，故称。

“孝笋”：这是三国时吴国孝子司空孟仁（孟宗）哭竹生笋的故事。《楚国先贤传》：“皆以为至孝之所致感。”此可参见前文《二十四孝》说解。

当然篇幅所限，还不能将孝字的“词语场”更多展开，不过这些已经够丰富的了，如果联想一下，在这里面还真可以咀嚼出有味道的东西来。

七、“孝”与地名和名胜

历史上有孝水、孝水县、孝义厅、孝义县、孝丰县、孝宁县、孝安县、孝里亭、孝昌县、孝城驿、孝顺洋、孝顺站、孝顺镇、孝陵卫等；还有以前的孝感县，今天的孝感市。“孝感”一词，出于《孝经》，本指至孝产生了感应，也被用作了地名。

《论语》孝论的智慧

“孝”字在《论语》中曾经出现了19次，给了我们许多的理念与智慧。这里也作一简要梳理，可以帮助《孝经》的解读。

一、孔子论孝

1.《论语·学而篇》：“子曰：‘弟子入则孝，出则悌，谨而信，泛爱众，而亲仁。行有余力，则以学文。'"

孔子论孝，教导弟子说：弟子们进到父母那里就要孝敬，离开了父母那里就要爱护兄弟们；谨慎而讲信用，博爱大众，亲近仁德的人。这样实行以后还有余力的话，那么就再去学习文献。

这里讲到人生在世，几件要事：（1）在家里，对父母尽孝，对兄弟爱护；（2）在社会上把这种孝悌扩展开来，博爱大众，亲近仁者；（3）先学做人，后学专业本领。

2.《论语·学而篇》："子曰：'父在，观其志；父没，观其行；三年无改于父之道，可谓孝矣。'"

孔子说：父亲活着，就观察作为儿子的志向；父去世了，就观察做儿子的作为；三年对于父亲合理的地方不改变，可以说是孝了。

这里的理念是对孝子的"两观"：（1）子女的"肖"与"不肖"，也就是善与不善，父亲活着的时候，主要观察他的志向；（2）父亲去世了，主要观察他的行为，如果三年继承其父合理的地方不改变，那就是孝子了。当然，今天人们会重新审视，因为时势在变化，父辈的东西不一定就谨遵不变，而是继承其是者，否定其非者。

3.《论语·为政篇》："孟懿子问孝。子曰：'无违。'樊迟御，子告之曰：'孟孙问孝于我，我对曰，无违。'樊迟曰：'何谓也？'子曰：'生，事之以礼；死，葬之以礼，祭之以礼。'"

孟懿子，鲁国的大夫，姓仲孙，名无忌；懿，是其谥号。因为是鲁国的三家（孟孙氏、叔孙氏、季孙氏）之一，故文中又称孟孙。樊迟，孔子弟子。孟懿子问孝，孔子说："不违背。"樊迟为孔子驾车，孔子告诉他说："孟孙向我问孝，我回答说，'无违。'"樊迟问："这怎样讲？"孔子说："活着，侍奉父母用礼；逝世了，安葬他们用礼，祭祀他们也用礼。"

这一段话的启示是：孝，要做到"不违"，不违背礼节、礼数、礼仪，而这里所说的礼，也就是孔子心目中最神圣的《周礼》。当然孔子这话也有针对性，因为当时鲁国的三家是大夫，只能用大夫之礼，但是他们经常僭越，不仅用了诸侯级别的礼，甚至还用上了天子的礼。这就是"违"了，因此孔子特别有针对性地解释"孝"就是"不违"的说法。其实，就一般情况来说，孝敬父母也要遵循一定的礼，不要违背。譬如为父母办理丧葬，一般人也不应该违背规定的礼仪。

4.《论语·为政篇》："孟武伯问孝。子曰：'父母唯其疾之忧。'"

孟武伯是仲孙彘，是孟懿子的儿子；“武”，是其谥号。孟武伯问孝，孔子说：“父母只是为孝子的疾病忧愁。”王充《论衡·问孔篇》说：“武伯善忧父母，故曰‘唯其疾之忧’。”这是说孝子对父母疾病的担忧。另一说，如马融云：“言孝子不妄为非，唯疾病然后使父母忧。”这两种说法可以说通。我们采用马融的说法，那么孝子不要胡作非为，让自己遭受疾病，使得父母担忧。

这里给我们的启示是：孝子之孝，不要让父母来担忧自己，而其中最要紧的是自己不要胡来乱为而招来疾病。这深层意思就是孝子要好好保护好自己的身体与生命。

5.《论语·为政篇》：“子游问孝。子曰：‘今之孝者，是谓能养。至于犬马，皆能有养；不敬，何以别乎？’”

子游，孔子弟子，姓言，名偃。子游问什么是孝。孔子回答说：“如今的孝，就是能够养父母罢了。至于犬和马，皆能够有所饲养；不孝敬父母的话，还有什么区别呢？”

这段话很深刻：（1）孔子批评了当时人们普遍的理念错误，即孝等于能够赡养父母。（2）孔子有力反驳，家里饲养犬和马也是养，难道可以等同对父母的侍奉吗？因此孝子不仅要赡养，在深层更应当敬重父母，那就是情感上的孝敬。（3）于是揭示了孝的层次，表层是养，深层是敬。只是养，而没有敬，不能算是真正的孝；完美的是既能养，又能敬，所以有“孝敬”一词深入人心，也有“孝养”一词。

6.《论语·为政篇》：“子夏问孝。子曰：‘色难。有事，弟子服其劳；有酒食，先生馔，曾是以为孝乎？’”

子夏，孔子的弟子。先生，指尊者，或认为也指父母。子夏问什么是孝，孔子说：“有好看的脸色很难。有事情，弟子去服务劳动；有酒食，让年长的先生饮用，做到这些就可以认为孝了吗？”

这里也有几点可析：（1）孔子提出了一个著名的孝的理念——“色难”，而“色难”的深层就是孝敬，有孝敬就能和颜悦色对待父母。但是这又很难做到，因为不是一时一事，也不是表面的做作。后来从这里人们又提炼出一个“色养”的理念，即要好好地从内心到脸色、态度去孝敬父母、孝养父母。（2）孔子再次批评了那两种孝的理念：一是在体力上去服务父母、长辈，去劳动干活，二是让他们有酒有食。这番话可以同上面一段同观共悟。

7.《论语·为政篇》：“季康子问：‘使民敬、忠以劝，如之何？’子曰：‘临之以庄，则敬；孝慈，则忠；举善而教不能，则劝。’”

季康子，姓季孙，名肥，鲁哀公时的宰相。季康子问：“要使得民众敬重我、尽忠而努力干活，怎么办？”孔子说：“用庄严的态度来对待他们，那么就会敬重你；你能孝敬，又能慈爱，那么民众就会忠诚；推举善人，而教育那些没有才能的人，那么民众就会努力。”

这一段关于孝的启示是：当一个领导者能够对上孝敬、对下慈爱，那么风气就会延伸出去，对民众产生积极的影响，他们也就因此能对你忠诚。孝，又一次与管理关联。这也就是“孝治”的理念，可以和《孝经》对照理解。

8.《论语·为政篇》：“或谓孔子曰：‘子奚不为政？’子曰：‘《书》云：孝乎惟孝，友于兄弟，施於有政。是亦为政，奚其为政？’”

《书》，指《尚书》，但是孔子在这里引用的话，在今文《尚书》中已经见不到了。意思是，有人对孔子说：“你为什么不从政？”孔子说：“《尚书》说，‘孝，唯有孝敬父母，友爱兄弟，便可以延伸影响到政治上去。’这也就是从政，为什么一定是那种做官的从政呢？”

这里有几点启发：(1)孔子对历史上的“孝”的理念有过深入的研究与继承，这里提到《尚书》的论孝，就是一例。因此可以推知，《孝经》是吸收了历史上的有关孝的成果以及加上孔子本人的研究，从而结晶出来的经典文献。(2)孔子点明了孝与政治的关系，一个家庭的孝，可以逐步影响开来，这种风气影响到政治上，这就是“孝治”的内容之一。此也可以和《孝经·孝治章》互观。

9.《论语·泰伯篇》：“子曰；‘禹，吾无间然矣。菲饮食而致孝乎鬼神，恶衣服而致美乎黻冕，卑宫室而尽力乎沟洫。禹，吾无间然矣。’”

“间然”，找空子，挑剔、批评的意思；“间”，空隙。“黻（fǔ）冕”，祭祀穿的衣服称为黻，戴的礼帽称为冕。“沟洫”，沟渠。孔子说，对于大禹，我没有什么可挑剔了。他饮食菲薄，然而尽量孝敬鬼神；平时穿的衣服很简朴，而祭祀时候穿戴的礼服很讲究；他住的宫室很低矮，却尽力治水。大禹，我没有什么可挑剔的了。

大禹是孔子心目中备受崇敬的又一榜样，从孝来说，这段话突出了他的“菲饮食而致孝乎鬼神”。孔子重视对鬼神的祭祀，这也是孝的一个理念。其中的原因，就如《孝经·孝治章》所说的“故生则亲安之，祭则鬼享之”，这是对死者的怀念与继续尽孝。再看《论语·八佾篇第三》：“祭如在，祭神如神在。子曰：‘吾不与祭，如不祭。’”这话也可以帮助我们了解孔子的理念。

10.《论语·先进篇》：“子曰：‘孝哉闵子骞!人不间于其父母昆弟之言。’”

孔子说，真孝敬啊，闵子骞！他的爹娘兄弟赞扬他的话，别人没有什么可挑剔了。闵子骞是个孝子，他的故事可以参见《二十四孝》解读中的内容。

11.《论语·子路篇》："子贡问曰：'何如斯可谓之士矣？'子曰：'行己有耻，使于四方，不辱君命，可谓士矣。'曰：'敢问其次。'曰：'宗族称孝焉，乡党称弟焉。'曰：'敢问其次。'曰：'言必信，行必果，硁(kēng)硁然小人哉！抑亦可以为次矣。'曰：'今之从政者何如？'子曰：'噫！斗筲之人，何足算也？'"

子贡问孔子："怎样才可以称为士了？"孔子说："自己行为自己能知耻，出使到四方，不辱君王使命，这可以称为士了。"子贡说："敢问下一层次的情况。"孔子说："宗族都称赞他尽孝了，乡里都称赞他尽弟（悌）了。"子贡说："敢问再下一层的情况。"孔子说："言必讲信，行必果断，这是不分是非黑白的浅陋的小人啊！但是也可以算作次一层的情况。"子贡说："今天的从政者怎样？"孔子说："噫！浅薄之人，哪里足以算得上是真正的士呢？'"

这里可以看到做一个真正的"士"不容易，孔子分为三层次：第一层次是"行己有耻，使于四方，不辱君命"，从完成大的使命来着眼的；第二层次是"宗族称孝焉，乡党称弟焉"，从个人的修养上着眼的；第三层次是"硁硁然小人"，虽然浅陋固执，但还是勉强算得上是士。

12.《论语·子张篇第十九》："曾子曰：'吾闻诸夫子：孟庄子之孝也，其他可能也，其不改父之臣与父之政，是难能也。'"

这一段其实也是孔子论孝，但由曾子转述。孟庄子，是鲁国的大夫，孟献子仲孙蔑的儿子，名速。他的父亲死在鲁襄公十九年，他本人死于二十三年，在这些年间，他完全继承了其父亲生前奉行的一套，而不加改变。孔子称赞了这一孝子的行为。

曾子说：我听到孔夫子说起，孟庄子的孝，其他地方可以做到，但是他既不改换他父亲时期的大臣，也不改变他父亲的政治方针，这是难能可贵的。这一章，可以和"三年无改于父之道，可谓孝矣"会观，可以体悟其中的道理。

13.《论语·子路》记载，叶公对孔子说："吾党有直躬者，其父攘羊，而子证之。"孔子说："吾党之直者异于是，父为子隐，子为父隐，直在其中矣。"

这是孔子孝道的又一种理念。"证"，不是证明的意思，而是检举揭发、告发的意思。为什么要父子互隐呢？因为孔子主张的伦理哲学的基础就在子对父孝、父对子慈。

我看到一个材料，说到韩国的刑事法中，有着这样的伦理传统的条款的规定。如其刑事法的第9章第151条，是关于窝藏犯人与亲戚间的特例，其中规定说：对于窝藏或帮助犯了罚款和罚款以上罪的犯人逃避的人，将处以三年以下的劳役或1万5千元以下的罚款。但是如果窝藏的是你的亲族、户主或同居的家族，则可免去上述的处罚。

还有一条是关于毁灭罪证与亲族间的特例，说：如果窝藏的是你的亲族、户主或同居的家族，则可免去上述的处罚。

但是，在关于杀害亲族、户主或同居的家族的犯人的判罪，要重于杀害非亲族关系的犯人。据说韩国人现在思想上西洋化，但在感情上则仍然是儒教的传统（楼宇烈《儒学在现代韩国》）。这是一个有趣的话题，请大家去叙谈、讨论吧。

二、有子论孝

《论语·学而篇》："有子曰：'其为人也孝弟，而好犯上者，鲜矣；不好犯上，而好作乱者，未之有也。君子务本，本立而道生。孝弟也者，其为仁之本与！'"

有子，是孔子弟子，姓有，名若，比孔子小13岁，或说小33岁。有子说：其人孝弟（通"悌"字，下同），却喜欢冒犯上级的人，极少；不喜欢冒犯上级的，却喜欢作乱的，是没有的。君子专门致力于根本，根本确立，道也就会产生了。孝弟（悌），那就是仁的根本。

有子关于"孝"的理念有几点可抽绎：（1）孝弟（悌），是仁的根本。（2）君子要实践仁，就得在孝弟（悌）这一根本上下工夫。得此根本，"仁道"也就确立产生了；否则忘本逐末，离开仁之道更远。（3）人能孝悌，那么就不会犯上作乱，这也可以深刻领会"孝治"的效应。

综上所说，我们又有几点感悟：一，虽然当时社会上流行孝的理念、做法，但是其实很多人并不真正了解"孝"的深刻内涵到底是什么。不要说一般人，就是有知识的人，如孔子的那些弟子也不明白；甚至高层权贵如孟懿子，身为鲁国的大夫也不清楚；如季康子，作为鲁哀公时的宰相也不明白。因此他们都有疑问，都来向孔子请教。

二，正因为这样，我们可看到孔子对孝的深刻理解与体悟，而《孝经》应该是孔子对孝的理论概括与升华。

三，孔子针对不同人的不同提问，灵活地做出了不同角度的"孝"的解读，这既是孔子的大教育家的风采展示，也是"孝"解读角度的灵活选择的启示。在我们看来，似乎没有一个标准答案。然而孔子谈孝，主要不作理论的论说，而是要让人们去实践，因此针对不同的人，有不同的回答。

四是，孔子的理念，不能照搬，毕竟是两千多年前的东西，如果亦步亦趋，那是傻瓜。比如《论语·学而篇》："子曰：'父在，观其志；父没，观其行；三年无改于父之道，可谓孝矣。'"这就有问题，时势在变、世事在变，尤其当今世界、眼前社会不断地变化，如果不与时俱进，那就完蛋了。比如孔子还认为："父母在，不远游，游必有方。"（《论语·里仁篇》）这是说，父母还在，做子女的就不出远门，假使出游也要有一定的地方。如果照这样的话，人人不出远门求学、工作，就守候在爹妈身边，那中国不知道还要落后到什么地步！但是我们可以批判地继承，从中汲取精华为现代人所运用。比如孔子所说的合理的内核还是可以吸取的，"游必有方"，其中一个道理，就是你远游，要有一个相对确定的地方，这样便于联系，否则你到处漫游也不给家里人一个地点，父母没完没了地牵挂着，这就不是孝行了。

曾子孝论与智慧

《汉书·艺文志》记载《曾子》18篇，今存10篇，收入《大戴礼记》。其中有：

1. 《曾子立事》
2. 《曾子本孝》
3. 《曾子立孝》
4. 《曾子大孝》
5. 《曾子事父母》
6. 《曾子制言上》
7. 《曾子制言中》
8. 《曾子制言下》
9. 《曾子疾病》
10. 《曾子天圆》

另外在《吕氏春秋》中也有一些收录，这些文献记录了曾子的言行，其中也反映了曾子的一些有关孝道的论述。我们在这里略加叙述。

一、孝是"天下之大经"

1. 曾子曰："所谓孝也，民之本教曰孝，其行曰养。"（《曾子大孝》）——孝是教化的根本。

2. 曾子曰："夫孝者，天下之大经也。置之而塞于天地，衡之而衡于四海，施诸后世而无朝夕。推而放诸东海而准，推而放诸西海而准，推而放诸南海而准，推而放诸北海而准。《诗》云：'自西自东，自南自北，无思不服。'此之谓也。"（《曾子大孝》）——此如《孝经》所说的，孝是"天经地义"的。曾子还颂扬了孝道之博大、广大、重大，可充斥天地四海，且置之四海而皆准。此又可联系《孝经》的《感应章第十七》中的内容，一并体味之。

二、孝有三等

1. 从德行大小的角度来分，曾子曰："孝有三：大孝尊亲，其次不辱，其下能养。"(《曾子大孝》)

2. 从不同范围的角度来分，曾子曰："孝有三：大孝不匮，中孝用劳，小孝用力。博施备物，可谓不匮矣；尊仁安义，可谓用劳矣；慈爱忘劳，可谓用力矣。"(《曾子大孝》)"大孝不匮"，是指天子之孝；"中孝用劳"，指士大夫之孝；"小孝用力"，指庶人之孝。

3. 再从另外角度来分，曾子曰："君子之孝也，以正致谏；士之孝也，以德从命；庶人之孝也，以力恶食。"(《曾子本孝》)"以力恶食"，就是用力耕耘劳作，并吃粗糙食物。

三、五种"不孝"

曾子曰："故居处不庄，非孝也。事君不忠，非孝也。莅官不敬，非孝也。朋友不信，非孝也。战陈无勇，非孝也。五者不遂，灾及乎身，敢不敬乎？"(《曾子大孝》)——曾子对孝的理解以及沉甸甸的分量于此可见。孝，一一落实在不同的岗位上、职务上、关系上，都给予了道德的规范。

四、孝子"八不（弗）"

曾子曰："孝子不登高，不履危，痹以弗凭，不苟笑，不苟訾，隐不命，临不指，故不在尤之中也。"(《孝子本孝》)"痹以弗凭"，在父母面前，虽有麻痹之病症，也不凭靠着其他东西。"不苟訾"，不随便批评。"隐不命"，不命令谁离去。"尤"，过错。

五、孝忠相连

1. 曾子曰："忠者，其孝之本与。"(《曾子本孝》)忠是孝的根本。

2. 曾子曰："君子立孝，其忠之用，礼之贵。"(《曾子立孝》)

3. 曾子曰："君子之孝也，忠爱以敬，反是乱也。"(《曾子立孝》)

4. 曾子曰："是故未有君而忠臣可知者，孝子之谓也。"(《曾子立孝》)意思是，因此没有君王也可以推知谁是忠臣，这就是说孝子就是忠臣了。

5. 曾子曰："事君不忠，非孝也。"(《曾子大孝》)

六、事父母之道

1. 孝的进程

曾子曰："故烹熟鲜香，尝而进之，非孝也。君子之所谓孝者，国人称愿焉，曰：'幸哉，有子如此！'所谓孝也，民之本教曰孝，其行曰养。养可能也，敬为难。敬可能也，安为难；安可能也，久为难；久可能也，卒为难。父母既没，慎行其身，不遗父母恶名，可谓能终也。仁者，仁此者也；礼者，履此者也；义者，宜此者也；信者，信此者也；强者，强此者也。乐自顺此生也，刑自逆此作也。”（《曾子大孝》）

曾子说了两点：其一，孝子的逻辑进程是：“养”、“敬”、“安”、“久”、“卒”。这是自始至终的过程，由物质层面的养至于精神层面的养亲。不仅如此，即使父母去世了，作为孝子还要谨慎，不要辱没父母、先祖。其二，仁、礼、义、信、强，这五者的根本都落实在孝上。因此要“自顺”于此，则乐生；若“自逆”于此，则刑作。

2. 保养身体

曾子曰：“身者，父母之遗体也。行父母之遗体，敢不敬乎？”（《曾子大孝》）曾子闻诸夫子曰：“天之所生，地之所养，人为大也。父母全而生之，子全而归之，可谓孝矣。不亏其体，不辱其身，可谓全矣。故君子顷步不敢忘也。”（《曾子大孝》）

曾子看重身体之保全，这是孝；还要不使自己受到耻辱，这也是孝；做到这些就是“全”之“孝”、“孝”之“全”了。

3. “色养”父母

曾子曰：“孝子无私（忧）乐，父母所忧忧之，父母所乐乐之。孝子惟巧变，故父母安之。”（《曾子事父母》）

孝子没有自己私下的忧愁和快乐，随着父母的忧与乐，而或忧之，或乐之。因此要巧妙地加以控制变化自己的感情，让父母安定。

4. 进谏父母

曾子曰：“爱而敬。父母之行，若中道则从；若不中道则谏，谏而不用，行之如由己。从而不谏，非孝也；谏而不从，亦非孝也。孝之谏，达善而不敢争辨。争辨者，作乱之所由兴也。”（《曾子事父母》）

七、事兄使弟之道

1. 事兄有道

曾子曰：“尊事之，以为己望也；兄事之，不遗其言。兄之行若中道，则兄事之；兄之行若不中道，则养之。养之内，不养之外，则是越之也。养之外，不养之内，则疏之也。是故君子内外养之也。”（《曾子事父母》）

意思是，既要像对待父亲一样侍奉兄长，因为兄长自有威望；又要作为兄长来对待他，并奉命谨慎不遗弃。兄之行为若符合中正之道，则就作兄长来侍奉他。兄之行为若不符合中正之道，则就忧心他。如果担忧在内心，而忧心不表现在外面，则像没有这回事，像失落了一样。如果担忧在外表，而不忧心在内，则是对兄长疏远了。因此君子内外都是忧心。按，此句有不同解释，其中的“养”字，或解释为忧的意思。我们这里也采用了这样的解释。

2. 使弟有道

曾子曰：“嘉事不失时也。弟之行若中道，则正以使之。弟之行若不中道，则兄事之。诎（qū，屈）事兄之道，若不可，然后舍之矣。”（《曾子事父母》）

意思是，弟弟的婚事不要失掉时机。弟弟的行为若符合中正之道，则作为中正的人来对待他。弟弟的行为若不符合中正之道，则就像对兄长那样的担忧来对待他。如果委屈地用了侍奉兄长那样的道，还是不行的话，就必须制止他的行为。

八、曾子也将孝推广至万物

曾子曰：“草木以时伐焉，禽兽以时杀焉。夫子曰：‘伐一木，杀一兽，不以其时，非孝也。’”（《曾子大孝》）这是因为能亲近亲人，也必然有仁爱之心，仁爱于他人，也会再仁爱于他物。今天从生态平衡、保护生态环境的角度来看，现代人也可有深一层的体悟。

总之，曾子在孝的理念上做出了许多深入的思考，有了自己新的探索，也充分表现了他的智慧。比如曾子还说过，治天下“五者”。曾子曰：“先王之所以治天下者五：贵德，贵贵，贵老，敬长，慈幼。此五者，先王之所以定天下也。所谓贵德，为其近于圣也。所谓贵贵，为其近于君也。所谓贵老，为其近于亲也。所谓敬长，为其近于兄也。所谓慈幼，为其近于弟也。”（《吕氏春秋·孝行览》）——此“五者”，其中核心就是一个“爱”，而爱从家庭的“孝”开始，渐渐扩展为社会上的人际之爱，从而“治天下”，天下太平。

曾子与孝的故事

曾子有许多故事流传，其中有关于这位孝子孝行的，不妨一读。不过传说终归是传说，古代文本中的记载也各有不同，因此读者也应当作为传说对待，但可以抽绎其中合理的东西。

1. 孝敬父母

陆贾《新语·慎微》记载：“曾子孝于父母，昏定晨省，调寒温，适轻重，勉之于糜粥之间，行之于衽席之上，而德美重于后世。”曾子早晚都问候照顾父母，冷暖饮食等无微不至。

2. 侍母至孝

据说，“曾子食生鱼甚美，因吐之。人问其故，曾子曰：‘母在之日，不知生鱼味，今我食美，故吐之。’遂终身不食。”（《孝子传》）因为母亲在世时，从来没有尝过生鱼的美味，因此曾子吃到美味的生鱼，马上就吐出来不吃了，并且终生不再吃生鱼。

又传说，“曾子立孝，不过胜母之间。”（《淮南子·说山训》）因为闾里的名称叫“胜母”，因此孝子曾子就不肯过去。

曾子还有“啮指痛心”的故事，可以参见《二十四孝》的解读。

3. 事父大孝

《孟子·离娄上》中孟子讲了一个故事，旨意很深刻。曾子奉养父亲曾皙时，每餐必有酒肉；将撤除的时候，曾子必定要问剩下的给谁。如果曾皙问厨房里还有剩余的吗，一定会回答说“有”。曾皙死后，曾元奉养父亲曾参时，每餐也有酒肉；将撤除的时候，曾元没有问剩下的给谁。曾子问厨房里还有剩余的吗，回答说“没有了”。意思是准备留下来，再给父亲吃。对此孟子发议论说：“此所谓养口体者也。若曾子，则可谓养志也。事亲若曾子者，可也。”这个故事很有趣，曾皙——曾参——曾元三代人，子对父亲的侍奉作了对比：曾参对其父不仅“养口体”，而且是“养志”。他孝而顺、孝而敬，考虑周全，一切询问清楚，按照父亲的意思去办。然而下一代曾元对其父则只是“养口体”，没有“养志”了。有些事情只是按自己的意图去办，而不管其父的意愿了，那么虽养而不顺不敬了。所谓“养口体”，就是侍养亲人的口腹、身体；“养志”则养亲人的心志、精神了，即除了“口体”之养，还让他们愉悦。孟子提出了“孝”有“养口体”、“养志”的问题，很敏锐。

4. 善待后母

《孔子家语》：“参后母遇之无恩，而供养不衰。”曾子的后母对曾子没有慈爱之恩情，但是曾子照样供养，丝毫不马虎懈怠。

5. 弃官养亲

《孔子家语》：“齐尝聘，欲与

为卿，而不就，曰：'吾父母老，食人之禄，则忧人之事，故吾不忍远亲而为人役。'" 齐国曾经要聘请曾子为卿之官员，他没有应聘，是因为不忍心远离亲人，不能照顾年老的父母。

6. 保全身体

曾参病了，召来门下的弟子，说："看看我的脚！看看我的手！《诗经》说：'战战兢兢，如临深渊，如履薄冰。'从今而后，我知道自己是可以免除祸害了！学生们啊！"

此则出自《论语·泰伯篇》："曾子有疾，召门弟子曰：启予足！启予手！《诗》云：'战战兢兢，如临深渊，如履薄冰。'而今而后，吾知免夫！小子！""启"，或说是展开，那就是展开被子给弟子看。或说是视、看，这里取此说。"免"，指免受损伤，也免受肉刑。

这则也解读了《孝经》里的一个理念，即一生都应该保护好自己的身体，不受到损伤，这才对得起父母。这也是孝道的一个重要内容。《孝经》说："身体发肤，受之父母，不敢毁伤。"曾子还说过："父母全而生之，子全而归之，可谓孝矣。"(《大戴礼记·曾子大孝篇》) 曾子大约快要死了，而让弟子看自己手足无损，从此可以免去不全的不孝，能够全而归了。这样做，一方面表现了自己对孝道的终生奉行，一方面用自己的行为活生生地教育了弟子。

不过钱穆有个评语也值得一读。他在《论语新解》里说："《论语》言'杀身成仁'，《孟子》言'舍生取义'，曾子临终则曰'吾知免夫'，虽义各有当，而曾子此章，似乎气象未宏。然子思师于曾子，孟子师于子思之门人，一脉相传，孟子气象固极宏大。论学术传统，当通其先后而论之。谓曾子独得孔门之传固非，谓曾子不传孔子之学，亦何尝是。学者贵能大其心以通求古人学术之大体，以过偏过苛之论评骘古人，又焉所得。"其实我们去读《孝经》，不也是这样吗？

7. 曾子出妻

《孔子家语》："及其妻以藜烝不熟，因出之。人曰：'非七出也。'参曰：'藜烝，小物耳。吾欲使熟，而不用吾命，况大事乎？'遂出之，终身不娶。其子元请焉，告其子曰：'高宗以后妻杀孝己，尹吉甫以后妻放伯奇。吾上不及高宗，中不比吉甫，庸知其得免于非乎？'" 曾子因为妻子没有将藜叶之菜蒸熟，就休了其妻。有人提出异议，说这不属于"七种"休妻的规定。曾子说：藜叶之菜蒸熟，这不过是一件小事情，但还不服从我的话，更何况大事呢？于是休妻，终身不再娶妻。他的儿子曾元请求父亲再娶，告其子曰："高宗因为后妻而杀害了儿子孝己，尹吉甫因为后妻放逐了儿子伯奇。我上不及高宗，中比不了吉甫，哪里会知道再娶妻能免除不对的事情呢？”曾子对妻子的要求也太厉害了一点，有点儿不近人情了，是否能多一点关爱之心呢？现代女性如果读到这一则故事必定怒气冲天，如果曾子还在世，非把曾子告到法庭不可！当然，这些都是传说，只能当作传说看待的。就像文中所说，“高宗以后妻杀孝己”，其实并不是后妻杀死了孝己，而是孝己被放逐后，自己死在了野外。

8. 慈爱育子

这是一个广为流传的故事。《韩非子·外储说左上》：“曾子之妻之市，其子随之而泣。其母曰：‘女（汝，下同）还，顾反为女杀彘。’适市来，曾子欲捕彘杀之。妻止之曰：‘特与婴儿戏耳。’曾子曰：‘婴儿非与戏也！婴儿非有知，待父母而学者也，听父母之教。今子欺之，是教子欺也。母欺子，子而不信其母，非以成教也。’遂烹彘也。”曾子养育子女重视真诚不欺，这也是一种慈爱。如果父母欺骗子女，那么子女就从父母那里接受了不好的习惯了。《说苑》说：“孔子家儿不知骂，曾子家儿不知怒，善教也。”今人深可体味之。

再说一个故事。《说苑·敬慎篇》：曾子重病，他的两个儿子，曾元抱着父亲的头，曾华抱着父亲的脚。曾子说：我没有颜回之才，没有什么告诫你们的。我虽无能，但是君子讲究效益。繁花多，果实少，这是天意；言语多，行动少，这是人事。飞鸟还以为山低卑，把鸟巢筑在上面。鱼鳖还以为渊浅，而在泥土中穿洞穴。然而人们之所以能捕捉到它们，全凭着那诱饵。“君子苟能无以利害身，则辱安从？至乎官怠于宦成，病加于少愈，祸生于懈惰，孝衰于妻子。察此四者，慎终如始。《诗》曰：‘靡不有初，鲜克有终。’”人生不要为各种贪欲所诱惑，不要“以利害身”，那么就不会遭受耻辱。人生要警戒“四事”：一是官位得到了，而懈怠了；二是病稍微好转，可能会重新加重；三是灾祸产生于懈怠懒惰；四是孝行因为妻与子而衰减。因此一切要“慎终如始”。这些应该是永不过时的谆谆教诲。

9. 批评愚孝

《韩诗外传》、《说苑》、《孔子家语》均记载：一次，曾子有过错，在瓜地里除草，将瓜苗的根斩断了，其父曾皙就拿起拐杖揍他。曾子被打得仆倒在地上，好长时间才苏醒过来，说：“您老人家还在生我气吗？”鲁国的人认为曾子的做法是孝子，就把这件事告诉给孔子。孔子听后对门人说：“曾参如果来了，不要让他进来！”曾参认为自己没有错误，就请人转告孔子。孔子却说了一番道理：“曾参，你没有听说过舜的事吗？舜的父亲用小竹鞭子轻轻打他，他就忍受着。如果用大拐杖打他，他就逃跑。经常叫他做什么，他随时都在；如果要加害于他，就找不着他。今天你让父亲暴怒鞭打，拱手站着不逃走。你想，你不是一个百姓吗？如果杀死一个百姓，那给你父亲留下什么罪啊？”这就是成语“小受大走”、“小杖则受，大杖则走”等的来历，是说轻打就受，重打就逃开。儒家认为这是孝子受父母责罚时应抱的态度。成语出自《孔子家语·六本》：“小棰则待过，大杖则逃走。”

这个故事很深刻，不要“愚孝”，而要学舜的“至孝”、“大孝”，这是孔子孝的智慧，又是从舜那里得到启发的。再说，如果曾子被父亲打死了，那么其父就有罪，辱没了父亲，曾子也就是不孝之子了。孔子的这种逆向思维也很有意趣。

这些传说，可以明白一点：曾子是个大孝子。孔子锁定曾子为传授《孝经》的对象，是得其所哉，慧眼识人！孔子评论：“柴也愚，参也鲁，师也辟，由也喭。”（《论语·先进篇》）挑出一个“鲁”字来评曾参，真是一字千金！曾子上面的孝行故事不就是一个“鲁”字吗？曾子说：“士不可以不弘毅，任重而道远。仁以为已任，不亦重乎？死而后已，不亦远乎？”此言不亦“鲁”乎！程子说：“参也，竟以鲁得之！”诚者斯言！

孟子孝论与智慧

孟子（约前385～前304年），名轲，战国中期邹国（今山东邹县）人，传说他受业于孔子的孙子子思的门人。孟子学说与孔子并称为“孔孟”之道，就表明了他对继承和发扬孔子的学说思想的成就、功绩和地位。《孟子》一书和《论语》、《中庸》、《大学》并称“四书”。“孝”字在《孟子》中出现28次之多，这里主要简略解读一下孟子孝论的语录，分析其中的智慧。

1.《孟子·梁惠王上》：“谨庠序之教，申之以孝悌之义，颁白者不负戴于道路矣。”

孟子对梁惠王论说了治理国家的“王道”，而其逻辑起始就是“养生丧死无憾，王道之始”。接着说到，“谨庠序之教，申之以孝悌之义，颁白者不负戴于道路矣”。意思是，在生活条件好起来了后，就要很好地办些学校来教化，反复地用“孝悌”的道义来训导民众，使得人人懂得敬老尊贤，须发花白的人就不会自个儿又顶又背地奔走在道路上了。——“孝悌”尽管是有天性的，但是后天还要反复教育引导，此其一。先在家里实行孝道，然后再推广到社会上去，促成全社会的尊老互爱的风气，此其二。孟子说过："道在迩而求诸远，事在易而求诸难：人人亲其亲、长其长，而天下平。"(《孟子·离娄上》）孟子的这些智慧，是令今人足资借鉴的。

2. 《孟子·梁惠王上》："壮者以暇日修其孝悌忠信，入以事其父兄，出以事其长上，可使制梃以挞秦楚之坚甲利兵矣。"

此句是孟子对梁惠王说的，若要称王就要行仁政于民，除了减少刑罚、薄收税敛、深耕细作以外，还要使得青壮年在闲暇的日子里修养那孝悌忠信，在家里能侍奉父母兄弟，到社会上能侍奉尊长上级。孟子把"孝悌忠信"的教养看作"王道"的一个必要的方面。它的作用与效果很大，甚至用制造的木棒也能抗击强大秦楚之国的坚甲利兵，所谓"可使制梃以挞秦楚之坚甲利兵"。孟子也许并不虚言，因为一个有高度道德的社会，面对强大的敌人就会众志成城，陷敌于民众的汪洋大海之中。

3. 《孟子·滕文公上》："盖上世尝有不葬其亲者，其亲死，则举而委之于壑。他日过之，狐狸食之，蝇蚋（ruì，蚊蚋）姑嘬之。其颡有泚（cǐ，出汗），睨而不视。夫泚也，非为人泚，中心达于面目，盖归反蘽梩而掩之。掩之诚是也，则孝子仁人之掩其亲，亦必有道矣。"

意思是，上古曾经有亲人死了而不埋葬的，他们的亲人死了，则抬出去抛弃在沟壑中。他日经过这地方，看见狐狸在咬食尸体，蝇蚋在吮嘬尸体。经过的人不禁额上流汗，斜睨一下而不敢正视。那汗水，非为别人流的，而是自己心中悔恨而显露于面目上。大概他回归返家，取来土筐锄头而重新再掩埋了。掩埋尸体确实是对的，那么孝子仁人掩埋他们去世的亲人，亦必定是有道理的了。——孟子用历史回顾的方法，生动模拟了上古丧葬的情况，指出丧葬的重要。作为一个孝子不仅在父母生时孝养、孝敬他们，在死后还要安葬他们，并且祭祀他们。这也可和《孝经·丧亲章》互观。

孟 庙

4. 《孟子·离娄上》："暴其民甚，则

身弑国亡；不甚，则身危国削。命之曰‘幽’、‘厉’，虽孝子慈孙，百世不能改也。《诗》云：‘殷鉴不远，在夏后之世。’此之谓也。”

此句意思是，如果暴虐民众太厉害了，那么就会君王被杀，国灭亡；不太厉害，那么也会君王身危，国削弱。谥号一旦被命名为“幽”、“厉”，即使有孝子贤孙，百世都不能改过来的。《诗经》说：“殷商的镜子离它不远，就在前一代的夏朝。”就是说的这一意思。——我们看到，尽管有“孝子慈孙”，也不能改变先祖的恶谥。这说明作为统治者要积德，行仁政，自己能孝与慈，然后推行到治国中去。如果“暴民”，则自己没有好结果，后果也糟糕，永远把恶名留在了不能抹去的历史上了。

5.《孟子·离娄上》：“孟子曰：不孝有三，无后为大。舜不告而娶，为无后也，君子以为犹告也。”

孟子说，不孝有三方面，而没有后代是最大的不孝。当初舜不先禀告父母就娶妻，就是因为害怕没有后代，而且鉴于当时父母对他并不慈爱的处境，如果先禀告了，恐怕就娶不成了。因此君子认为，舜虽不告而娶，也等于是告诉了父母。关于“三不孝”，赵岐注曰：“于礼有三不孝者，谓阿谀曲从，陷亲不义，一不孝也；家贫亲老，不为禄仕，二不孝也；不娶无子，绝先祖祀，三不孝也。”——孟子把不能传宗接代看作是最大的不孝，因为这涉及一个家族兴衰的问题。中国人的传统就讲究人丁兴旺；当然，今天也要辩证看待了。

6.《孟子·离娄下》：“孟子曰：‘世俗所谓不孝者五：惰其四支，不顾父母之养，一不孝也。博弈好饮酒，不顾父母之养，二不孝也。好货财，私妻子，不顾父母之养，三不孝也。从耳目之欲，以为父母戮，四不孝也。好勇斗狠，以危父母，五不孝也。’”

孟子记录了当时世俗的“不孝”理念有五种，给我们留下了一份不可多得的珍贵的档案材料：（1）四肢懒惰，而不去顾念赡养父母。（2）爱好下棋喝酒，而不去顾念赡养父母。（3）爱好财物，偏爱妻子和儿女，而不去顾念赡养父母。（4）放纵耳目之贪欲，导致父母蒙受耻辱。（5）好勇斗狠，而危及父母。这五种“不孝”，大体分为两大类，一类是不好好赡养父母，一类是给父母带来耻辱。

7.《孟子·离娄下》：“公都子曰：‘匡章，通国皆称不孝焉，夫子与之游，又从而体貌之，敢问何也？’”

孟子的弟子公都子曾问孟子一个问题：匡章是齐国的一个将领，全国都说他不孝，夫子您却与他交游，还相当尊重他，敢问为什么？

孟子回答此问题时，先列举出当时世俗所谓的五种“不孝”的情况，然后又说：“章子有一于是乎？夫章子，子父责善而不相遇也。责善，朋友之道也。父子责善，贼恩之大者。夫章子，岂不欲有夫妻子母之属哉？为得罪于父，不得近，出妻屏子，终身不养焉。其设心以为不若是，是则罪之大者，是则章子而已矣。”

孟子反问：章子有五种“不孝”中的一种吗？章子，仅仅是儿子与父亲之间“责善”，也就是劝勉从善，从而不能融洽而已。“责善”，本是交朋友之道，若移用于父子之间的“责善”，就把恩情搞坏了。章子难道不希望能够夫妻子母之间和睦相处吗？因为得罪了父亲，不能和他亲近，因此把自己的妻与子都抛弃了，终身不要他们侍养。他这样设想，不如此，那罪过就更大了，这就是章子的为人。——孟子为章子辩护，反对他人诬蔑章子是不孝之人。这里可以看到几点：一，孟子自有自己的“孝”、“不孝”的理念，其中有不同于流俗的地方。二，孟子是一个独立思考的人，不会人云亦云。三，孟子也是一个我行我素的人，只要自己认为是对的，可以不顾世俗的怀疑与非议，而与章子交游。

8.《孟子·万章上》：“大孝终身慕父母。五十而慕者，予于大舜见之矣。”

万章问孟子一个问题：舜曾经到田地里向天号泣，这是为什么？孟子滔滔宏论，讲述舜的孝心的深广。尽管舜后来拥有了很多很多，比如天下、民众、美女、财富等等，但是却还没能拥有父亲对自己的爱，因此忧愁而号泣。这和一般人完全相反，他们在追逐外界的这些东西后，渐渐把自己的父母淡忘了。相比较则突显出舜的至孝，“五十而慕者，予于大舜见之矣”，舜至五十岁还怀恋父母，在大舜那里见到了；因此孟子提出“大孝终身慕父母”。——孟子提出一个庄严的理念：孝是要终身仰慕、孝敬父母。

9.《孟子·万章上》：“孝子之至，莫大乎尊亲。”

此句的意思是，孝子的至孝，没有比尊敬亲人更大了。——孟子的理念就是孝如果仅仅是“孝养”，那不是至高层次的，最高层次的是对亲人的尊敬。这就是由“孝养”而至于“孝敬”，“尊亲”是孝中之极。

10.《孟子·告子下》：“尧舜之道，孝悌而已矣。”

孟子说，尧舜之道，概括起来就是孝悌而已了。——这说明“孝悌”的核心价值和作为伦理道德基石的地位。此与《孝经》所说的“夫孝，德之本也”是一致的。

孟子论孝是从孔子、曾子承继而来，又加以发挥与推进，对后世影响深远。

他提出“五伦”，“父子有亲，君臣有义，夫妇有别，长幼有序，朋友有信”（《孟子·滕文公上》），把“父子有亲”的“事亲为大”作为一种最根本的东西来看待。这种孝虽是伴随天性而来，暗示一定要在后天对它不断进行教育，并加于强化和提升。孝又要由“养口体”而至于“养志”；并且要由家庭之内的孝悌，扩展到整个社会上的尊老和友爱，并且再扩展为“王道”的治理。孟子还提出正反两面的典型：正面的就是大舜为孝之至，反面的就是周幽王、周厉王为典型。孟子论孝及其智慧，可以和《孝经》一起解读并悟通。

老子·庄子·孝的智慧

老子是中国的哲学之父，在《老子》一书中，“孝”虽然只出现2次，但是智慧之光却一直投射到今天。

第一次出现“孝”字，是在第十八章，此章全文只有26字：

> 大道废，有仁义。
> 慧智出，有大伪。
> 六亲不和，有孝慈。
> 国家昏乱，有忠臣。

“大道”即自然法则畅行的时代，人人皆极其朴素，极为本真，人人皆有后世所谓的仁义，因此不需倡导仁义。但是“大道”被废，则出现了所谓的“仁义”。这正如老子所说：“故失道而后德，失德而后仁，失仁而后义，失义而后礼。”（三十八章）提倡“仁义”、“孝慈”、“忠臣”，原来是一种历史的、社会的需要，需要用此来矫正、收拾“大道”被废后的种种局面。然而这又引出一系列的连锁反应，比如随着种种所谓的智慧出现，也使得种种诈伪层出不穷。

说到孝，也是这样。六亲和睦，虽有孝慈，却不太会形成鲜明的“孝慈”差异出来。相反“六亲不和”的情况下，“孝慈”的反差就凸显出来了。举例如谚语所说：“长病无孝子。”平日父母健康时，子女孝行的差异被遮蔽着，但在特殊的“长病”时却被显现出来了。

“国家昏乱，有忠臣”，国家大治，许多的利益冲突往往被遮蔽起来了，忠贞与奸邪之间的冲突也被掩盖起来。一旦国家又昏又乱，利益的冲突就尖锐起来；或苟且偷生，或钻营私利，或尽忠保国，或忠贞被斥，于是忠臣者、奸邪者均立现，而水火不相容。

我们懂得了这一章老子的理念，也就能悟通他的另一句名言。《老子》："绝仁弃义，民复孝慈。"（十九章）如果抛弃断绝所谓的仁义，那么民众就恢复到那种自然而然的孝慈中去了。老子希望的是自然而然的本真的"孝"，是扎根于人们心灵深处的纯孝。

庄子对老子的孝的理念加以继承和发展。《庄子》一书"孝"出现20次，说明庄子很关注这一话题。

《庄子》记录了孔子的一些论孝的言论，如《庄子·人间世》有孔子曰："是以夫事其亲者，不择地而安之，孝之至也。"意思是，侍奉亲人，不论在怎样的境地都能使他们安之若素，这是孝的极致。又如《庄子·渔父》有孔子曰："事亲则慈孝。"

庄子自己关于孝的理念，集中体现在《庄子·天运》里。此文记载了宋一官员荡与庄子的一段对话，其中讨论到孝的问题。其文是：

> 商大宰荡问仁于庄子。
>
> 庄子曰："虎狼，仁也。"
>
> 曰："何谓也？"
>
> 庄子曰："父子相亲，何为不仁？"
>
> 曰："请问至仁。"
>
> 庄子曰："至仁无亲。"
>
> 大宰曰："荡闻之，无亲则不爱，不爱则不孝。谓至仁不孝可乎？"
>
> 庄子曰："不然。夫至仁尚矣，孝固不足以言之。此非过孝之言也，不及孝之言也。夫南行者至于郢，北面而不见冥山，是何也？则去之远也。故曰以敬孝易，以爱孝难；以爱孝易，以忘亲难；忘亲易，使亲忘我难；使亲忘我易，兼忘天下难；兼忘天下易，使天下兼忘我难。夫德遗尧舜而不为也，利泽施于万世，天下莫知也，岂直大息而言仁孝乎哉？夫孝悌仁义、忠信贞廉，此皆自勉以役其德者也，不足多也。故曰，至贵，国爵并焉；至富，国财并焉；至显，名誉并焉。是以道不渝。"

庄子的思辨真是令人感慨！庄子看来，仁没有什么了不起，就是虎狼也有仁；虎狼也有"父子"相亲的情况，难道不是仁吗？关于"至仁"，也就是最高境界的仁，庄子说，“至仁无亲”，最高境界的仁是无亲无爱了，也就是超出一般所谓的亲爱了。——这使得我们记起老子的名言：“天地不仁，以万物为刍狗；圣人不仁，以百姓为刍狗。”（《老子》五章）

照这样说来，无亲便是不爱，不爱就是不孝，那么“至仁”不就是“不孝”吗？庄子否定此说，讲出一番大道理。

庄子雕像

1. “至仁”是最高境界，“孝”已经不足以用来解说它了。荡所说的不是超过了孝，而是还没有达到孝的境界。比如往南走到郢都，再往北望就看不到北面的冥山了，这是为什么？因为距离太远了。这就像越是执著于“孝”，那么离开“至仁”就越是远了。

2. 由此，相互比较就会知道以下渐至高深的境界：第一层，以恭敬来行孝容易，以爱心来行孝就难。第二层，以爱心行孝容易，以忘我的精神侍奉亲人就难。第三层，以忘我的精神侍奉亲人容易，使亲人不牵挂我难。第四层，使亲人不牵挂我易，使得兼以忘了天下就难。第五层，使得兼以忘了天下容易，使天下兼以忘我就难。——“至孝”最后就达到了这样的层次了，这样的高深之境了。

3. 因此自然而然的德行，应是蔑视（原文“遗”，抛弃，这里是蔑视的意思）尧舜之行，并以为他们还不足以为德。如果是利泽施于万世，而天下没有知晓的，这就是至德了。所以难道还要赞叹而称道那些所谓的仁孝吗？孝悌仁义、忠信贞廉，这些都是自我劝勉而以此来役使人性的，是不足以称许的（原文“多”，称许的意思）。

4. 所以说，“至贵”，一国的爵位可以抛弃而在所不惜（原文“并”，通“屏”，抛弃的意思。下文同）；“至富”，一国的财产可以抛弃而在所不惜；“至显”，所有的名誉可以抛弃而在所不惜。这是因为大道是不会改易的。

庄子真是睿智卓越、辩才无碍！他向人们展示了另类的“至贵”、“至富”、“至显”的价值理念，已经远远超越了一般世俗的“高贵”、“富有”、“显赫”的理念了，当然庄子的“至孝”也是翱翔于世俗之上的。这就是道家对世俗理念的那种超越与翱翔！不过也正因为如此，老子、庄子的理念也为一般世俗之人理解不了、接受不了。

遵循庄子的这些理念，我们就不难理解《庄子》文中其他论孝的内在逻辑了。

比如《庄子·盗跖》里用寓言的方式，记载了盗跖与孔子的会见，并对孔子呵斥道："妄作孝弟而侥幸于封侯富贵者也。"

又如《庄子·天地》一个姓赤张名满稽的人，大概是庄子寓言中的人物，说了这样的话："孝子操药，以修慈父，其色燋然，圣人羞之。"——孝子拿来药物治慈父的病，尽管已经操劳得面色憔悴了，但是圣人还要羞愧孝子，因为他不能让父亲不生病。

再如《庄子·天地》："孝子不谀其亲，忠臣不谄其君，臣子之盛也。"这是世俗的评判，但是庄子又对其反拨，因为这都是依据世俗的标准来着眼的，而不同的视角也会有不同的定位。比如人人认为舜是大孝，而《庄子·盗跖》中盗跖说："尧不慈，舜不孝。"

再比如《庄子·外物》讲外在的事物，没有绝对的，而是相对的，其中就举出如忠孝仁义的人未必有好结果。其云："人亲莫不欲其子之孝，而孝未必爱，故孝己忧，而曾参悲。"成玄英疏："孝己，殷高宗之子也，遭后母之难，忧苦而死。"曾参也经常受到打骂。他们都是孝子，而未必被爱。

老子、庄子让我们听到了中国古代不同的论孝的声音，体会到不同的智慧。一言蔽之，老庄不是不要孝，而是提倡那种自然而然的孝道，即自己虽行孝道，却不认为自己在行孝道，也不需要外界的鼓励、激励、勉励，更不追求名誉、声望、功利。那种最高境界的"至孝"，也便是"至仁无亲"了。

老庄那种孝的理念大概是太高深了，很难为一般的人所接受，因此后来的道教为了争取民众，一方面把《老子》作为《太上真经》，把《庄子》作为《南华真经》，另外也变通地从普通庶民的情况出发，加大对孝道的宣传。

比如《太平经》是中国道教早期的重要经典，此中就经常讲孝，且是世俗化的。比如《为父母不易诀》："为人父母，亦不容易。子亦当孝，承父母之教。乃善人骨肉肢节，各保令完全。父母所生，当令完，勿有刑伤。父母所生，非敢还言，有美辄进。家少财物，赇（qiú，本指贿赂，此作奉献）恭温柔而已，数问消息，知其安危，是善之善也。"这里还细说了要保护好身体不损伤，怎样侍奉体贴父母，这和《孝经》所说的如出一辙。《不孝不可以久生诫》："是子孝行，力非恶人，亦独不当报父母哺乳之恩邪？为子不孝，汝生子当孝邪？"

道教甚至后来还出现一本《文昌孝经》是一本专门劝孝的著作。如《文昌孝经》：“以己之孝，及人之孝；以人之孝，广己之孝。孝教一家，一家斯齐；孝教一国，一国斯治；孝教天下，天下斯平。”道教不仅也行“孝治”，且也由身——家——国——天下，也设计了“修身齐家治国平天下”的路径了。

智慧：孝是会延衍滋生的

《古文观止》第一篇是《郑伯克段于鄢》，选自《左传·隐公元年》的一则历史故事。这里讲述了孝子颍考叔是怎样启迪国君郑庄公的孝行的。

郑庄公的母亲叫武姜，前后生了两个儿子，长子就是郑庄公，因为是难产，受到惊吓，因此不喜欢他；二儿子共叔段是顺产，因此偏爱他。武姜希望小儿子即位，但是没有得到丈夫郑武公的同意。她又私下纵容小儿子对其兄郑庄公的背叛、叛乱的活动。最后，共叔段的地盘越来越大，势力越来越强，于是就准备偷袭郑国的都城，而其母约定做内应，为小儿子开启都城的城门。郑庄公对这些都了如指掌，就在其弟将要动手之际，先下手派兵攻打其弟所居住的京地。共叔段大败，仓皇出逃。

因为其母参与了这起叛乱，庄公就把母亲武姜赶出都城，放逐到城颍，而且还对她发誓：“不及黄泉，无相见也。”意思是，不到黄泉，再也不会和她见面了。黄泉，是地下的泉水，因为是黄色，故有此称，这里指坟墓。庄公是说，母子之间，活着就甭想再见面了。

郑国的一个官员颍考叔，是管理边疆的大夫，听说了这一件事情，就来晋见郑庄公。郑庄公宴请他，宴饮之中颍考叔将肉食放着不吃。庄公问其缘故。颍考叔回答说：“我有个母亲，尝到的都是小人的普通饮食，还没有品尝过国君美味的肉羹。请求您能让我带回去，留给母亲吃。”

郑庄公感叹地说：“您还有个母亲可以留给她品尝，偏偏我没有啊！”颍考叔问：“请问这是什么说法？”郑庄公就告诉他其中的缘故，并说自己后悔了。

颍考叔说：“国君有什么可担心的呢？如果挖掘一个地道，且深至于泉水，在隧道中母子相见，难道有谁说您不对呢？”郑庄公听从了他的建议，挖掘了隧道，在隧道中母子相见，从此以后母子之间的关系改善并恢复了正常。

该文篇末写道：“君子曰：颍考叔纯孝也。爱其母，施（yì，延伸）及庄公。诗曰：‘孝子不匮，永锡尔类。’其是之谓乎？”这段话很有名，被后代广泛传诵。意思是，君子说，颍考叔是一种纯粹厚笃的孝啊！他爱自己的母亲，但是又把自身的孝延伸渗透到庄公那里了。《诗经·大雅·既醉》：“孝子的孝没有穷尽，永远把孝赐给孝子的同类。”大概就是说的这种情况吧。

这一则故事如果从《孝经》的角度来解读，也很有趣味：

一是，作为先因为丈夫是诸侯而为诸侯夫人、后儿子是诸侯而为诸侯之母的武姜，自己不做慈母，却爱憎分明地对待儿子，且帮助叛乱，这不是称职的母亲。《孝经·诸侯章》有云：“在上不骄，高而不危，制节谨度，满而不溢。”诸侯之母的武姜，地位高高在上，但犯了不能“制节谨度”的弊病。

二是，庄公作为一个儿子不及时地规劝母亲，这也是不孝，如《孝经》所说“子不可不争于父”，当然也包括应该争于母。庄公又不及时地帮助犯错误的弟弟悔改，这是不悌。《孝经·广要道章》：“子曰：‘教民亲爱，莫善于孝；教民礼顺，莫善于悌’。”庄公这两点都没有做到。

三是，共叔段作为儿子却和母亲一起做叛乱的事，阴谋篡夺其兄长的君位，这是不孝、不悌、不忠。

四是，颍考叔是个孝子，他与君王宴饮而想到让母亲也尝尝这一美味，这是孝敬，当然又能孝养。他还巧妙献计，让一个良心有所发现的不孝的国君重新返回到孝道上来，母子关系得以恢复，国君的榜样与威信得以重新树立。这就是纯粹厚笃的孝在感应他人，赐予他人。《孝经·广扬名章》：“子曰：‘君子之事亲孝，故忠可移于君；事兄悌，故顺可移于长；居家理，故治可移于官。是以行成于内，而名立于后世矣。”颍考叔是“忠可移于君”，“治可移于官”，确实也得以扬名于后世。

这让人们看到了一个关于孝的智慧、孝的感应力量与感染魅力的案例。

散点透视：汉代·孝·孝治

汉代，一个政论家曾面对趾高气扬的汉高祖刘邦提出了一个尖锐的问题：“向使秦以并天下，行仁义，法先圣，陛下安得而有之？”如果先前使得秦国在吞并天下之后，能实行仁义，效法先圣，你刘邦凭什么取得天下？——这人就是陆贾，他的学说收在《新语》里。

刘邦马上从得意忘形的高端跌下来，而有惭愧之色，并恳切地希望陆贾跟他谈谈治国的智慧。确实，刘邦虽得到了天下，但面临着如何治天下的难题。

秦代虽也有孝道，但是其暴政远远超过了微不足道的孝道，这是刘邦切身感受并体会的最深刻的。于是，他采取反秦之道而行之，从与秦暴政相反的维度去统治天下。汉初既用黄老之术来恢复战争带来的满目疮痍，又大力推行孝道来治理“天下一家”的刘姓王朝。这里简略地说说汉代“孝治”的一些情况。

汉高祖刘邦故里——江苏沛县汉城歌风台

1. 刘邦与“孝治”的故事

刘邦深悟孝治天下的道理，并自己先做了个样子。刘邦当了皇帝后，每隔五天就去朝见一次自己的父亲“太公”，行礼就如同一般人家的父子一样。太公家令，这个皇家的属官，就是主管家事的人劝说太公，不应该让君主拜见臣子。以后高祖再来时，他的父亲太公就抱着扫帚，在大门迎接，倒退着走路。刘邦见状大惊，忙下车扶起太公。太公说：“帝，人主也，奈何以我乱天下法！”于是刘邦尊奉父亲为太上皇，还下诏：“人之至亲，莫亲于父子。故父有天下，传归于子；子有天下，尊归于父，此人道之极也。”

未央宫落成，刘邦置酒庆祝之时，还捧起玉杯为自己的父亲“太上皇寿”。太上皇在栎阳宫逝世，刘邦还为此赦免了栎阳的囚徒，并把郦邑的名称改为新丰。

这里又有个故事：刘邦的父亲虽然被奉为太上皇，但是还“时凄怆不乐”。刘邦问左右此中的缘故。对方回答：因为太公平生所喜好的都是“屠贩少年，酤酒卖饼，斗鸡蹴鞠，以此为乐”，如今这里都没有，因此不快乐。“蹴（cù）鞠”，就是踢球。高祖于是就兴建丰地，把太公原来结交的那些老朋友都接过来住在那里。太公这才高兴了。

但是历史还告诉人们这样一件事，当初楚汉相争时，刘邦手下的战将彭越数次返回梁地，断绝楚军的粮道。项羽很害怕，就制成一个高高的俎，将刘邦的父亲放在俎上，告诉汉王刘邦说：“如不急降，吾烹太公。”刘邦曰：“吾与项羽约为兄弟，吾翁即若翁，必欲烹若翁，则幸分我一杯羹。”“俎”，是古代割肉等用的砧板。项羽威胁刘邦，如果不马上投降就把他的父亲杀了。刘邦说：我和项羽约定为兄弟，我的父亲也成了你的父亲了，若果必定要烹你的父亲，那么希望也分给我一杯肉羹。后来经过项伯的劝说，项羽才没有杀了太公；楚汉讲和，太公才归汉代。从这里，人们可以看到刘邦的另一副面孔。

如果我们走进刘邦的内心世界，那么刘邦用分封同姓王，替代了异姓王，以为“天下一家”，“非刘氏而王，天下共击之”。但是这个“天下”，还是很复杂，因此用孝道来维系这个刘氏的“天下一家”，就是一种策略与政治智慧了。刘邦之后的子孙也悟出其中的道理，很会用孝来治理天下。

2. 汉代的谥法与“孝”

为了继承其父刘邦之志，汉代的谥法从汉惠帝开始，均冠上“孝”字。颜师古《汉书·惠帝纪注》指出：“孝子善述父之志，故汉家之谥，自惠帝已下，皆称孝也。”《汉书·霍光传》有言曰：“汉之传谥，常为孝者，以常有天下。”

比如西汉诸帝，刘盈谥号孝惠帝，刘恒谥号孝文帝，刘启谥号孝景帝，只有武帝刘彻谥号不用“孝”，刘弗陵谥号孝昭帝，刘询谥号孝宣帝，刘奭谥号孝元帝，刘骜谥号孝成帝，刘欣谥号孝哀帝，刘衎（kàn）谥号孝平帝。

东汉诸帝，只有刘秀光武帝谥号不用“孝”，刘庄谥号孝明帝，刘炟（dá）谥号孝章帝，刘肇谥号孝和帝，刘隆谥号孝殇帝，刘祜（hù）谥号孝安帝，刘保谥号孝顺帝，刘炳谥号孝冲帝，刘缵（zuǎn）谥号孝质帝，刘志谥号孝桓帝，刘宏谥号孝灵帝，刘协谥号孝献帝。

3. 推行“孝弟力田”

汉代为了巩固农业生产，施行“重农轻商”政策，还着重推行“孝弟（tì）力田”。由孝惠帝开始，奖励有孝弟德行和能努力耕作者。《汉书·惠帝纪》：“春正月，举民孝弟力田者复其身。”颜师古注：“弟者，言能以顺道事其兄也。”意思就是，推举百姓中孝顺父母、敬爱兄长、努力耕田的人，免除他本人的赋税徭役。大家可以想一想，这一政策，对民众有多大的吸引力！此可谓深得民心，既提高了生产力，又净化了社会风气，有利于建构和谐社会。

此后便是高后一朝，吕后临朝行天子事，设置了“孝弟力田”之官职。《后书·高后纪》：“初置孝弟力田二千石者一人。”第一次安排了一个级别为二千石的官吏来主管“孝顺父母、敬爱兄长、努力耕田”的工作。颜师古注：“特置孝弟力田官而尊其秩，欲以劝厉天下，令各敦行务本。”

孝文帝时候，“孝弟力田”之官与“三老”同为郡县中掌管教化的乡官。《汉书·文帝纪》记载，文帝十二年（前168年）下诏令：“孝悌，天下之大顺也。力田，为生之本也。三老，众民之师也。廉吏，民之表也。”“及问民所不便安，而以户口率置三老孝悌力田常员，令各率其意以道民焉。”为了及时慰问民众的不便利安顿，而以户口的比率增加三老、孝悌、力田等人员的名额，让他们各自用自己的心意去引导民众。颜师古注：“计户口之数以率之，增置其员，广教化也。”他们身上是有责任的，比如《史记·司马相如列传》：“故遣信使晓谕百姓以发卒之事，因数之以不忠死亡之罪，让三老、孝弟以不教诲之过。”

4. 汉代推行孝廉制度

儒家讲究“为政以德”，汉代提出了德中之“孝”、“廉”来治理，于是产生了影响深远的孝廉制度。

“孝廉”，一是孝，指孝悌者；一是廉，指清廉之士。此两者分别为选拔人才的科目，肇始于汉代，到东汉更成为求仕者的必经之路，后来两者往往合为一科。最初起源于汉文帝时，文帝十二年的诏令里有奖励孝悌力田与廉吏的条文。

其后，汉武帝接受董仲舒的建议，规定郡国每年察举孝者、廉者各一人，通称为举孝廉。从汉武帝开始以孝廉取士作为了常制。《汉书·武帝纪》：“元光元年冬十一月，初令郡国举孝廉各一人。”颜师古注：“孝为善事父母者，廉谓清洁有廉隅者。”这成为了汉代察举制度中最为重要的科目。从西汉到东汉初，察举的实施比较严格，被察举者如发现其不合标准，举荐的主要官员要承担责任。此中孝廉一科，成为了政府官员的重要来源，《东汉会要》：“得人之盛，则莫如孝廉。”所谓“名公巨卿多出之”。举孝廉，甚至可以由此而直接担任尚书郎、郡守、国相等要职。

关于这些内容，《后汉书·明帝纪》也有记载：“其赐天下男子爵，人二级；三老、孝悌、力田，人三级。”李贤注：“三老、孝悌、力田，三者皆乡官之名。三老，高帝置，孝悌、力田，高后置，所以劝导乡里，助成风气也。”后来宋苏轼《策问》还说：“古者有劝农之官、力田之科，与孝弟同。而自汉以来，率用户口登耗、黜陟守宰。”

5. 重视《孝经》的教化与传播

汉代《孝经》的地位上升到经的地位，列入“七经”。《汉书·艺文志》：“汉文帝时，《论语》、《孝经》皆置博士。”《汉书·艺文志》又记载，汉代传授《孝经》的有两派六家，比如今文派，有五人——长孙氏、博士江翁、少府后仓、谏大夫翼奉、安昌侯张禹，“各自名家”，但是“经文皆同”。传下来的有《长孙氏说》二篇、《江氏说》一篇、《后氏说》一篇、《翼氏说》、《安昌侯说》一篇。

再如古文派，那是孔氏壁中古文。此中所谓立博士学官，就是以某一经作为太学教授学生的定本，并特地立一位博士来负责教学。这就像在高等学府设立专科教授。

《孝经》、孝道在汉代受到了特别的重视，并且加强了宣传教化的力度和广度。汉武帝除了以“旅耆老，复孝敬，举孝廉”作为孝治的措施外，还将《孝经》作为对太子、诸王进行教化的重要内容，且制度化。汉宣帝时候，下令郡国分别荐举孝弟、有行义者，任以官职。

汉平帝元始三年立学官，规定“郡国曰学，县、道、邑、侯国曰校。校、学置经师一人。乡曰庠，聚曰序。序、庠置《孝经》师一人”。《孝经》成为官定的教本，迅速传播开来。两年后，征召天下有学问者及以《五经》、《论语》、《孝经》、《尔雅》教授者到京师，总计竟达数千人之多。东汉诸帝还要求天下都讲诵《孝经》，以《孝经》师来主持监试。（参见汪受宽《孝经译注》）

从史籍记载看，汉宣帝、平帝以及广川王、沛宪王等皇室都曾向当时的硕学宿儒拜师，修习《孝经》。在民间，西汉武帝元狩六年（117年）六月已下诏谕三老、孝悌以为民师。这是政府希望通过地方上的长老和孝悌这些最底层的地方官员来推崇孝友之道。当时大概还没有正式的制度，到西汉末平帝的时候，政府则更在最基层的行政单位如乡、聚中设立学校，特别安置所谓《孝经》师来推广孝道思想，鼓励孝义行为。

东汉时，由于光武帝以及明帝力崇儒学，《孝经》又得到进一步的推广。《后汉书·儒林传》记载，明帝还要求“自期门羽林之士，悉令通《孝经》章句”，甚至连“匈奴亦遣子入学”。此外，东汉时还规定，司隶校尉辖下有“《孝经》师主监试经”，大概连司法官员也必须熟读《孝经》了。由于《孝经》深入民间，最迟在东汉初就已经有人以《孝经》替子女命名。汉朝政府这种崇孝风尚，影响所及，历代不衰。（见劳悦强《〈孝经〉中似有还无的女性——兼论唐以前孝女罕见的现象》）

东汉荀悦曾说：“汉制使天下诵《孝经》，选吏举孝廉。”当时读《孝经》、做孝子的风气很盛。国家、社会、家庭都重视对孝子、孝女的褒奖，对不孝的行为进行批评以及法律处置。

汉代能够从公元前206年绵延到公元220年，长达426年，其中有很多宝贵的治理天下的经验与教训可以批判地总结，而“孝治天下”也是其中应该值得注意的重要内容。“孝治天下”，和谐了家庭和社会，并由孝而至于忠，“移忠于孝”、“忠孝一体”，如《孝经》言，“资于事父以事君而敬同”，“故以孝事君则忠”。由事父上升为事君，由事父的孝升华为事君的忠，于是一个家庭便与一个国家联系起来，一种伦理便与政治联系起来，这就是“孝治”的逻辑进程。

汉代的“孝治”也自然也引起了后来许多朝代的兴趣，并借鉴之。许多朝代皇帝的号，如谥号等也用上“孝”：比如东晋孝武帝；南朝宋的孝武帝，连年号也用了“孝建”年号；北魏孝文帝、孝明帝、孝庄帝、孝武帝；北齐孝昭帝；北周孝闵帝；南宋孝宗；元忽必烈圣德神功文武皇帝，自铁穆耳谥号为钦明广孝皇帝后，以下皇帝除了泰定帝外，谥号均有“孝”；明代有孝宗，等等。又如唐代也有“孝悌力田”科、清末还有“孝廉方正”等的制度，在后世也得到了充分的延伸。

首载古代正史的孝子传

中国古代正史中最早专门记载孝子、孝义的大概应属于《后汉书》。

《后汉书》是南朝刘宋时期范晔（396～445年）所撰写。在《史记》、《汉书》的基础上，此史书又向前发展了一步。《后汉书》被历史学家称为良史，唐初把它列为正史中“四史”之一。

《后汉书》虽然没有用《孝子传》这一名称，但是三十九卷的《刘赵淳于江刘周赵列传》，为孝子专门作了传记。这一卷专门记载了许多以孝子、孝义而有名声的人物，如毛义、薛包、刘平、王望、王扶、赵孝、王琳、淳于恭、江革、刘般、刘恺、周磐、蔡顺、赵咨等。在卷首作者写了一段卷首语：

> 孔子曰：“夫孝莫大于严父，严父莫大于配天，则周公其人也。”
>
> 子路曰：“伤哉，贫也！生无以养，死无以葬。”
>
> 子曰：“啜菽饮水，孝也。”
>
> 夫钟鼓非乐云之本，而器不可去；三牲非至孝之主，而养不可废。存器而忘本，乐之遁也；调器以和声，乐之成也。崇养以伤行，孝之累也；修己以致禄，养之大也。故言能大养，则周公之祀，致四海之祭；言以义养，则仲由之菽，甘于东邻之牲。夫患水菽之薄，干禄以求养者，是以耻禄亲也。存诚以尽行，孝积而禄厚者，此能以义养也。

这一卷的《孝子传》，是专门写孝的。为孝子专门作传记，这是首创。上面文中的首句孔子之语，即出自《孝经·圣治章第九》。子路之语，是说悲伤啊，贫困的人！侍奉亲人，生时穷得无以为养；死了穷得无以为丧葬。孔子又说，能食杂粮饮水，也孝。

作者接着议论道：钟鼓不是音乐的根本，但是音乐离不开这些器物；肉食三牲不是至孝的主旨，但是养亲不可废去。保存乐器而忘记根本，就会失去音乐；调谐乐器而和声，音乐就形成。崇尚赡养而伤害德行，是孝的累赘；修养自己而获得利禄，这是赡养的大端。故说能够大赡养，那就是周公的祭祀，能致四海的祭祀。说到以义来赡养，那就是子路的杂粮，它比东邻的肉食三牲还甘美。担心水与杂粮的微薄，而去求得利禄来赡养的，这是用受耻得到的利禄来养亲。存真诚而尽孝行，孝积累而利禄厚重的，就是能以义赡养。——此段重点说到了赡养父母的品行问题：不要因为推崇赡养亲人，就伤害自己的德行去谋求利禄；而是要修炼自己，由正当的途径获取利禄来赡养父母，提出了"义养"的理念。

这里举出一个案例，看看《后汉书》此《传》记录的孝子情况，以及当时的重孝的社会风气。

汉安帝（107～125年在位）时候，汝南有一个叫薛包的，好学笃行，丧母，以至孝而有名声。其父娶了后妻以后，开始憎恨薛包，逼他分家而居。薛包日夜号泣，不愿离开，以至于被其父殴打。不得已，薛包就在宅外搭建一个小屋住下，每天早上仍过来洒扫；其父又发怒，驱逐他。于是他就在远一点的乡里之门处搭建一个小屋住下，但从不忘记早晚去父亲那里问安。这样过了一年多，父母自己都感到羞愧了，就让他回来居住。后来父母死后，薛包守丧六年，超过了规定的丧礼，因为按规定三年就行了。

不久弟弟要求分财产并分居，薛包没能劝止，就平分财产。分人的时候，薛包要那些年老的奴婢，说："与我一起的时间长了，而你使唤不了。"分田地房产时，他又要那些荒废的，说："我年轻时经营过的，情意有所留恋。"分器物的时候，他又要那些旧而损坏的，说："我一向所使用的，已经用惯了。"后来他的弟弟数次家产破败，薛包常常给予救济供给。

汉安帝建光年间，公车官署特地征用薛包，官拜侍中。但薛包生性恬淡虚怀，声称自己有疾病，不去做官，而只求一死。于是朝廷下诏，优准他保留官职而告归养病。

这个案例，告诉我们汉代重孝的具体情况。一，后世的人、特别是今人，往往习惯从功利的视角去观察，怀疑当时的孝子是在作伪、作秀，或是些沽名钓誉之徒。薛包，或许能让后人看到一个实在的、纯真的孝子的形象。二，他的孝行，在父母的生前表现出来，在父母的死后也表现出来，在分家的时候再次表现出来，甚至在朝廷让他做官的时候尤其凸现出来了。三，汉代统治者对孝子非常重视，加以提拔，委任官职，甚至根据孝子的要求与具体情况，保留官职而又遂其心愿。这种做法，对社会和谐风气的营造可以想见。汉王朝如果真全是封建落后得一塌糊涂，漆黑一团，歹徒横行，没有好的社会氛围，王朝能够绵延四百多年吗？这一点也是值得后人好好体会的。

这个孝子的孝行，对后人也很有影响。比如北齐的颜之推在著名的《颜氏家训》中还特地引用了这一段，置于《颜氏家训 · 后娶第四》中，用以教育后代。

《世说新语》与孝的记述

《世说新语》是南朝宋临川王刘义庆（403 ~ 444 年）编纂的，主要是汉末至东晋的士族阶层人物的遗闻轶事。其书经历宋元明清至今，已流传千年之久，享有很高的声誉，研究者以及著作累世不绝。民间也曾有谚语："家有财产万贯，不如读《世说》一卷。"这里，我们就《世说新语》与孝的记述，作一扫描，或可以透视该时代崇尚孝之风尚的一斑。

1. "生孝"与"死孝"

《世说新语 · 德行篇》："王戎、和峤同时遭大丧，俱以孝称。王鸡骨支床，和哭泣备礼。武帝谓刘仲雄曰：'卿数省王、和不？闻和哀苦过礼。使人忧之。'仲雄曰：'和峤虽备礼，神气不损；王戎虽不备礼，而哀毁骨立。臣以和峤生孝，王戎死孝。陛下不应忧峤，而应忧戎。'"

王戎（234 ~ 305 年），"竹林七贤"之一，曾任尚书。和峤，在晋武帝时候任中书令。他们同时遭遇丧母，都以尽孝而被称誉。王戎骨瘦如柴，和峤哭泣备礼。文中所说的"鸡骨支床"、"哀毁骨立"都形容因过分悲哀，而消瘦得仅剩下骨架来支撑身体、卧于床上了。"鸡骨"就是瘦瘠的样子，即瘦骨嶙峋。

晋武帝司马炎对尚书左仆射刘仲雄说："你常常去探望王戎、和峤否？听说和峤哀伤过了礼节，使人为他担忧。"刘仲雄说："和峤虽然礼仪周全，但神气没有损伤；王戎虽礼仪不周全，但悲哀毁身而骨瘦如柴。臣以为和峤生孝，王戎死孝。陛下不应忧和峤，而应忧王戎。"此在《晋书 · 王戎传》也有载。

首先这里提出两个有意思的命题："生孝"、"死孝"。"生孝"，谓孝子丁忧哀而不灭性，也就是说遵守丧礼而不伤毁身体。"死孝"，居父母之丧，哀毁几至于死，也就是说对父母竭尽哀悼之情，而不顾自己的身体。其次，这里还提出"大丧"中三个方面的关系与比较：礼仪的周备问题、哀伤的程度问题、孝子身体状况问题。于此，君臣之间有不同的见解，读者也会有不同的看法。再次，君臣讨论这类问题，也说明高层对于孝、孝子的关注，当然社会也在普遍关注这些问题。这些都说明在魏晋时代，传统的孝又遭遇到时代提出来的新问题。

2. 孝子王祥

《世说新语·德行篇》："王祥事后母朱夫人甚谨。家有一李树，结子殊好，母恒使守之。时风雨忽至，祥抱树而泣。祥尝在别床眠，母自往暗斫之，值祥私起，空斫得被。既还，知母憾之不已，因跪前请死。母于是感悟，爱之如己子。"

王祥的故事写进了《二十四孝》中，前文有叙述，可参见。这里的后一个情节，很令人震撼：后母竟然要用刀砍死睡眠中的王祥，正巧碰到王祥夜起小便，只是砍了被子。王祥回来后，知道后母对此遗憾不已，就跪在后母前面请求一死。后母于是感悟，终改悔。王祥，确实是纯孝了，据说为侍奉后母，年近六十才进入仕途，在魏做官至太常、太尉，入晋拜为太保。我们也看到孝子们屡屡被《世说新语》的第一篇《德行》收入的现象，说明当时人们对孝子的重视、关注与记载、流传。

3. 荀巨伯孝友

《世说新语·德行篇》：东汉人荀巨伯远道去友人那里探病，正值胡贼攻郡。友人说："我马上就死去了，你赶快离开吧！"荀巨伯说："远道来相视，你令我去，败坏道义而求生存，难道是我荀巨伯干的吗？"贼既至，对荀巨伯说："大军至，一郡都逃空了，你是什么样的男人，而竟敢单独留下？"荀巨伯说："友人有疾，不忍心抛弃他，宁可用我身来替代朋友的命！"胡贼相互说："我辈无义之人，而入有义之国。"遂班师而还，一郡并获全。

"孝友"是传统孝文化中的重要一部分，这个故事就突出了在大难临头之时、生死诀别之际，朋友之间深厚友谊的魅力和威力。"孝友"的魅力，让千载之后的现代人都感动；"孝友"的威力，不用一兵一卒，竟然完璧归赵，拯救了一郡。虽然此中不免有夸大成分，但是那种"孝友"的情义却依然值得张扬的。

4. 孝子范宣

《世说新语·德行篇》：晋人范宣八岁的时候，在后园子挖菜，误伤了手指，大啼。有人问他："痛吗？"回答说："非为痛。身体发肤，不敢毁伤，是以啼耳。"范宣洁行廉约，豫章太守韩康伯一次赠送他百匹绢，不受；减少至五十匹，还是不接受。就这样一直减半，只到了一匹，还是不肯接受。后来韩康伯与范宣同乘一车时，就在车中扯了两丈绢赠给范宣，说："一个人难道可以让老婆没有裤子穿吗？"范宣笑而受之。

这个故事幽默生动，有几点可说：一，八岁的孩子能在伤手指时，脱口而出《孝经》中的话，或说明当时《孝经》的普及与启蒙的情况。二，晋人范宣，后来精通儒籍，被召为太学博士、散骑郎，推辞不就，居家贫困，以讲诵为业。他的人品也许就是这样从小就在儒家的熏陶下渐渐养成了。这里赠绢而不受，也是一例。三，官员韩康伯特可爱，他欣赏范宣的人品，固执地非要他收下赠绢——其实这已经不是赠物，而是心中敬意的表达了。

5. 试守孝子

《世说新语·德行篇》：仆射（yè）王愉在担任江州刺史的时候，被殷仲堪、桓玄发兵追逐，于是逃亡至豫章（今江西南昌），存亡未测。王愉的儿子王绥在京都，得知父亲这一消息后，不仅容貌忧戚，就连起居饮食，以及每一件事都有所降等，就像居丧守孝的样子。当时人们就把他称为"试守孝子"。

"试守"，本来指秦汉以来官吏在正式担任某职位之前，先要试任该职，就像今天所说的有考察、见习、试用期一样。王绥在其父还没有去世时，就做出守孝的样子，不就像官吏"试守"吗？因此称为"试守孝子"。但是，后来的历史却是一个悲剧。桓玄专政时候，征召王愉为仆射，此官是尚书令的副手，但是后来桓玄谋反晋朝失败，王愉因参与谋反而被杀，其子王绥也因与其父一起谋反也被杀。于是王绥的孝子的孝行问题就复杂化了，限于篇幅笔者不展开了，这一有趣味的话题就留给读者思考吧。

6. 真孝子

《世说新语·德行篇》：孔仆射，就是孔安国，在担任晋孝武帝司马曜（yào）的侍中时，曾受到垂爱。晋孝武帝去世时，孔安国为太常，他身形一向瘦弱，但是穿上重孝的服饰，整日涕泗流淌，看见他的人都以为是真正的孝子。他对晋孝武帝的厚待转化为孝子一般的真诚，这是"移孝为忠"，忠孝在他身上沟通了，而且还认为是"真孝子"，而不是"伪孝子"。

7. 陈遗至孝

《世说新语·德行篇》：吴郡的陈遗，在家至孝。母亲爱好吃锅巴，陈遗在作郡主簿时，常常带着一个口袋。每次煮饭，就把锅巴收集起来，回家给母亲吃。后来孙恩的起义军队出没在吴郡，吴郡太守即日就要出征作战。陈遗聚集起来的数斗锅巴，还没来得及拿回家，就带着从军了。在沪渎开战，失败，军人溃散，逃走于山泽，人多饿死，而陈遗独因为这些锅巴得以活下来。“时人以为纯孝之报也”。——这又是一个孝子的故事，情节有趣，也曲折，最后归结为“纯孝之报”，也是《孝经》中感应之说的回应而已。

《世说新语·德行篇》里还有如“为人谨慎，事亲尽色养之孝”的王长豫等人的记载，在此不再列举。我们也许已经能会心，即此《德行篇》就记载了这么多的孝子，在书内还有许多关于孝的叙述。比如《任诞》：“阮籍当葬母，蒸一肥豚，饮酒二斗，然后临诀，直言：‘穷矣！’都得一号，因吐血，废顿良久。”阮籍将要安葬母亲，蒸了一只肥猪，饮酒二斗，这才向母亲遗体告别，只喊道：“完了！”总共只号哭了一声，接着口吐鲜血，沮丧颓唐良久。一种独特的孝子、孝行凸现在人们眼前，此为魏晋风度中的“孝”的表现之一了！

可以体会魏晋也在推行“以孝治天下”，而且是“一定要以孝治天下”。这正如鲁迅所说：魏晋“为什么要以孝治天下呢？因为天位从禅位，即巧取豪夺而来，若主张以忠治天下，他们的立脚点便不稳，办事便棘手，立论也难了，所以一定要以孝治天下。”（《而已集·魏晋风度及文章及药及酒之关系》）当然，围绕这一话题，还可以再深入探讨其中的原因。

唐代的《女孝经》与《孝女传》

唐初，《孝经》的传播很是普及。柳宗元就写过一篇《龙城录》，内有这样的记载，极其风趣生动：

> 国初有孝子王渐，作《孝经义》成，五十卷，事亦该备，而性鄙朴，凡乡里有斗讼，渐即诣门，高声诵义一卷，反为渐谢。后有病者，即请渐来诵经，寻亦得愈……颇亦敬其诚。

千载之下，笔者读此也禁不住呵呵大笑。大笑之后，又想起这样一个问题。我们读今本《孝经》，如果稍微细心一些，马上就会发现，里面只谈男性的孝子，不谈孝女。当然在古文《孝经》中虽然有《闺门章》，但仅仅24字，也未细说。于是历史上很有意思，便有一位女性创造了一本《女孝经》，还有一位皇帝专门编撰了《孝女传》。

唐代的侯莫陈邈的妻子郑氏创造了《女孝经》。侯莫陈邈，这个名字对于今人来说有些奇怪，其实“侯莫陈”是姓，为三字复姓，“邈”，是名。比如北周有侯莫陈崇，《周书》有《侯莫陈崇传》，隋代还有侯莫陈颖等。

《女孝经》一卷。卷首载进书表，声称侄女策为永王妃，因此作此书来规劝。此书模仿《孝经》，也分为十八章，讲述上至皇后、下及庶人的女孝之道。在每章开头，都假借曹大家班昭来立言。主要强调男尊女卑，凡事必定遵循礼教，特别是媳妇要孝敬舅姑，比如专门有《庶人章》、《事舅姑章》，专谈媳妇的孝道。有论者说：“《女孝经》的编撰本身似乎就证明，至少在唐代已经有人注意到《孝经》所推崇的孝道大概只限于男性，因而觉得有必要特别为女性撰写一部《女孝经》。”（劳悦强《〈孝经〉中似有还无的女性——兼论唐以前孝女罕见的现象》，台湾《中国文哲研究集刊》第24期）《女孝经》有《格致丛书》、《津逮秘书》本等流传。

有意思的是，在唐代还出现了《女论语》，由唐代女学士宋若莘撰写，其妹宋若昭注释。仿照《论语》而撰写，用作女子教育课本。这些仿效之作，如果从女性文化角度去解读，一定会有很多意义的。

再说武则天与《孝女传》。

虽说大家都知道武则天其人，但是如果从“孝与忠”的角度再来反思一下它的生平，还是会有许多感触的。武则天（624～705年），唐并州（今山西文水东）人。她是唐高宗李治的皇后，又是武周皇帝，公元690年至705年在位。

山西省文水县武则天像

武则天是武士彟（huò）之女儿。武士彟（577～635年），因经营木材而致富。他曾从李渊（唐高祖）起兵，平京城。入唐，为光禄大夫。唐高祖武德年间，累迁工部尚书，封应国公。唐高祖曾为媒人让他续娶杨氏，生下武则天。

武则天素来多智谋，兼涉文史。

年十四，为唐太宗李世民的才人。所谓才人，是妃嫔称号，唐太宗时设置九人，为正五品，位于美人之下。唐太宗死，武则天入感业寺为尼姑。

唐高宗永徽初，复召入宫中，为昭仪。所谓昭仪，也是妃嫔称号，为九嫔之首，正二品。

永徽六年（655年）立为皇后。

显庆五年（660年），高宗病重，参加谋划国政。

上元元年（674年），称天后。

高宗死，中宗李显（又名哲）立，立武则天为皇太后。

不久武则天废除中宗，立睿宗李旦，自总朝政。

天授元年（690年），武则天改唐为周，称圣神皇帝，改名武曌（zhào）。

武则天时期有种种劣迹，比如严厉镇压政敌，任用酷吏，大开告密之门，残害了许多唐宗室以及旧臣，还靡费扰民等等，这些都一一写进了她的历史。但是，她也有许多的创造，比如开创殿试，初设武举，又重视农业，使得经济有所发展等。其中有一项创造和《孝经》有关，那就是创造编纂了《孝女传》二十卷。虽然这部书没有流传下来，但是有论者说："《孝女传》虽然今已不存，但是这是现今所知中国历史上唯一的一部《孝女传》，此书在唐代出现应该是很有特别的历史意义的。况且单凭书名，我们似乎也可以断定至少孝女在八世纪初很可能已经成为一个民间的定称，而不再是政府特赐的名目。"（劳悦强文，同上）武则天对于孝是有自己的思考的。比如《旧唐书·孝友传》记载，武则天时，元让以孝著称，召拜太子司议郎。武则天说了一番话："卿既能孝于家，必能忠于国。今授此职，须知朕意。宜以孝道辅弼我儿。"这也就是"移孝为忠"的理路。

据《新唐书·艺文志》武则天还编撰了《列女传》一百卷、《古今内范》一百卷、《内范要略》十卷等著作。读者一定会想到这样一个问题：不知道写了编了这么多关于女性问题的书籍的武则天，如果自己对照起来，或者是别人把她对照一番，会有哪些感触呢？

孝与忠：唐代的一场辩论

"孝"与"忠"之间的关系，是人们一直关注的话题。人们知道"求忠于孝"、"移孝于忠"，还说"自古忠孝不能两全"、"孝门出忠臣"等等。在《封氏闻见记》中就记录了一场唐代的关于“孝”与“忠”能否两全的辩论，值得一读。

《封氏闻见记》为唐代封演撰写，全本今已不见，现存的只是后人辑录的十卷本共106条，包括记述文史旧闻及掌故、古迹异闻及杂论、当时士大夫轶事。《〈四库全书〉总目提要》称其“语必证实”，“原委详明”，“唐人说部，自颜师古《匡谬正误》、李匡乂《资暇集》、李涪《刊误》之外，固罕其比偶矣。”

其中《定谥》篇里先讲了唐的太常寺博士之职掌管拟定谥号。所谓谥号，也就是帝王、贵族、大臣、士大夫死后，在位的皇帝依据其生前事迹给予相应的称号。然后记载了一场辩论，那是唐代宗元年（765年）时，吏部尚书韦陟去世，太常博士程皓为之拟定的谥号是“忠孝”，于是引发了一场辩论。

刑部尚书颜真卿认为不应该以“忠孝”为谥号，驳斥道：“出处事殊，忠孝不并。已为孝子，不得为忠臣；已为忠臣，不得为孝子。故求忠于孝，岂先亲而后君；移孝于忠，则出身而事主。所以叱驭而进，不惮危险，故王尊为忠臣；思全而归，恐有毁伤，故王阳为孝子。则知昼之与夜，本不相随，春之与秋，岂宜同日。且以为尚书志业高远，羽仪前朝，百行之中，能事甚众，议行称谥，固多美名，何必忠孝两施，然后表德。历考前史，恐无此事。敢率愚见，请更商量。”

颜真卿驳斥的理由有5条：

1. 从史书上来看，这样的谥号是没有根据的，因为忠孝不能两全。文中的“出处”，是指史书上的根据。

2. 已经为孝子了，就不得再为忠臣；已经为忠臣了，就不得再为孝子。如果从孝求忠，那么难道是先父母后君王？移孝于忠，那么就是献身效主。

3. 举历史上的事例来说明。大声命令而前进，不怕危险，王尊便成为忠臣。思考全身而归去，恐怕有所毁坏伤害，王阳便为孝子。王尊，西汉人，曾为安定太守，又迁益州刺史。他在赴任益州途中，至邛崃九折陂时候，听说了一个很有意趣的故事。先前的刺史王阳至此，因畏惧危险伤害生命，说：“奉先人遗体，奈何数乘此险。”于是呵斥驾驭者回车，王阳是个孝子，珍爱生命。但是王尊是个忠臣，便呵斥驾者继续前进。《汉书》中均有此两人的记载。

4. 再说，白昼之与黑夜，本不相随，春之与秋，岂宜同日。——白天就是白天，黑夜就是黑夜；春天就是春天，秋天就是秋天；它们是分明的，不含混的。忠与孝，在颜真卿看来也就是这样的。

5. 且以为尚书韦陟志向事业高远，羽仪前朝，在众多的行为之中，能事甚众，议行称谥，固多美名，何必一定就死扣住“忠孝”两施，然后表德呢。历考以前的历史，恐无此事。文中的“羽仪”是表率的意思。

颜真卿最后说，因此敢表白自己的愚见，请更商量。

另一方程皓坚持自己的先前所议，重申其“忠孝”为谥号的道理：“天地之性人为贵，人之行莫先于孝。孝于家则忠于国，爱于父则敬于君。脱爱敬齐焉，则忠孝一矣。立君臣，定上下，不可以废忠。事父母，承祭祀，不可以亏孝。忠孝之道，人伦大经。孔子曰：‘以孝事君则忠。’又曰：‘夫孝，始于事亲，中于事君，终于立身。’此圣人之教也。至于忠孝不并，有为而言。将由亲在于家，君危于国；奉亲则孰当问主，赴君则无能养亲。思义相迫，事或难兼。故徐庶指心，翻然辞蜀。陵母刎颈，卒令归汉。各求所志，盖取诸随。至若奉慈亲，当圣代，出事主，入事亲，忠孝两全，谁曰不可？岂以不仕为孝，舍亲为忠哉！况‘忠孝侯’之传鹊印，唐尧之代，即有此官。伏念美色，请依前谥。”

程皓坚持自己的拟议，也有几条理由：

1. 首先，忠孝是一致的。在天地的物性之中人为贵，在人的品行中没有先于孝的。孝于家那么就会忠于国，爱于父那么就会敬重君。爱与敬是齐一的，忠与孝是一致的。

2. 其次，忠孝之道是人伦的大经。朝廷确立君臣，确定上下，不可以废去忠。侍奉父母，继承祭祀，不可以有亏于孝。忠孝之道，是人伦大经。

3. 再次，引孔子之言为证据。《孝经》里孔子曰：“以孝事君则忠。”（三章）又曰：“夫孝，始于事亲，中于事君，终于立身。”（一章）此是圣人的教诲。

4. 忠孝不能同时，是有特殊原因的。至于忠孝不并，是针对某些具体特殊情况而言的。比如一方面是要养亲在家，一方面又要去救助处于危国中的君主。如果侍奉了亲人，则谁去存问君主；如果赴君主之危，则不能养亲人。因此思考义理相逼迫，事情或许就难于兼顾了。文中的“有为”，即有原因的意思。

南京颜鲁公祠

5. 举出历史典故论证。三国时的徐庶指心，表示自己心在蜀汉，但因要孝养逗留在曹操那里的母亲，便幡然辞别蜀汉。汉代李陵攻打匈奴，无救而投降，其母自刎，是想急令儿子归汉。各人各求其所志，盖取之于各自的情况。

6. 一般情况之下，可以忠孝两全。至于侍奉慈亲，又正当圣朝，出来侍奉君主，进家侍奉亲人，忠孝两全，谁说不可以呢？难道以不做官为孝，舍去亲人为忠吗？

7. 何况“忠孝侯”之传鹊印，唐尧之代，即有此官。这是说，早在唐尧时代就有官职“忠孝”，是“忠”、“孝”并称的。其实，这也仅仅是个传说的典故，晋代干宝《搜神记》说到一个人叫张颢，为梁州牧，一天雨后一只像山雀样子的鸟飞坠于市场，人们争着去抢，却突然变为圆石。张颢把圆石凿破，得到一颗金印，有文字“忠孝侯”。后来有一位议郎说：“尧舜时旧有此官，今天降印，宜可复置。”

程皓最后说，“伏念美色，请依前谥”。

结果是“有司不能驳”，有司是主管其事的官员，当时为右仆射郭英乂，不能驳回。此事议论不止，但后来还是维持了原来的“忠孝”谥号。

这一场辩论也记载在《旧唐书》中，告诉人们这样一个历史信息，至少一直到唐代，人们对于忠孝是否能两全的问题，还是有不同的看法的。颜真卿又让我们看到，在当时唐代的具体形势“安史之乱”之后，“忠”比“孝”的位置更重要、更突出，因此他主张“忠孝不并”是有深层思考的。当然双方所陈说的理由，是可以供人们进一步再思考的。

话说佛教两经之谈孝

佛教也讲孝道，佛经中谈到孝道的，比如《大无量寿经》：“以不请之法施诸黎庶，如纯孝之子爱敬父母。”《心地观经》：“孝养父母之福与供佛同等，应当孝敬恒在心。”《分别经》提到佛陀之所以成佛，是因为“父母世世放舍，使其学道，累劫精进，今得成佛，皆是父母之恩。人欲学道，不可不精进孝顺”。《常阿含经》还说到孝敬父母五事：（1）供奉使能无乏；（2）凡有所为，先白父母；（3）父母所为，恭顺不逆；（4）父母正令，不敢违背；（5）不断父母所为正业。

这里主要略说两个佛经，看看佛教在这方面的智慧。先说佛教经典《盂兰盆经》与孝。

《盂兰盆经》，又称为《佛说盂兰盆经》、《盂兰经》，为佛教经籍。“盂兰盆”，是梵文的音译，原来的意思就是“救倒悬”、“解倒悬”的意思。这里是专指解度亡灵倒悬之苦。“倒悬”这一词语，指人的头脚倒置悬挂，用来比喻处境极其困苦或危急，出自《孟子·公孙丑上》：“当今之时，万乘之国行仁政，民之悦之，犹解倒悬也。”

汉文的《盂兰盆经》，据说是西晋（265～317年）时期来华高僧竺法护从梵文翻译过来的，但是在现存的梵文和巴利文佛经中已经找不到这部经典了。它究竟是竺法护的译作，还是竺法护借用佛教经典中的“盂兰盆”这一词语而进行的发挥，或者是后人托竺法护之名而进行的创作，众说纷纭，莫衷一是。

本经讲述了这样的事情：佛陀弟子大目犍连，也称为目连，他掌握了六大神通，准备超度自己的父母，以报答他们的哺育之恩。在寻找时，他终于看到死去的母亲生活在饿鬼群中，饥饿不堪。目连很伤感，用钵盛饭食，送给母亲吃。他母亲就在要吃饭时，那些饭食却变成了火炭。于是目连大叫，悲号涕泣，急于驰回，向佛陀禀告。

佛言：“汝母罪根深结，非汝一人力所奈何。汝虽孝顺之声动天地，天神地祇、邪魔外道道士、四天王神亦不能奈何。”因此须要依靠众僧威神之力，乃得解脱。

佛陀告诉他的方法是，每年七月十五，僧自恣日的时候，以盆钵盛各种物品，备百味饮食，施奉十方僧众。众僧以其功德法力，将目连亡母之灵解救出苦海。

目连又请示佛陀，并将此作法立为定制。

此《盂兰盆经》影响深远，先是后世佛教徒据此兴起“盂兰盆会”。后来南朝梁武帝还曾在同泰寺设盂兰盆斋，节日期间，除了施斋供僧外，寺院还举行诵经法会，举办水陆道场、放焰火、放灯等宗教活动。大约从公元六世纪起，中国民间逐渐形成了过“盂兰盆节”的习惯。每年阴历七月十五，各大寺庙要举行盛大的法会，由众多的和尚诵经施法；百姓们则要进香上贡品，施舍财物给僧人寺院，祭祀祖先亡灵。甚至受到中国文化影响的日本等国，至今依然保留着过盂兰盆节的传统。它就这么吸引了众多信佛的孝子孝女，“愿使得现在父母寿命百年无病”，还能够做到所谓的超度已经逝世的亡灵。

我们要注意的不是目连救母的神话故事怎样，而是这部佛教经典突出了一个孝道问题，因此与讲究孝道的中国人的心理相吻合了。尽管此佛经没有丰富的教义，并未阐发什么深奥的佛教哲学，但是在民间影响甚大。

这给予人们深刻的启示：当外来的东西能够与本土的传统相结合，便使得原来的拒斥变为了融合。佛教虽然也有感恩父母、超度父母，但是要人们削发、出家等，这和中国传统的孝道，如“身体发肤，受之父母，不敢毁伤，孝之始也。立身行道，扬名于后世，以显父母，孝之终也。夫孝，始于事亲，中于事君，终于立身”（《孝经·开宗明义章》）等等是相悖反的。于是对于佛教的不孝的问题，早有人批评，如南齐顾欢有《三破论》之说：佛入国而破国，“苦克百姓，使得国空民穷”；入家而破家，“使父子殊事，兄弟异法。遗弃二亲，孝道顿绝”；入身而破身，“一有毁伤之疾，二有髡头之苦，三有不孝之逆，四有绝种之罪”。（释僧祐《弘明集·灭惑论》）因此，佛教在中国的流传中也不断地遭遇到阻力。不过这一佛教经典，因为讲究孝道，而深深植根在信佛的民众之中。此教义中的伦理之道与汉民族数千年的厚重的孝道相沟通了。

再看另外一部佛经《父母恩重经》。

据人们研究，这是一部中国僧人伪造的佛经。此经在隋代费长房的《历代三宝记》中无著录，最早著录见于武则天时期的《大周刊定众经目录》，并列于伪经之列。这就是说，此经出现在唐朝初期。

此经主要讲述人世间父母对子女怀胎、生产、养育、呵护的辛劳、艰难与恩德。此经也叙说了子女长大后与亲人关系的疏离、冷漠甚至虐待，而父母处于缺少依靠的那种悲凉、凄苦的困境。佛经要子女行孝道，乐善好施，报父母之恩，等等。

为什么要伪造这一佛经？因为佛教在唐初又遇到了严重的挑战，处境尴尬，这是为了改变佛教的困境而做出的举动。有论者还具体分析了其中的主要原因，如唐玄宗对《孝经》的重视与宣扬，在民间《孝经》也得到广泛的认同，使得佛教所处形势不妙。如傅奕《请废佛法表》就说：佛教“不事二亲，专行十恶”，“不谒帝王，违离父母，非忠孝者”，“反先王之道，失忠孝之义”。又说：“欲求忠孝子，佐世治民，惟《孝经》一卷、《老子》二篇，不需广读佛经。”其次，佛教被儒、道攻击的主要地方是对中国的孝道的背离。然而佛教确实没有系统论述孝道的经典，因此中土僧人只好通过伪造经典来阐释孝道学说。（参见佛光星云《佛教·世俗》一书、李传军等《〈父母恩重经〉与唐代孝文化》文）

但是民心民情很有意思，正因为此经和中国人深厚的孝道相联系，所以人们不仅不嫌弃其做伪，相反在唐朝流传得十分广泛。这与上面所说的《盂兰盆经》被民众广泛接受的道理也沟通起来了。细细一想就是这样，就像《二十四孝》中虽然有许多荒诞的东西，但是符合百姓的心理、审美，所以还是为人们喜闻乐道，传播不息。

宋代孝、悌、忠的故事

宋代是中国历史上文化发达的一个时期，而孝文化也随之进一步得到宣扬，甚至还有些过了分。

《宋史·孝义传序》中就记录了当时风气：“太祖、太宗以来，子有复仇而杀人者，壮而释之；刲（kuī，割）股割肝，咸见褒赏；至于数世同居，辄复其家。”子女为了复仇而杀仇人，受到鼓励，以此为壮举，并不追究罪行。还有几代同堂的，常被恢复这一大家庭。当时还为大孝子王祥、孟宗等修建卧冰池、泣笋台、孝子亭等。（《宋史·萧服传》）

有论者认为，由于宋朝政府的大力褒奖，孝道在宋代达到登峰造极的地步。一时孝子辈出，孝行壮烈得惊人。由于理学家大肆宣扬，宋朝政府大力提倡，孝道已经深入到人们的社会生活中去。这时的孝道已不再是一种值得称道的美德，而成为桎梏人们思想的精神枷锁。（见肖群忠《孝与中国文化》）

不过，这也许并非主流，相反正常的孝道依然有序地推演着。我们也举些历史故事，再近距离地观察宋代的孝文化，也依然会让今人深受教育。

一、孝：欧阳修的孝的记录

千古名篇《泷冈阡表》，蕴含了欧阳修的孝子深情，乃至一个家庭的孝文化。

“泷（shuāng）冈”，是地名，在今天江西永丰县沙溪南的凤凰山上，是欧阳修父亲的墓地所在处。“阡”，墓道。此文原先大约是写在1049年至1054年间，为欧阳修写成的《先君墓志》，后来隔了二十多年之后，在1070年，青州任上又精心修改为《泷冈阡表》，此时已经六十多岁了。

欧阳修像

欧阳修在文中记述了其父的事迹。其父在他四岁时已去世，由其母告诉儿子几件很感人的事情：一是做官清廉自洁，“为吏廉，而好施与，喜宾客，其俸禄虽薄，常不使有余，曰毋以是为我累”。死后也没有什么遗产留给后人。二是做官能尽责，且有仁爱之心。比如其父在灯下批阅死刑案件时，常常叹息，因为他总想从中为死囚寻找到一条生路，若找不到则深长叹息。其父的理念是“求其生而不得，则死者与我皆无恨也”。确实自古以来都会有冤案错案的，因此有可以为囚犯求得生路的，却不去寻找，那么被误判死刑的人就有遗恨。即使经常为死囚寻找生路，还会有错杀的失误；遗憾的是与此相反，还有好多官员没有这种仁厚之心，而专找犯罪的死路，“世常求其死也”！——古今法官，闻此言不知又有何种感念？三是孝顺之心，欧母说，欧父在自己母亲去世后常怀念、祭祀母亲，流泪哀叹不已，说“祭而丰，不如养之薄也”。

欧阳修又记述了其母的事迹。一是母亲的“恭俭仁爱而有礼”，且持家有方，“治其家以俭约，其后常不使过之”，其教子曰：“吾儿不能苟合于世，俭薄所以居患难也。”二是对子女的宽容与安慰。后来欧阳修被贬为夷陵县令，其母言笑自若：“汝家故贫贱也，吾处之有素矣。汝能安之，吾亦安矣。”三是用其父的精神家风来教育、传递给欧阳修。欧母曰，欧父“其心厚于仁者邪！此吾知汝父必将有后也。汝其勉之！夫养不必丰，要于孝；利虽不得博于物，要其心之厚于仁。吾不能教汝，此汝父之志也”。听到母亲这番话，欧阳修感动得“泣而志之，不敢忘”。我想，六十多岁的欧阳修写到这里，一定会再次为之热泪盈眶，潸然涕下的。

最后写自己尽了孝：继承了父母的心志，此其一。孝敬母亲，并送终，此其二。自己得到高位，保全了大节，没有辱没祖先，此其三。在父母死后，他们又能得到朝廷的封赠，甚至连祖父母、曾祖父母都得到了加封，荣光耀祖，此其四。

父母对子女的慈爱，父母对他的父母的孝敬，父母之间的恩爱，子女对父母、祖父母的孝敬，都浓缩在欧阳修的这一篇文中。宋代的一个有着优秀文化传统的家庭在此文中得到彰显。我们可以联想到《孝经》里的许多话来诠释，这就是一个诠释经典的实例。欧阳修最后说：“为善无不报，而迟速有时，此理之常也。”孝、仁、爱，不就是在“为善”？其结果不就是“无不报”？仅仅在于时间的或早或晚罢了！

二、悌：苏辙为其兄冒死进言

宋神宗元丰二年（1079年）八月，苏轼因为“乌台诗案”而被捕入狱。他的弟弟苏辙冒死为兄辩护，如其所说“不胜手足之情，故为冒死一言”。此中孝悌之情深切感人。

御史台称为“乌台”；“诗案”，牵涉到诗歌的案件。所谓“乌台诗案”，是一桩有名的文字狱。

御史中丞李定、御史舒亶（dǎn）等弹劾苏轼诽谤朝政，作诗讥笑讽刺神宗所推行的新法。他们举出苏轼的诗歌二十多首，如以《秋日牡丹》中的“化工只欲呈新巧，不放闲花得少休”句是讥笑执政者。其中“化工”比作执政，“闲花”是比小民；这是说执政变法扰乱了民众的正常生活。又比如《山村》：“杖藜裹饭去匆匆，过眼青钱转手空。赢得儿童闲语好，一年强半在城中。”这诗歌说是讥讽当时推行的“青田法”等。《咏柏》：“根到九泉无曲处，世间惟有蛰龙知。”此被诬蔑为对皇帝的大不敬。那时苏轼在湖州做官，朝廷派遣官员到湖州押送至京师，下御史台，羁押四个多月，后来当了囚徒。

苏辙性格内向谨慎，但这一次却冒死上《为兄轼下狱上书》。这是一封直接送给皇帝的信。一开头就用人之至情“困急而呼天、疾痛而呼父母”，来向皇上呼唤，希望“惟天地父母哀而怜之”。

苏辙深情地向皇帝诉说，自己很早就丧失了父母，现在只有兄弟两人相依为命。然后表白苏轼居家、为官都没有原则上的大错误，“无大过恶”；只是性格上的问题。比如承认其兄在性格上“愚直”、“狂狷寡虑”、“好谈古今得失”、“愚于自信”；不过其兄已经表示要“改过自新”，并托弟弟“试求哀于陛下”。

苏辙既用“悌”之情，再用“孝”之情来感动皇帝。他提出一个建议，“欲乞纳在身官员以赎兄轼”，就是交出自己现在的官位来赎其兄的罪。他巧妙地用著名的汉代孝女缇（tí）萦救父的故事来表白。西汉文帝时，太仓令淳于意因犯罪当判刑，而欲系长安狱。其小女儿幼年的缇萦随父亲至长安，上书请求自己入身为官婢，以赎父亲之罪。最后汉文帝哀怜之，为之除去肉刑，淳于意乃得免罪。

苏辙还用“忠”来感动皇帝，说：“臣愿与兄轼洗心改过，粉骨报效，惟陛下所使，死而后已。”据说，后来神宗对苏轼一案的从轻发落，恐怕与此上书不无关系。

刘勰《文心雕龙·情采》：“情者文之经，辞者理之纬；经正而后辞成，理定而后辞畅。”此篇一“孝”、一“悌”、一“忠”乃情之经也；惟其情之深、意之切、辞之真，便使得此为名篇，或谓可与李密的《陈情表》媲美。

三、忠：岳飞的“精忠报国”

什么叫“精忠”？此谓纯粹、纯洁的忠贞。请看，《宋书·岳飞传》：“帝王书‘精忠岳飞’字，制旗赐之。”然而，岳飞与他的“精忠”、功绩、悲剧，演绎了一个震撼中华民族灵魂的悲壮的历史片段。

岳飞（1103～1142年），他从二十岁起，曾先后四次从军，英勇多谋，成为抗金的民族英雄。1140年，金人撕毁金宋两国和议，分四路大举进兵。岳飞统帅的岳家军在郾城大败金兵主力，一直追击至朱仙镇，离金兵在中原的大本营汴京只有45里的路程。金统帅金兀术也在准备随时逃跑。岳飞请求朝廷发起总攻，并雄心勃勃地对部将说：“直抵黄龙府，与诸君痛饮耳！”黄龙府，在今天吉林农安县。

抗金英雄岳飞像

但是，因高宗赵构和奸相秦桧主和，于是以十二道金牌下令退兵，岳飞被迫班师。建炎十一年夏，岳飞受诏赴临安，被解除兵权，改任枢密副使。秦桧伙同监察御史万俟卨（人名，音mò qí xiè）、将领张俊等人，共同诬陷“岳飞谋反”，将岳飞以及其子岳云、部将张宪下狱。

秦桧派御史中丞何铸审讯岳飞，逼他承认谋反时，岳飞脱衣裸露出背上所刻的字：“精忠报国”。这是他的母亲自小就对儿子的教诲。何铸大为震动，不敢再审问。

韩世忠责问秦桧有无证据时，秦桧只说：“其事莫须有。”“莫须有”，也就是“也许有”的意思。最后岳云、张宪被腰斩于市。岳飞，也于十二月二十九日夜里（1142年1月27日）被杀害，年仅39岁。

临安狱卒隗顺偷偷地把岳飞的遗骨埋葬起来。后来宋高宗死后，孝宗时追谥为“武穆”，宋宁宗时候追封为鄂王。

呜呼！岳飞孝敬其母是孝子，岳飞忠诚朝廷是忠臣；岳云孝敬其父也是孝子，忠诚朝廷也是忠臣，但是结局如此惨烈！然而历史更深远的结局是岳飞永远辉煌地定格在民族英雄的纪念碑上，而那些魑魅魍魉也永远成为人类不齿的一堆垃圾而已。

三个关于孝、孝悌、忠孝的片段，让我们拉近了与宋代的距离，感受到那一时代孝文化的氛围，或能进一步激起现代人的思绪，并慢慢地荡漾开去。

蒙元：孝治·孝教育·孝传播

《元史·释老传》讲了这么一个历史故事：一天，雷声隆隆，成吉思汗询问被他视为“神仙”的丘处机是什么道理。丘处机回答说：“雷，天威也。人罪莫大于不孝。不孝则不顺乎天，故天威动以警之。似闻境内不孝者多，陛下宜明天威，以导有众。”

北京元大都城垣遗址公园忽必烈像

道士丘处机（1148～1227年），自号长春子，登州栖霞人，师重阳王真人。元太祖召之，乃与弟子十八人往见于雪山。元太祖极其赏识，赐宫名曰长春，称为神仙。丘处机对于成吉思汗常常一方面用“止杀为劝”，引导“以敬天爱民为本”，还因为蒙元的国俗“于父母未知孝道”，所以趁机用孝道来引导成吉思汗“以孝治国”。

确实，蒙古占领北方，也经历了一个上层建筑逐步适应经济基础的过程。蒙古的权贵们渐渐悟出了一个道理：“今日能用士而能行中国之道，则中国之主。”（郝经《与宋两淮制置使书》）要成为中国的主人，必须重视两条：一是要重视用士，一是重视行中国之道。

于是出现这样的一幕：太宗七年，蒙古军队占领德安（今湖北安陆），学者赵复被俘虏，而杨惟中、姚枢等把他从俘虏中挑选出来，请回燕京，建立太极书院，请他在书院讲授。赵复就把自己所记程朱所著诸经传注，又选取出遗书八千余卷，并著《传道图》、《伊洛发挥》、《师友图》、《希贤录》等，对孔孟之道、程朱理学的书目、宗旨、师承等做出了全面的介绍。杨惟中、姚枢等从其学，许衡、郝经、刘因等也因为读了这些书而尊信理学。

忽必烈对理学的传播显然是持支持的态度，他曾亲自召见过赵复。金朝儒生窦默，曾在孝感跟随谢宪子学伊洛性理之书，后来被杨惟中召集北归。忽必烈也召见过窦默，窦默大谈三纲五常，忽必烈大喜，“一日凡三召与语”，命窦默为翰林侍讲学士。

再从“行中国之道”来看，康里人巎巎说过这样的话：“儒者之道，从之则君仁、臣忠、父慈、子孝，人伦咸得，国家咸治；违之则人伦咸失，家国咸乱。”（《元史·巎巎传》）我们来看看“孝”的方方面面：

1. 以孝治天下的理念。这可以看《元史·祭祀志六》：大蒙古国“四海乂安，百有余年，列圣相承，典礼具备，莫不以孝治天下”。比如元仁帝时，儒士李谦进疏言九事，其中第二条就是“崇孝治以先天下”。（《元史·李谦传》）

2. 皇帝用“孝”作尊号、谥号。1260年，忽必烈即汗位，为元世祖，在他尊号中用了“孝”字，尊号为“宪天述道仁文义武大光孝皇帝”。此后成宗、武宗、仁宗、英宗、明宗、文宗、宁宗、裕宗、顺宗、显宗，均在谥号中用了“孝”字。这种情况和汉代何其相似！

3. 皇帝好《孝经》。元武宗时候，曾命令用蒙古语翻译《孝经》、《图像孝经》，当中书左丞孛罗铁木儿用蒙古字“译《孝经》进”，武宗诏曰：“此乃孔子之微言，自王公达于庶民，皆当由是而行。”他还下命令刻板摹印，赏赐下去。——这个异族皇帝不仅命令翻译《孝经》，而且命令上自王公，下至于庶民，都要学习《孝经》，这一现象值得体味。

4. 元代仁宗时，畏兀儿人贯云石著《直解孝经》一卷进呈，也是投其所好。英宗时候，还命令赵孟頫抄写《孝经》，一是对大书法家赵孟頫及其书法有浓厚的兴趣，一是对《孝经》喜好。

比如有个李孝光，元代温州乐清人，以文章闻名，隐居于雁荡山五峰下，从学者日众。至正七年（1347年），征召为秘书监著作郎，顺帝在宣文阁召见他时，就献上《孝经图说》，大约他是投其所好了，据说元顺帝“大悦”。（《元史·李孝光传》）

5. 选接班人重视孝的问题。比如元世祖在确立其第二子真金（1242～1286年）为皇太子时候，曾经有“使仁孝显于躬行”的教诲。真金则年少就学《孝经》等儒家文化，有载“少从姚枢、窦默受《孝经》”（《元史·裕宗传》）。在《元史·王恽传》中还说到，儒臣王恽曾向真金进呈《承华事略》二十篇，第一篇就是《广孝》。不过，后来真金为世祖所疑，忧病而死。再如元代李好文曾参与修纂辽、宋、金三史，至正九年（1349年），以翰林学士兼谕德教皇太子，其奏言：“欲求二帝三王之道，必由于孔氏，其书则《孝经》、《大学》、《论语》、《孟子》、《中庸》。”其首列《孝经》。据说他还收集历代帝王“孝友”故事供皇太子学习。（《元史·李好文传》）

6. 其他方面，如选官员、国子教育、法律，百姓教化均以孝道为重要一条。《元史 · 文宗本纪》有云：“自古求忠臣，必于孝子之门。”蒙元统治者也深懂此道，他们选皇太子还以孝为一条标准，更何况官员的选拔了！在元代的法律中，“不孝”也是“十恶”重罪之一。民众教化中，也“旌赏孝弟力田”，“孝义贞节”，“惩戒游懒”等。（参见韩儒林主编《元朝史》、赵文坦《儒家孝道与蒙元政治》等文）

7. 对汉民族孝行偏颇的反拨。比如在宋代被视为最高孝行的卧冰、割股、刲（kūi，割）肝等孝行，在元代不仅不给予褒奖，而是被元朝政府明令禁止。《元史 · 刑法志》有载：“诸为子行孝，辄以割肝、刲股、埋儿之属为孝者，并禁止之。”《元典章》辑录有关行孝的法律公牍仅有三条：“行孝割股不赏”；“禁卧冰行孝”；“禁割肝剜眼”。（参见肖群忠《孝与中国文化》）

当然，我们也会想起，元代还有一位郭居敬，据说是他编辑了《二十四孝》，从此流行天下，影响了不知道多少人！

元的历史，告诉我们许多的东西，其中一条是“孝”在这一时空中曾经经历过的轨迹，以及其中的显性与隐形的作用，不过我们这里只是匆匆一瞥而已，至于深入研究还有待于今后继续。

如果再作些联想，那么除了元朝，历史上在北魏、在辽代、金代、西夏为什么都会不约而同地重视到“孝治”的问题？比如北魏孝文帝下诏用鲜卑语来翻译《孝经》。西夏帝元昊以亲自创制的西夏文字翻译汉文《孝经》，供国人阅读。金朝有以女真文翻译的《国语孝经》，国学刊刻唐玄宗的《孝经注》，颁发各级学校。金章宗言：“孝义之人，素行已备，虽有希觊，犹不失为行善。”认为不必计较孝子的品行缺陷。（汪受宽《孝经译注》）如此等等，其中的道理也确实值得我们今人深思。

元大臣受孔子戒的故事

元代的大臣廉希宪（1231 ~ 1280 年），元畏兀儿人，字善甫，是布鲁海牙之子。年十九岁，入侍忽必烈于藩邸，后从征云南。

宪宗四年（1254 年），为忽必烈京兆分地宣抚使。九年随忽必烈渡江取鄂州。宪宗死，助忽必烈继位。

他后来任京兆、四川道宣抚使，改中书右丞，行秦蜀省事，力拒阿里不哥将浑都海等军，有功。进平章政事。中统二年（1261 年），受宋泸州守将刘整降。三年，进拜中书平章政事。至元元年（1264年），议行迁转法。此后，也被罢过职，再起为北京行省平章政事，等等。——这些官职，离我们今人太遥远了，不必去深究，这也无非说明他的才能、经历和地位不一般而已。

他有一个故事很能启迪人。《元史·廉希宪传》记载，当时正尊崇"国师"，所谓"国师"，是西夏、元朝佛教僧侣官衔。夏国师曾主持译经，元国师多授吐蕃高僧，其位低于帝师，高于司空、司徒、国公等僧官。元帝命廉希宪受戒，但是他回答说："臣受孔子戒矣。"元帝曰："孔子亦有戒耶？"对曰："为臣当忠，为子当孝。孔子戒，如是而已。"

他不愿接受"国师"的受戒，而机智地回答了元帝。这里有几点可说：一，孔子的影响极其深远，不仅在中土，就在西域也大有信徒。二，作为高官的廉希宪，宁愿接近孔子，而对国师反倒保持一定的距离，说明孔子思想的魅力。三，孔子之理念不仅适合中土，也适用于西域。四，廉希宪提炼出最有用的信条便是忠孝，"为臣当忠，为子当孝"。

关于这个故事，罗继祖有个评论：简而言之，也就如廉希宪说的"为臣当忠，为子当孝"，这个戒条，把人们箍得紧紧的，挣脱不易，其影响的深远，实在不下于宗教。今天来看，"为臣当忠，为子当孝"如果换成社会、为人民当忠，又何尝不可呢？"为子当孝"，现在固然不去提倡封建社会所宣扬的那样"愚孝"，但做子女的对父母也还要尽到一定的孝养职责。再就封建社会总是有阶级的一点来看，儒教的确有一套与封建制度相适应的本领，比任何宗教要高明。特别当十三世纪蒙古统治者入主中原，杀戮无辜，生产又遭到极度破坏，而被尊为国师的番僧们，却同样助纣为虐，作威作福。这时如果没有像自命"受孔子戒"的廉希宪这类人出来说话，原来的社会秩序和生产不知要破坏到何等地步。后来社会秩序和生产稳定下来，正是由于忽必烈能够接受儒者许衡、姚枢等人的劝告。假使我们不要求他们破除迷信，或者不要求他们打倒孔家店的话，他们在历史上是有过功绩的。（《史学集刊》1983年第2期）罗继祖的评说很有道理。

当然我们还可以延伸下去，再想到一点：元要征服中土，虽然用了孔子之道，"为臣当忠，为子当孝"，也有个问题，那就是有可能进一步加深了对汉民族统治，有点"以其人之道，还治其人之身"的况味了。这也许又启示我们，一个历史人物、历史事件，或者是一本经典，怎样来看、怎样来评价，确实是多元的，就像《孝经》、孝一样，不可看死了，而要活观之。

明清两朝的孝文化略说

先说说明代的孝治。

朱元璋原来是郭子兴的亲兵，然后做到韩宋的丞相国公，再做吴王，最后做了明朝的开国皇帝。吴晗说，他“本是靠武力起的家，化家为国后，有的是军队”，“明太祖明白，武力可用以夺取政权，却不能用以治国”。(《读书札记·明初的学校》）他开始重视怎样治国的问题，当然也会很自然地体味汉朝治天下的经验，其中“以孝治天下”也走进了他的视野。因此在明朝也出现“举孝廉”，也出现了许多皇帝的庙号、谥号、陵名用上“孝”来命名，等等。这里也略作一扫描。

1. 孝治的理念。朱元璋把孝看作是“风化之本”、“古今之通义”、“帝王之先任”。于是他的“垂训立教，大要有三：曰敬天，曰忠君，曰孝亲。君能敬天，臣能忠君，子能孝亲，则人道立矣”。

2. 自己做出样子。他在行孝太庙时候，曾自称“孝子皇帝臣元章”、“孝子皇帝”。他命人画《行孝图画》以示子孙，让他们孝思永存。他教育太子“知敦睦九族、隆亲亲之恩”，于诸子则要求“知夹辅王室，尽君臣之义”。有学者指出，明代的皇帝，其庙号、谥号、丘名，含用“孝”字甚多。如“孝陵”、“孝宗”、“孝康”，再如尊谥中的“至孝”、“达孝”、“纯孝”、“广孝”等。

3. 洪武一朝重视从孝子中选拔人才。比如朱元璋曰：“朕闻古者选用孝廉，孝者忠厚恺弟，廉者洁己清修，如此者可以从政。”(《国榷》)

4. 养老之政与孝道推行。《明史·太祖纪》：十九年六月甲辰“诏有司存问高年贫民，年八十以上月给米五斗、酒三斗、肉五斤。九十以上岁加帛一匹、絮一斤”、“鳏寡孤独不能自存者，岁给米六石”。另外对于富民的长寿者，则给予荣誉，八十以上者赐以“里士、礼士、乡士”称号，皆“与县官均礼”。

5. 在学校里当然更加强调孝悌。如国子监的《学规本末》：“在学生员，当以孝弟忠信、礼义廉耻为本，必先隆师亲友，养成忠厚之心，以为他日之用。敢有毁辱师长及生事告讦者，即系干名犯义，有伤风化，定将犯人杖一百，发云南地面充军。”(《南痈志·学规本末》）朱元璋把培养官僚的全部责任都寄托在国子监，这一条也许太苛刻了，但是严肃地提出了培养人才的方向“当以孝弟忠信、礼义廉耻为本”。

再来简略说说清代的孝治。

1. 清代皇帝对孝道的认识。清代皇帝对于孝道、孝治，也有清醒且足够的认识。比如康熙就认为，“孝为万事之纲，五常百行皆本诸此”。孝道于自己而言“则顺而祥；以之教人，则乐而易从；以之化民成俗，则德施而不匮。帝王奉此以宰世御物，躬行为天下先”。（《御制文选》）他认为，治天下，要“推之有本，操之有要”，便是“首崇孝治”。（《清圣祖圣训》）他还颁发“圣谕”，提倡孝道，敕令全国宣讲。康熙九年（1670年），还颁发《人心风俗致治美政十六条》，第一条就是“敦孝悌以重人伦，笃宗族以昭雍睦”。

2. 皇帝们与《孝经》。如前文所说，清代世祖顺治、圣祖康熙、世宗雍正都亲自注释过《孝经》。

3. 所谓孝治美政的措施。比如康熙、乾隆皇帝数次在宫廷内开设“千叟宴”。皇帝又用封赠弘扬孝道，比如清代给臣子的父母、祖父母以及配偶进行封赠。朝廷诰封臣子的前辈，是给他们荣誉称号；这种情况很普遍，位居九品以上的官员都可以为父母请求诰封，朝廷依据他们所报的事迹，经过审定后就封赠。另外如在科举上设立孝廉方正科。如此等等，不一而足。

4. 法律与孝道。比如清代法律规定，对于不孝甚至残害父母的，予以严惩；另一方面是旌表孝子。雍正时候曾规定，犯了死罪但是独子，必须赡养父母的，法予以宽刑。（参见吴晗《读史札记》、肖群忠《孝与中国文化》）

明朝传12代、16帝，凡276年的历史徐徐地翻过了，清代传9代、10帝，凡268年的历史也轻轻地翻过了，历史的大浪就这样呼啸着、不停地奔向遥远的地方，然而层积在其中的孝文化，却永远在诉说着正面的、负面的、侧面的、多面的内涵。

明清皇帝教子读本中的“孝”

历代皇家是怎样培养后代的呢？或许有些人会这样想象：无非是教育他们怎样搞阴谋诡计、弄虚作假、坑蒙拐骗、拉帮结派、危害百姓等等。

其实，他们并不是这样的。如果这样的话，他们还想让江山万代坐下去？他们大都很重视用儒家学说来培养优秀的接班人、造就有作为的人才，而此中又特别看重从小就进行人格品行的训导。

北宋著名的思想家、教育家张载（1020~1077年）就提出，从小抓起的“养正于蒙”的理念，也就是修正养正，要从孩童启蒙的时候就要开始了。明代有位学者焦竑（hóng）就曾经编著了一本《养正图解》，成为明清皇帝教子的精典，而其中也突出了孝的教育。

焦竑（1541～1620年），明代日照（今山东日照县）人，一作江宁（今南京江宁县）人。因为号澹园，又被学者称为澹园先生，享有盛名。万历十七年（1589年）举进士第一，官翰林院修撰。曾主修《国史》，撰《经籍志》。主顺天乡试被劾，谪福宁州同知。后弃官不出，专攻经史，著书立说。生平博及群书，自经史至于稗官与杂说，无不淹博贯通。善为古文，典正雅驯，卓然成家。

焦竑在翰林任职期间，又担任皇长子的侍讲官。他很会动脑筋，孔孟之道博大精邃，内容又多又艰深，灌输给儿童很难奏效。教育孩子要通俗易懂，并且要形象直观，因此他选用了历史上的可供借鉴、取法、劝诫的故事六十则编成教本，又邀请明代宫廷的名画家丁云鹏（1547～1628年）配上精美插图。成为图与文并茂、理念与智慧共具、真谛和体味皆佳的启蒙经典。《养正图解》的第一篇是《寝门视膳》：

> 文王之为世子，朝于王季日三。鸡初鸣而衣服，至于寝门外，问内竖之御者，曰："今日安否？如何？"内竖曰："安！"文王乃喜。及日中，又至，亦如之。及暮，又至，亦如之。其有不安节，则内竖以告文王，文王色忧，行不能正履。王季复膳，然后亦复初。食上，必在视寒暖之节。食下，问所膳。命膳宰，曰："未有原？"立曰："诺。"然后退。

此篇为全书的肇始，而全篇的主题就是一个"孝"字，说文王的孝行，明文王是个孝子，喻文王用他的行动演绎了孝道，劝勉皇子懂孝行孝。这也说明编者体现了《孝经》"百行孝为先"的理念。

寝门视膳

文王，就是周文王，姓姬名昌，是王季的儿子，商朝末年周族的领袖。文王，当初还是世子时，也就是做太子的时候，探望父亲王季是每天三次。

早上鸡初鸣，就穿衣起身，来到父亲的寝室门外，询问王季的侍候者："今天安好否？情况怎样？"回答："安！"文王就高兴。有意思的是，文王不直接而是间接询问，这一细节说明，他的孝顺之心的细致，不去干扰其父的正常生活。然后中午，也是这样；晚上，亦如此。

如果遇到告诉他，其父亲不能正常起居饮食的话，文王就脸色忧愁，走路连步履都错乱了。一旦其父恢复饮食正常，他也就解除忧愁，恢复正常。

在其父的饮食方面，文王特别重视尽孝。端上膳食，必定要查看饮食寒凉、温暖调节的情况。食毕，必定要询问饮食的情况，比如饮食的胃口、喜欢与不喜欢什么等细节。对掌膳食的人吩咐：有没有原来吃剩的，不要把吃剩的再端给其父吃。等到侍从答应了，他才放心地回去。

在《国语·晋语四》还有这样的记载："文王在母不忧，在傅弗勤，处师弗烦，事王不怒，孝二虢，而惠慈二蔡，刑于大姒，比于诸弟。"周文王在襁褓时没让其母担忧，在傅父那里没让其傅劳苦，对于老师没让其师烦恼，奉事父王没让其父发怒，孝友其弟虢仲与虢叔，恩惠慈爱儿子管叔与蔡叔，对其妻大姒（sì）树立典范，亲爱团结同宗兄弟。这正如《诗经·大雅·思齐》云："刑于寡妻，至于兄弟，以御家邦。""寡妻"，就是嫡妻。意思是，自己做妻子的典范，而影响至于兄弟，再至于治理国家。

文王那时，当然还没有《孝经》，但是孝行早就有了。如果从《孝经》角度来解读，那么这一则故事，有几点启示：（1）文王的德行，首先体现在孝道的根本上，而正如《孝经》所谓"夫孝，德之本也，教之所由也"（《孝经》一章，下同）。（2）文王的孝，又具体体现在尽心竭力地对亲人的养和敬上，正所谓"夫孝，始于事亲"。（3）文王孝道的逻辑进程，由家里的孝行，而推广至于天下，正如"先王有至德要道，以顺天下。民用和睦，上下无怨"。文王后来用侍奉其父的孝行来推广至于天下，所以能够做到"天下之分，其三归周"。（4）文王最后为周武王夺取天下，打下了坚实的基础。文王行孝道，告诉人们的，也如《孝经》所谓的"夫孝，始于事亲，中于事君，终于立身。《大雅》曰：'无念尔祖，聿修厥德'"。

这是焦竑《养正图解》的深意所在。面对皇长子，首先要教诲立德行孝，此为先为本。在这方面，焦竑选择了文王这个榜样，而文王在做太子时候的做法就是一个切近的例证。《养正图解》第一篇就是与《孝经》的"开章明义章第一"相呼应的。

此书到了清代，光绪皇帝为了不至于湮没无存，还特地将内府旧存的写本发出，敕令武英殿刊刻，以广流传。

正史为孝子、孝女立传

中国正史有《二十四史》之说，我们来看看与孝子、孝女们的关系。

唐以前常常把《史记》、《汉书》、《后汉书》、《三国志》称为“四史”。到北宋有“十七史”之称，即是“四史”再添上《晋书》、《宋书》、《南齐书》、《梁书》、《陈书》、《魏书》、《北齐书》、《周书》、《隋书》、《南史》、《北史》、《新唐书》、《新五代史》等十三部。明朝增加了《宋史》、《辽史》、《金史》、《元史》，成为“二十一史”。清朝再增加《明史》、《旧唐书》、《旧五代史》，经过皇帝钦定，合称为“二十四史”，共3239卷，字数在千万以上。

正史为孝子立传，当始于《后汉书》卷三十九的《刘赵淳于江刘周赵列传》，虽然没有标明后世所谓的《孝友传》、《孝义传》等名目，但实际上是开了先河。此篇开创为“孝”作传，为孝子、孝义专门作传记。《后汉书》还有《列女传》，其中也有孝女，此其实也开创了为孝女作传记。比如《后汉书·列女传》有“孝女曹娥”、“孝女叔先雄”，还有虽没有表明“孝女”之名号，实际是孝女的“姜诗妻”等。从此以后，后代正史多有仿效。

《后汉书》记载的孝子、孝女传记，其中有很多是普通的人。这件事情很了不起，作为正史不但为帝王将相、达官贵人、才子佳人立传，也为许多普通人物孝子立传，垂之史册，并通过史书让传统的孝文化在这里永远地昭示着后人。这也成为了后来古代史书的传统。

《后汉书》之后的《三国志》，晋陈寿撰，南朝裴松之注，未见此类传记。

《晋书》，为唐代房玄龄等所编撰，其书卷八十八有《孝友传》，记载了李密等十四位孝子的传记。此有开创的意义是，最先标明“孝友”的名目，在传记中正式开辟一类，为孝子立传。此书也有《列女传》。

《宋书》，梁沈约撰，有《孝义传》。

《南齐书》，梁代萧子显撰，有《孝义传》。

《梁书》，唐代姚思廉撰，有《孝行传》。

《陈书》，唐代姚思廉撰，有《孝行传》。

《魏书》，北齐魏收撰，有《孝感传》、《列女传》。

《北齐书》，唐李百药撰，未见。

《周书》，唐令狐德棻撰，有《孝义传》。

《隋书》，唐代魏征撰，有《孝义传》，收录十五人。

《南史》，唐代李延寿撰写，有《孝义传》。

《北史》，唐代李延寿撰写，有《孝行传》。

《旧唐书》，后晋刘昫(xù)等撰，有《孝友传》。

《新唐书》，宋代欧阳修、宋祁撰，有《孝友传》，还有《忠义传》。

《旧五代史》，宋薛居正撰，未见。

《新五代史》，宋欧阳修撰，未见。

《宋史》，元代脱脱等撰，有《孝义传》。

《辽史》，元代脱脱等撰，未见。

《金史》，元代脱脱等撰，有《孝友传》。

《元史》，明代宋濂等撰，有《孝友传》。

《明史》，清代张廷玉等撰。此中有《孝义传》、《孝女传》、《列女传》。

中国还有"二十六史"之称，那就是后来加上《新元史》、《清代史稿》，这两部虽然不能算作正史，但是也很重要，而在其中也都有《孝义传》。

从以上简略统计，可以看到《后汉书》之后，除了《三国志》、《北齐书》、《旧五代史》、《新五代史》、《辽史》未见有关《孝义传》、《孝感传》、《孝友传》之外，其余均有之，这些为数不少的孝子、孝女们永远活在历史中，鲜活地诉说着孝之道。

清戴名世的《孝子诗》

清代的大文学家戴名世（1653～1713年），字田有，一字南山，安徽桐城人。康熙四十八年（1704年）进士，官编修。少年即才思艳发，尤其留意明代史事，后因所著《南山集》用明永历年号，左都御史赵申乔弹劾其为狂妄，而事下刑部，竟至坐大逆罪状，最后被杀害，株连获遣者数十人。百年后被禁止的《南山集》，由戴钧衡搜辑逸稿，编为十四卷，始流行于世。

戴名世写过一首《王孝子诗》，全诗102句，510个字，写出一位孝子，如何克服艰难险阻，奔走于天南海北，寻找自己的父亲，诗写得很有感染力：

至道不在远，庸行翻成奇。嗟哉王孝子，千秋仰芳规。

奉母至壮大，失父自婴儿。家世本微贱，徭役困箠笞。

父乃顾妻子，一笑弃如遗。以孤全子命，以寡全妻帷。
逃形荒莽门，孑身幽远陲。亡命异张俭，乞食等鸱夷。
可怜骨肉恩，百岁成乖离。茫茫日月逝，行行家国睽。
转眼数十载，飘萍任所之。田园心已灰，诛求梦犹危。
已同无家别，不作生还期。回首初去日，有雏在抱时。
世事难可料，长成安得知。孝子告母言，世无父者谁。
父貌虽不识，父踪亦难追。儿志立已坚，儿力敢厌疲。
誓将寻父处，誓将以父归。妇能代我养，儿必宽母悲。
母闻抚膺叹，岁月久已驰。人烟浩如海，物色从何施。
与梗昼夜流，随风东西吹。恐无会合日，况怀存亡疑。
孝子再拜起，此愿更不移。担簦竟前往，前路修逶迤。
缒险穷山巅，临深阻水湄。搜求及四野，阅历遍九逵。
面目既黧黑，手足复胼胝。有地皆可到，得亲岂嫌迟。
精诚感天地，辛苦动神祇。一夕北海岛，异梦恍难窥。
有叟善占验，云往南求之。父子当相见，相见在神祠。
果然如教往，浸寻渡漳淇。野寺纡曲折，天雪纷霏微。
困卧寺门外，寺僧饷以糜。问其何所苦，为陈寻亲词。
父适佣僧舍，析薪供晨炊。闻说乡邑同，惊问平生为。
大呼孝子名，一应千泪垂。相逢出意外，喜极转涕洟。

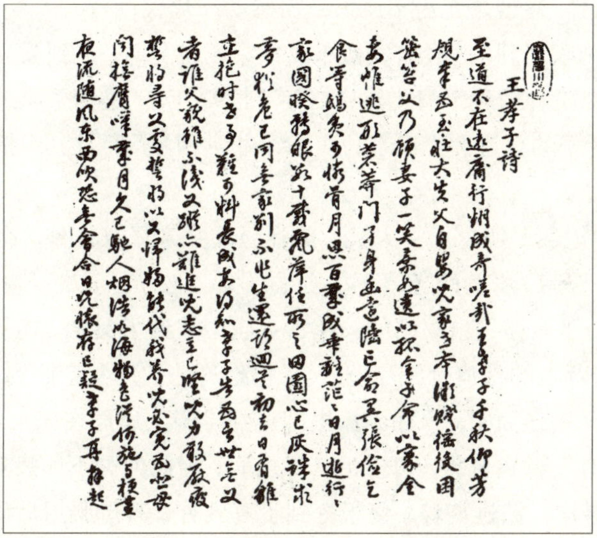
王孝子诗

戴名世遗迹

群僧共嗟异，相见果在兹。遂乃奉父还，母父哭相持。
团栾如再世，举室同嘻嘻。亲年臻大耋，孺慕仍依依。
子亦享上寿，天理岂有违。慨自风教散，祸始在伦彝。
有亲不能事，膝下成参差。原作孝子传，大书付雕剞。
举以风浊世，先之以此诗。

这则故事讲述的是王孝子的父亲早在儿子幼小时即离家出走，浪迹天涯。王孝子长大、成家以后，自己也有了孩子，但决心千里寻父。他不认识父亲的面目，又不知道在哪里，但是向母亲发誓，“誓将寻父处，誓将以父归”。不知历尽多少艰难困苦，最后竟奇迹般地在一个寺庙中父子相逢，并护送父亲回家团聚。明代王世贞《艺苑卮言》曾说：“诗歌之道，天动神解，本于情流，弗由人造。如春蕙秋华，生色堪把，意态各畅，无事雕模。”此诗歌即是这样，诗人在朴素的叙事、抒情、析理中，讲述了王孝子感人至深的故事，读之心绪难平。

可惜的是，戴名世此诗作于康熙己丑、庚寅之间，然而至于辛卯即发生《南山集》案，他的著作都被毁坏，也不知道他想要写的《孝子传》是否写成。王孝子，名王原，直隶文安县人。戴名世用诗歌为孝子立了传。后来这个王孝子的传，已另有人写在《明史》卷二九七的《孝义传》中了。

这则故事很有点传奇的味道，一路读下去，会不断感叹怎会这样的不巧、又是这样的巧合，终于是无巧不成书，而感动一代代读者。

笔者也立刻联想到，曾经去安徽歙县的棠越游览时，见到矗立在那里的牌坊群。其中第二座牌坊建于清代嘉庆二年（1797年），是为了纪念一位鲍逢昌孝子，而这位孝子的事迹和上面那位王孝子非常相象，而且其中情节的曲折又可以媲美王孝子。

《歙县志》记载，明末天下大乱，鲍逢昌的父亲只身在外，久无音信。顺治三年，当时只有13岁的鲍逢昌下决心去寻父。他历尽千难万险，沿途乞讨，花了三年时间，居然在甘肃雁门的一座古寺庙中找到了父亲。其父生活在病苦之中，他为父亲背上的毒疽吮脓疗疮，又千里迢迢地护送父亲回到久别的家里。

然而不幸又接连而来，一回到家里即见到母亲又病危在床上。医生说，只有浙江富春山有一种真乳香，可以治其母之病。因此他又不顾疲惫，兼程奔赴富春山，攀登悬崖，钻进荆棘，终于挖到了真乳香。其母服用后病就好了，族里的人都说：这是“天鉴精诚”、“孝愈其亲”！今天当地的一位作者在《牌坊群里的故事》中介绍了这一则后，并有一段议论："'孝'果真有惊天动地、起死回生的力量吗？古今议论纷纷，是是非非，一时很难说清楚，不过有一点是可以肯定的，即子女对父母负有生活上赡养、精神上慰藉的不可推卸的责任！这就是古今人类都颂扬的'孝'！纯真的孝义并没有改变，大家可以在《中华人民共和国老年人权益保障法》里找到答案。"这些话也值得今人体味。

孝的传统的衰蜕

孝的传统在漫长数千年的传承后，到了近现代便渐渐地衰退、衰败、衰落了。

历史呈现出鲜明的转变节点，让后人明晰地看到"孝道"的蜕变轨迹。这里也简略一说。

先说太平天国运动，是一次对传统孝道的扫荡。有学者做出这样的分析：

> 这次运动对传统的孝观念有过一次大胆而猛烈的冲击，竟然出人意料地一度摧毁了孝的观念的存在基础家庭。洪秀全一再宣称："天下多男人，尽是兄弟之辈；天下多女人，尽是姊妹之辈。"按照这样的理念，在江南社会某些城乡拆散了家庭。他们将所有的人，无论父子、夫妇、兄弟、姐妹，按照男馆、女馆进行另外的排列组合。一时间，太平天国社会呈现出"父母、兄弟、妻子，立刻解散"的局面。父母和子女不仅平时"不容相通"，偶尔在街上相遇，也"只许隔街说话，万分伤心，不许流泪"。如此生活，是根本找不出什么孝的影子的。"这是近代中国社会乃至几千年的历史中唯一一次破坏家庭生活结构进而也猛烈地冲击了传统孝观念的雷厉风行的警人行动"。曾国藩曾说："举中国几千年礼义、人伦、诗书、典则，一旦扫地荡尽。此岂独我大清之变，乃开天辟地以来名教之奇变。"（见肖群忠《孝与中国文化》）

2009年初，一个冬日的上午，笔者终于有机会来到广州花都的官禄㘵（bù）洪秀全故居参观。一进大门，便是洪秀全的青铜像，沐浴在冬日的阳光中。后面就是当初他亲手种植的龙眼树，在太平天国失败的那一年，此树曾被雷电劈成两半，可是没有死，奇迹般地活到现在，枝干崛兀，满目峥嵘。这里有洪氏宗祠，纪念祖德宗功；半月形池塘，映出丫山倒影。湖旁还有书房阁，据介绍洪秀全七岁在此读书，勤奋好学，"五六年间，即能诵读四书五经、《孝经》以及古文多篇，其他更自读中国历史及奇异书籍”。笔者突然想到，如果让后来的洪秀全再来谈谈对幼年诵读《孝经》的感悟，一定会有一番惊世骇俗、刻骨铭心的大议论了！难道不是吗？到后来，洪秀全的《幼学诗》又在讲孝悌了，从家道、父道、母道、子道、媳道、兄道、弟道按序排列出家规来。他的族弟洪仁玕也在教诲人们：“学尧舜之孝弟忠信，遵孔孟之仁义道德。”（《钦定英杰归真》）历史留给人们深思！

其次，后来的新文化运动，也许可以说是对传统孝道的再一次大扫荡。既然要打倒孔家店，自然《孝经》、孝道一类都属于打倒之列了。关于新文化运动，今人研究很多，从吴虞、陈独秀、李大钊、胡适，一路说下来的话太多了，大家较熟悉，这里也不再多评论了。只觉得张依萍《枕上随笔》有一段回忆录，或许可以让大家感受一下当时“五四”时期的社会氛围：

> 那时的青年，大家嚷着反对家庭，反对宗教，反对旧道德、旧习惯，打破一切的旧制度。我在南京暑期学校读书，曾见一个青年，把自己的名字取消了，唤做“他你我”。后来到北京，在北大第一院门口碰见一个朋友偕了一个剪发女青年，我问她：“你贵姓？”她瞪着眼看了我一会，嚷着说：“我是没有姓的！”还有写信否认自己的父亲的，说“从某月某日起，我不认你是父亲了，大家都是朋友，是平等的”。

这段话转引自周策纵的《五四运动：现代中国的思想革命》一书，年轻人读了觉得好刺激，好新鲜！经过“文革”的人，觉得似乎好熟悉，一点儿也不陌生；因为此后数十年掀起的“文革”，不也是这样，甚至更有甚者吗？在一片“破四旧”、“造反有理”、“批孔”之中，孝的传统再一次被大扫荡。

不过历史很有意思，自有运行的规律。今天孔子学院已经在越来越多的国家开办了，孝子评选在许多城市开展，孝文化在逐渐升温。

老子说：“大音希声。”历史无语，历史却又无声胜有声地面对着一代又一代人。

篇四

《孝经》历史与谜

在历史的坐标上，《孝经》的生命之流，或喧腾，或潺缓，或几乎断流，但一路流着、淌着、盘桓着，一路真实地映现时代的风光，一路忍受着历史风雨的侵袭。《孝经》之河的两岸拥立着孝文化之长林，只不过时或茂密葱茏，时或稀疏凋零，时或遭受砍伐。然而阴霾过后，阳光总是不会忘记继续照耀着它们。

确实，《孝经》有太多的谜。若追问其著作者是谁？文本的流传真相怎样？为什么历代帝王如此热衷于此？谜还真是连成了团，而成为谜团。然而这并不影响它自傲地置身于皇皇的中国文化的菁华《十三经》中，屹立千年。

——作者

《孝经》的作者之谜

《孝经》在流传和研究中，人们始终有个疑问：是谁撰写了《孝经》？

其实人们只要读一读那些留下来的历史材料，每个人都会发生同样的疑问。比如：

权威的《史记·仲尼弟子列传》记载："曾参，南武城人，字子舆，少孔子四十六岁。孔子以为能通孝道，故授之业，作《孝经》。死于鲁。"

此则记载有几个信息：(1) 曾参与孔子的年龄比较。(2) 孔子把曾参看做是能通晓并传布孝道的最合适人选。(3) 于是孔子选定了曾子，专门传授了孝道。于是，撰作了《孝经》。但是，我们马上会发现一个问题，这里说到两个人，到底是孔子作了《孝经》，还是曾子作了《孝经》，没有清晰地指明，而是模棱两可。因此后人对此史料的解读，或认为《孝经》是孔子作，或认为是曾子作。

再看一则权威史料，《汉书·艺文志》曰："《孝经》者，孔子为曾子陈孝道也。夫孝，天之经，地之义，民之行也，举大者言，故曰《孝经》。汉兴，长孙氏、博士江翁、少府后仓、谏大夫翼奉、安昌侯张禹传之，各自名家。经文皆同，唯孔氏壁中古文为异。""孔子为曾子陈孝道也"，但是谁作了《孝经》，也没有说明确，因此又可以出现二说：或认为孔子作，或认为曾子作。

再如《孔子家语》："曾参志存孝道，故孔子因之以作《孝经》。"

其实我们设身处地为两位作者司马迁、班固想一下，就会有一种同情的理解，因为他们也不能举出确切的证据来明确指出到底《孝经》的作者是谁，或是心中有某种指向，但是不便明说，因此只能含糊其辞了。

不过也有明确是孔子所作的，如《隋书·经籍志》："孔子既叙六经，题目不同，指意差别，恐斯道离散，故作《孝经》以总会之。"不过，这也是一家之说。

后来人们又从各个方面质疑、考证、研究，于是自古至今大约形成了好几种说法：

1. 孔子撰写了《孝经》

《汉书·艺文志》认为《孝经》为孔子所作。其实依照我们来看，《艺文志》并没有说定。因此这一材料，既被一些人认为是孔子作的证据，也被另外一些人认为是曾子作的证据。

杨伯峻说：《孝经》不是孔子所作，不待智者而后明，因为一翻《孝经》本书便会明白。孔子若作《孝经》，哪能称他的学生曾参为“曾子”，此其一。《孝经》抄了孔子以后的一些书，如《左传》、《孟子》、《荀子》，孔子怎能预见到他死后一两个世纪中某些人会说某些话？此其二。《论语》是比较可信的孔丘言行录，《孝经》的论孝，便和《论语》的论孝大不相同，甚至有矛盾处，此其三。所以越到后代，这种主张的人便逐渐少了。（《经书浅说》）关于这一问题后文还会讨论。

2. 孔子弟子曾子作《孝经》

《史记·仲尼弟子列传》以为《孝经》乃孔子弟子曾参所作。比如陈克明《群经要义》中就说：《艺文志》“虽未明言曾参作《孝经》，但从字里行间可以看出，乃是曾参秉承孔子之意而撰成《孝经》”。其实在我们来看，《史记·仲尼弟子列传》也并没有明说，也是两可的。

关于曾子作《孝经》，杨伯峻也有说：这一说法，在司马迁时未受重视；到两晋以后，附和者渐多。但取《礼记》和《大戴礼记》曾子论孝诸事与《孝经》比较，相抵触者不少。如《孝经》主张“父有争子”，甚至说：“故当不义则争之，从父之令（指不义之令）又焉得为孝乎”？而《大戴礼记·曾子事父母上篇》说：“父母之行，中道（合理）则从。若不中道，则谏。谏而不用，行之如由己。从而不谏，非孝也。谏而不从，亦非孝也。孝子之谏，达善而不敢争辩。争辩者，作乱之所由兴也。”一个说不争就是不孝，一个说争辩是祸乱发动之源，究竟哪一说是曾子本意？何况《孝经》所用《孟子》、《荀子》诸语，曾子是不可能看到的。所以这一说也不可信。（《经书浅说》）

嘉祥县曾子塑像

3. 曾子的弟子作《孝经》

宋代胡寅说：“曾子问孝于仲尼，退而与门弟子言之，门弟子类而成书。”（朱彝尊《经义考》卷二二二）

杨伯峻说：“这是宋朝人如胡寅（朱彝尊《经义考》引）、朱熹（《孝经刊误》）开其端，并无实证，只是想象之词。”另外如宋代的晁公武也主此说，其《郡斋读书志》认为《孝经》乃曾子弟子所作。李学勤说：“《孝经》文中多称引《诗》、《书》，体例与《礼记》所收《中庸》、《大学》相似，确为曾子一系儒家作品。《吕氏春秋》曾引《孝经》，证明其书成于先秦。”（李学勤《走出疑古时代》，辽宁大学出版社，1994年）

4. 曾子弟子中的子思作《孝经》

宋代的王应麟《困学纪闻》引宋代冯椅之说：“子思作《中庸》，追述其祖之语乃称字，是书当成于子思之手。”此认为《孝经》乃曾子弟子中的子思所作。杨伯峻反对，有评说：“尤不足信。”（同上）不过今人有一些学者较倾向此说。如彭林有《子思作〈孝经〉说新论》，认为是子思作《孝经》。主要理由是：《缁衣》、《中庸》、《坊记》、《表记》出自《子思子》，认为已经由郭店楚简的发现得到证明。《孝经》与《缁衣》四篇多在“子曰”之后引《诗》、《书》，风格相同。当属于同一时代、同一作者的作品。《论语》中孔子多言《诗》、《礼》而罕言《书》，与《子思子》判然有别。用《诗》、《书》发挥孔子思想，应该是子思的创造。孟子受业于子思之门人，“退而与万章之徒序《诗》、《书》，述仲尼之意”，继承了子思学派的传统。《孟子》原有《说孝经》等“外书四篇”，《史记》等曾引用。《说孝经》当是《孝经》成书于孟子之前、孟子论述其师门所传《孝经》的证据。郭店楚简内多次论孝，与《孝经》相表里，表明孝是子思学派讨论的热点之一。因此，认为子思作《孝经》。不过关于此问题，也尚可再讨论。

5. 孔子的七十子或七十子的弟子作《孝经》

宋司马光《古文孝经指解序》：“圣人言为经，动则为法，故孔子与曾参论孝，而门人书之，谓之《孝经》。”又清代毛奇龄《孝经问》：“此是春秋战国间七十子之徒所作，稍后于《论语》，而与《大学》、《中庸》、《孔子闲居》、《仲尼燕居》、《坊记》、《表记》诸篇同时，如出一手。故每说一章，必有引经数语以为证，此篇例也。”这是笼统地认为《孝经》乃七十子或是七十子之徒所作，可能是一种记录的转述，或是一种经过加工后的编纂。《四库全书总目提要》也是这种看法，认为“蔡邕《明堂论》引魏文侯《孝经传》，《吕览·察微篇》亦引《孝经·诸侯章》，则其来古矣。然授受无绪，故陈骙、汪应辰皆疑其伪。今观其文，去二戴所录为近，要为七十子徒之遗书。使河间献王采入一百三十一篇中，则亦《礼记》之一篇，与《儒行》、《缁衣》转从其类。惟其各出别行，称孔子所作，传录者又分章标目，自名一经。”

6. 孟子的弟子之作

王正已在《古史辩》第四册的《孝经今考》一文中说：“从大体上看来，《孝经》思想有些与孟子的思想相同，不过是文字的变相而已。”“总之《孝经》的内容，很接近孟子的思想，所以《孝经》大概可以断定是孟子门弟子所著的。”

7. 后人附会而作《孝经》

宋代的朱熹主此说。朱熹《孝经刊误后序》引汪应辰的话，认为《孝经》是后人附会而成。其曾云："《孝经》独篇首六七章为本经，其后乃传文。然皆齐鲁间陋儒家簒取左氏诸书之语为之，至有全然不成文理处。传者又颇失其次第，殊非《大学》、《中庸》之俦也。"

8. 汉代儒生所伪造

清代姚际恒主此说。姚际恒《古今伪书考》认为《孝经》是汉儒所伪造，姚说："是书来历出于汉儒，不惟非孔子作，并非周秦之言也。""勘其文义，绝类《戴记》中诸篇，如《曾子问》、《哀公问》、《仲尼燕居》、《孔子闲居》之类，同为汉儒之作。后儒以其言孝，特为撮出，因名以《孝经》耳。"

到底是谁撰写了《孝经》？一直到今天还没有统一的结论。我们认为，从各种信息来看，不可能是孔子自作，也不可能是曾子自作，同样也似乎不可能是孟子弟子所作，亦然不可能是汉儒伪造。比较下来可能性大的选择方向是两个：一是孔子弟子所作，一是孔子七十子的弟子所作。如果偏重于后者的话，那么有可能是曾子的学生所作；如果再把视阈缩小，那么或者可能是曾子的弟子中的子思所作。但是在还没有十分确定是子思或曾子一系所作时，不妨采取较宽泛一些的看法，留有余地，有待今后进一步的考证、统一认识。

虽然关于《孝经》作者的看法不统一，但是不妨慢慢说下去读下去，看看问题出在哪里，有哪些争论点，研究者又是怎样研究的，那么读者自己也会有个选择与判断了。

先秦·《孝经》·踪迹

为了进一步了解《孝经》的真相，我们不妨从前秦的文献中寻觅一下《孝经》的蛛丝马迹。

一、《孝经》与《吕氏春秋》之关系

《吕氏春秋》，亦称为《吕览》，是秦国之相吕不韦（？～前235年）汇集门客各人著其所闻而编纂成书的，为杂家的代表作。据学者考证，《吕览》修成于公元前241年。《吕氏春秋》中留下了《孝经》的痕迹。

1. 《吕氏春秋·孝行览》："故爱其亲，不敢恶人；敬其亲，不敢慢人。爱敬尽于事亲，光耀加于百姓，究于四海，此天子之孝也。"

《孝经·天子章第二》："爱亲者，不敢恶于人；敬亲者，不敢慢于人。爱敬尽于事亲，而德教加于百姓，刑于四海，盖天子之孝也。《甫刑》云：'一人有庆，兆民赖之。'"

如果我们把这两段比较一下，那么《吕氏春秋》除了《尚书·甫刑》没有引用，其所引《孝经》的文句，只是小有区别而已。有学者认为，之所以有此差异，是后人改动的，如王正己说："此段与今文《孝经·天子章》的文字互相出入，有几个字是不同的；一定今文《孝经》经过汉人的删改无疑，而这里还保存一点真的面目。"（王正己《孝经今考》）

2. 《吕氏春秋·察微篇》："《孝经》曰：'高而不危，所以长守贵也。满而不溢，所以长守富也。富贵不离其身，然后能保其社稷，而和其民人。'"

《孝经·诸侯章第三》："在上不骄，高而不危。制节谨度，满而不溢。高而不危，所以长守贵也。满而不溢，所以长守富也。富贵不离其身，然后能保其社稷，而和其民人。盖诸侯之孝也。《诗》云：'战战兢兢，如临深渊，如履薄冰。'"

我们从这一对比中可以知道：一是，《吕氏春秋》此则已经明确告诉人们，《孝经》在先秦已经存在、确实存在。二是，后来流传的《孝经》文本是流传有绪的，《吕氏春秋》所引的文字竟然和今天所见《孝经》的文字基本是一样的，只有微别，这就是最好的说明。三是，《吕氏春秋》还告诉人们，《孝经》的出现在它之前。四是，正如清代学者汪中（1745～1794年）《经义知新记》所说："《孝行》、《察微》二篇，并引《孝经》，则《孝经》为先秦古籍明。"又如学者王正己说："由吕氏引《孝经》看来，吕氏一定见过《孝经》的。引《孝经》的书，《吕氏春秋》是头一部，所以说《孝经》成书的年代，最晚不得后于吕氏。"（《孝经今考》）这样一来，《孝经》出现年代的底线也就大体明白了。

二、《孝经》与《左传》之关系

1. 《左传·昭公二十五年》："子产曰：'夫礼，天之经也，地之义也，民之行也。'"

《孝经·三才章第七》："夫孝，天之经也，地之义也，民之行也。"比较一下，可以知道两者基本上是一致的。朱熹曾认为，《孝经》袭自《左传》子太叔为赵简子道子产言，惟易"礼"字为"孝"字，而文势反不若彼之贯通，条目反不若彼之安备。明此袭彼，非彼袭此无疑也。（《孝经刊误》）

2. 《左传·宣公十二年》："进思尽忠，退思补过。"《孝经·事君章第十七》也有此句。

3. 《左传·文公十八年》：“不度于善，而皆在于凶德。”《孝经·圣治章第九》作“不在于善，而皆在于凶德。”

4. 《左传·襄公三十一年》：“进退可度，周旋可则，容止可观。”《孝经·圣治章第九》也有“作事可法，容止可观，进退可度，以临其民”等。

由上几例可以看出《孝经》的一些文句和《左传》是相近相同的。这里曾被提出这样一个问题：《孝经》是否抄袭了《左传》？

朱熹就认为，《孝经》是出于汉初《左传》未盛行之前，并说是《孝经》偷《左传》，而不是《左传》偷《孝经》。这又是一个有趣的话题。不过对朱熹这一观点很多人不满意，如姚鼐就说：“《孝经》之文，讹脱不具，朱子觉此文义之不完，反不如左氏之可通，遂疑为袭取左氏也，其病亦混合为章者过也。”(《〈孝经〉刊误书后》)

三、《孝经》与《荀子》之关系

《荀子·子道篇》：“孔子曰：‘小人哉赐不识也。昔万乘之国有争臣四人，则封疆不削。千乘之国有争臣三人，则社稷不危。百乘之家有争臣二人，则宗庙不毁。父有争子，不行无礼；士有争友，不为不义。故子从父，奚子孝？臣从君，奚臣贞？审其所以从之之为孝，之谓贞也。’”

我们可以对照《孝经·谏诤章第十五》：“子曰：‘是何言与？是何言与！昔者天子有争臣七人，虽无道，不失其天下。诸侯有争臣五人，虽无道，不失其国。大夫有争臣三人，虽无道，不失其家。士有争友，则身不离于令名。父有争子，则身不陷于不义。故当不义，则子不可以不争于父，臣不可以不争于君。故当不义，则争之，从父之令，又焉得为孝乎？’”

我们会发现两段话的旨意是差不多的。杨伯峻认为：“《孝经·谏诤篇》多袭用《荀子·子道篇》。”（《经书浅说》）这一观点也未被许多学者认同。

四、《孝经》与《孟子》之关系

1. 《孟子·滕文公上》：滕定公薨，世子使然友之邹，问孟子以丧事。孟子曰：“不亦善乎！丧亲固所自尽也。曾子曰：‘生，事之以礼；死，葬之以礼，祭之以礼，可谓孝矣。’诸侯之礼，吾未之学也。虽然，吾尝闻之矣。三年之丧，齐（zī）疏之服，飦(zhān，同‘饘’，厚曰饘，稀曰粥）粥之食，自天子达于庶人，三代共之。”

再看《孝经·丧亲章第十八》：“春秋祭祀，以时思之。生事爱敬，死事哀戚，生民之本尽矣，死生之义备矣，孝子之事亲终矣。”“孝子之丧亲也，哭不偯，礼无容，言不文，服美不安，闻乐不乐，食旨不甘，此哀戚之情也。”或认为“这简直是孟子思想的注解”（王正己《孝经今考》）。

2. 《孟子·告子下》：“子服尧之服，诵尧之言，行尧之行。”《孝经·卿大夫章第四》：“非先王之法服，不敢服。非先王之法言，不敢道。非先王之德行，不敢行。”这里显示两者的意思是一贯的。

3. 《孟子·离娄上》记载，孟子曰：“天子不仁，不保四海；诸侯不仁，不保社稷；卿大夫不仁，不保宗庙；士庶人不仁，不保四体。”王正己认为：《孝经》首四章的次序正是：天子、诸侯、卿大夫、士人。并且《孝经·天子章》云“刑于四海”；《孝经·诸侯章》云“保其社稷”；《孝经·卿大夫章》云“守其宗庙”；《孝经·士章》云“谨身”，“这完全是由孟子的思想蜕化出来的”。（同上）

关于这一问题，胡平生提出的诠释也有见地。他认为，在《孟子》成书前后，可能由乐正子春和他的学生，或乐正子春的再传弟子，对《孝经》进行过整理工作。（胡平生《孝经译注》，中华书局，1996）乐正子春为孟子的学生，孟子临终时就侍奉在其旁，在篇五中我们还会介绍到乐正子春的一些故事。

五、《孝经》与引《诗经》

《孝经》十八章中有很多章引用《诗经》来深化文义，这一现象也引起后人的注意。因此如黄震认为《孝经》出于汉初，比如其每章引《诗》为断，“与刘向《说苑》、《新序》、《列女传》文法相类”，言下之意也就怀疑是汉代刘向撰作的。

但是刘向以前，《荀子》等也常引用《诗》，所以这一怀疑是没有可信度的。再如姚鼐《〈孝经〉刊误书后》：“《坊记》、《表记》、《缁衣》之类，每一言毕，辄引《诗》、《书》文以证之，间有不甚比附而强取者矣，亦洙泗间儒者之习然也。”当然《孝经》还与《礼记》、《大戴礼记》等有联系，比如除了引《诗》、《书》的体例外，又如《孝经》第一章开头的样式“仲尼居，曾子侍。子曰”云云，在《仲尼燕居》、《孔子闲居》里也是这样的。

《孝经》与先秦文献的这许多蛛丝马迹，让人们思考很多的问题。

魏文侯注《孝经》之谜

魏文侯（？～前396年），名斯，战国时魏国的建立者，一说在位五十一年（前445～前396年）。他为了使魏国强大起来，吸纳了一批有才干的军事家、政治家、思想家来参与政治，实行改革。他曾经先后任用魏成子、翟璜、李悝（kuī）为相国，并任用乐羊为将攻取中山国，吴起为西河郡守，西门豹为邺县令。比如魏文侯实行了李悝的变法措施，曾灭了中山（今河北宁晋、徐水县一带），还打败过齐、楚大国，侵占过秦国的河西之地。西门豹治邺，也让后人看到改革家的咄咄逼人的锐气与风采。

魏文侯又尊崇儒家，以孔子的弟子子夏（前507～？）为师，并尊重田子方（子贡的弟子）、段干木（子夏弟子）等人。《吕氏春秋·察贤》载："魏文侯师卜子夏，友田子方，礼段干木，国治身逸。"

《说苑·尊贤》有记载：魏文侯在曲阳请各位大夫宴饮，饮酣，文侯喟然叹曰："吾独无豫让以为臣！"大臣蹇重举酒进说："我要罚君王一杯酒。"文侯说："为什么？"蹇重说："臣闻之，有命之父母，不知孝子；有道之君，不知忠臣。夫豫让之君，亦何如哉？""有命之父母，不知孝子；有道之君，不知忠臣"，是说贤能的父母，不知道什么是孝子；有道之君王，不知道什么是忠臣。这就是一种家治、国治下的情况。魏文侯接受了大臣蹇重的关于"孝"与"忠"的理念的进谏。

《礼记·檀弓上》记载：子夏因为死了儿子，伤心得眼睛都哭瞎了。曾子去慰问他，说："我听说过，朋友双目失明就应当为他难过哭泣。"曾子就哭了起来。

子夏也哭了，说："天啊，我没有罪过！"

曾子生气地说："卜商！你怎么没有罪过呢？我和你在洙水、泗水之间奉事夫子，后来回来养老在西河，使得西河的民众把你比夫子，这是你的罪过之一。当初你为亲人居丧，并没有做出突出的表现来，让百姓知道，这是你的罪过之二。死了儿子就哭瞎了眼睛，这是你的罪过之三。还要说你没有罪过吗？"子夏扔下手杖下拜，说："我错了，我错了！我离群索居，也太久了啊！"（见拙作《礼记译注》，台湾建安出版社）这一则很精彩，可以看到曾子的那种思想、理念的高度。同时也告诉我们曾子曾经到过西河，于是人们推测，魏文侯大约与曾子有过接触，进而有可能看到《孝经》，至少也听到过曾子关于孝道的内容。

因此有这样的历史信息，说《孝经》传到魏国的时候，魏文侯为《孝经》作了注，即所谓的《孝经传》。这可见于以下一些记载：

1.《汉书·艺文志》在"孝经类"著录中记载有《杂传》四篇，王应麟《汉书艺文志考证》载："蔡邕《明堂论》引魏文侯《孝经传》，盖《杂传》之一也。”

2. 汉蔡邕《明堂论》曰：“魏文侯撰《孝经传》。”

3. 《后汉书·祭祀志中》有“灵台未用事”一句，注释中指出是引用蔡邕《明堂论》之语：“魏文侯《孝经传》曰：‘太学者，中央明堂之位也。’”

这些因素叠加起来，便有学者认为“魏文侯作《孝经传》确为不争的事实”、“《孝经传》是《孝经》最早的注本”。（见侯希文《〈孝经〉作者曾参考》一文）

不过也有不同的看法，如杨伯峻说：“蔡邕《明堂论》说：‘魏文侯撰《孝经传》。’似乎在魏文侯时，《孝经》已经流传。但在《汉书·艺文志》不录这书，蔡邕所见到的《孝经传》未必是魏文侯所作。而且魏文侯是战国初期人，不可能看到《孟子》、《荀子》，而今天《孝经》袭用《孟子》、《荀子》就无法解释了。”

魏文侯是否作《孝经传》，或“是”或“否”，推断各异，至今依然存在，还有待于进一步的研究，或将来有地下出土材料为人们提供更加直接的充分的证据。我们则认为，魏文侯作《孝经传》应当是实有其事的。

清代马国翰的《玉函山房辑佚书》有辑佚《魏文侯孝经传》，清代王谟辑有《魏文侯孝经传》，收于《汉魏遗书钞》里，均可参考之。

千年绵延的真伪之谜

《孝经》留下很多难以解释的谜，而且真伪之谜千年绵延至今，我们可以再来看看其中的问题和人们的思路。

宋代朱熹大概是最早明确提出怀疑的，在《朱子语类》中说：“《孝经》，疑非圣人之言”，“据此书，只是前面一段是当时曾子闻于孔子者，后面皆是后人缀辑而成”。此后明代的郑瑗、归有光、姚舜牧等，清代的姚际恒、杨椿，近代的康有为、王正已、黄云眉等都怀疑，并认为是有伪。

如果把这些疑问归纳起来，大体上有几点：

1. “曾子”的称呼之谜

为什么在《孝经》里称“曾子”，而不是直呼其名“曾参”，或称其字“子舆”呢？比如首章：“仲尼居，曾子侍”；“曾子避席”等。设想一下，如果是孔子写的，或是曾子自己写的，一定不会用这样的称呼的。因为曾子是一个尊称，孔子不会这样称呼弟子，曾子也不会这样称呼自己的。

这一疑问，宋晁公武《郡斋读书志》有云：“今其首章云‘仲尼居，曾子侍’，则非孔子所著明矣。详其文义，当是曾子弟子所书也。柳宗元谓《论语》载弟子必以字，独曾参不然，盖曾氏之徒乐正子春、子思相与为之耳。余于《孝经》亦云。”

后来清代崔述在《孝经非孔子所作》中也有说：“余按《孝经》十八篇中，多孔子与曾子问答之语。然则是曾子之门人笔之于书耳，非孔子所自为也。果孔子所自为，岂得称其门人为‘曾子’乎？其陋一也。”（《崔东壁遗书·洙泗考信录》卷之四）

《孝经》中不言曾参之字，而言曾子问题。这可用司马光之说来回答。司马光《古文孝经指解》曰：“孔子与曾参论孝，而门人书之，谓之《孝经》。”正因为是后来曾子弟子的转述，因此用了“曾子”。

确实就这一点也起码能清楚说明，这《孝经》文本不会是孔子自己写的；但是要进一层说的是，孔子没有亲自动笔写，不等于没有这样的事情、这样的言说、这样的场面、这样的思想。这两者是应当区别对待的。

2.《孝经》称名用“经”字之谜

为什么《孝经》书名要用上非常庄严的“经”字？后人对这一体例有疑问。姚际恒《古今伪书考》：“案诸《经》古不系以‘经’字，惟曰《易》、曰《诗》、曰《书》，其‘经’字乃俗所加也。此名《孝经》自可知非古；若去‘经’字，又非如《易》、《诗》、《书》之可以一字名者矣。班固所亦知之，曰‘夫孝，天之经，地之义，民之行也，举大者言，故曰《孝经》’。此曲说也。安有取‘天之经’‘经’字，配‘孝’字以名书，而遗去‘天’字，且遗去‘地之义’诸句之字者乎？”

崔述又有说：“‘经’也者，后世尊古圣人之书之称，孔子、孟子之时无此语也。自汉以后，始有‘经’名。孔子之不题以‘经’，明矣。藉令孔子之时即有此语，亦止以‘经’名《诗》与‘经’名《书》与《易》，可矣，不应自名其言为‘经’也。孔子曰：‘述而不作，信而好古，窃比于我老彭。’圣人之谦也如是，而谓以‘经’自名其言乎再哉？其陋二也。”（同上）

梁启超在他的《古书真伪及其年代》里说：“以六艺名六经，起自西汉。孔子并不以经名书。如照汉人所称，只能以之称《诗》、《书》、《礼》、《乐》，不可以之称《论语》、《孝经》。《论语》、《孝经》只是传记，不配称经。但此书只有‘孝’字，不成名词。在汉以前，《易》、《诗》、《书》都独称，《孝经》则不能，故只可推定非战国之书，而属于汉代之书，最早亦不能超过战国。非孔子所作，只可归入《礼记》，作孔门后学推衍孝字之书。”——但是，我们要说，

《吕氏春秋》已经明确指出《孝经》这本书名就有“经”，似乎不必再怀疑这“经”字了。

又关于勘其文义为汉儒作和诸《经》古不系以“经”字的问题。刘建国认为，上海博物馆的那批战国竹简的篇目，可“说明非汉儒所作”。又“早于孔子的老子的《道德经》，出土的帛书称德经、道经、经上、经下”，而“孝与经的联用，礼与经的联用，在孔子时早已有之”。“‘孝经’亦当孔子时，或孔子前早已有之的称谓，并非是汉代之后的称谓”。“所以姚际恒、崔述、梁启超所说孔子时没有《经》之词作为《孝经》是伪书的证据不能成立”（刘建国《先秦伪书辩正》，陕西人民出版社）。

3.《孝经》的体例之谜

朱熹认为：“《孝经》只有前一段，后皆云‘广至德’、‘广要道’，都是凑合来演说前意，但其文多不全。只是《谏诤》、《五刑》、《丧亲》三篇，稍是全文。如‘配天’等说，亦不是圣人说孝来历，岂有人人皆可以配天？岂有必配天斯可以为孝？”

朱熹又说：“《孝经》疑非圣人之言。且如‘先王有至德要道’，此是说得好处。然下面都不曾说得切要处著，但说得孝之效如此。如《论语》中说孝，皆亲切有味，都不如此。《士、庶人章》说得更好，只是下面都不亲切。”（以上见《朱子语类》）

朱熹在《孝经刊误》中说：“《孝经》‘仲尼闲居’、‘孝无始终，而患不及者，未之有也’，此一节，夫子、曾子问答之言。”因此，朱熹认为《孝经》是后人凑合起来的。但是，许多研究者都不同意朱熹的说法。

4.《孝经》的文义之谜

有人对文本文义提出疑问。如清代的姚际恒《古今伪书考》：“勘其文义，绝类《戴记》中诸篇之文，如《曾子问》、《哀公问》、《仲尼燕居》、《孔子闲居》之类，同为汉儒之作。”因此他认为，是“后儒以其言孝，特为撮出，因名以《孝经》耳”。

5.《孝经》文句与孔子理念违背之谜

比如《中庸》曰：“君子之道四，丘未能一焉：所求乎子以事父，未能也。”这大致意思是，孔子说：君子之道有四个方面，我孔丘一个也没能做到，比如其中一个是要求做儿子的能孝敬父母，我自己却还不能完全做到。——因此崔述据此又认为：“孝虽莫大于圣人，然圣人之心必不自以为孝，而乃曰‘吾行在《孝经》’，其陋三也。”（同上）

6.《孝经》文句违背孝道之谜

《朱子语类》朱熹曰:“‘孝莫大于严父,严父莫大于配天’,则岂不害理!傥如此,则须是武王、周公方能尽孝道,寻常人都无分尽孝道也,岂不启人僭乱之心!”

关于《孝经》有不合于孝道的文字问题,刘建国认为,朱熹之说是“误解”,“《孝经》中的这段话根本不是讲的只有武王、周公方能尽孝,而是说对父孝的规矩是由周公的以父配天之祭而传下来的。父就是天,孝父也就等于孝天,寻常的任何人都必须如此尽孝道,而不是单指周公能尽孝道”。此不能证明是伪书。至于说把孝分成为五类的问题更是不能指责的。(同上)

7.《孝经》有《左传》等言语之谜

有人问朱熹:《孝经》有《左传》中的言语,是不是《左传》引用了《孝经》?朱熹回答:“不然。其言在《左传》、《国语》中,即上下句文理相接,在《孝经》中不成文理”,“疑此书是后人伪为者”。

明代郑瑗在《井观琐言》中已经指出了这些地方,清代姚际恒又进一步摘出几处:(1)《三才章》“夫孝,天之经”至“因地之义”,袭《左传》子太叔述子产之言,惟“易”字为“孝”字。(2)《圣治章》“以顺则逆”至“凶德”,袭《左传》季文字对鲁宣公之言。又此章“君子则不然”以下,袭《左传》北宫文子论议之言。(3)《事君章》“进言”二语,袭《左传》士贞子谏晋景公之言。

因此姚际恒说:“《左传》自张禹所传后,始渐行于世,则《孝经》者,盖其时之人所为也。”

关于《孝经》杂引传记以释《经》文的问题,今人刘建国认为,“《孝经》与《左传》中有文句相似和相同之处,并不能说明是谁抄谁,而是同一时代的同一社会制度下思想体系相互交融,形成同样的字句是在所难免的”。“同意孔颖达和刑昺的解释”,“是出于孝与礼的关系是本和末的问题,都涉及天、地、人、利,这是当时的通行的思想,说同样的话是无可非议的”。《孝经》、《左传》,“它们的理论根据都是来自《周礼》,是当时的常识,有的话说的相同或是各有借鉴,而不能证明”谁抄谁,“两者本来就是并行不悖的”。另外上海博物馆从香港购回的一千多支战国竹简中就有《孔子闲居》、《曾子》、《曾子立孝》诸篇,“足以证明《戴记》中的诸篇并非汉人伪作。先秦早已有之”。(同上)这些可以证明《孝经》不是伪书。

如此等等,人们对《孝经》真伪之辨别,也延续了数千年,不过今人大体上已经不再怀疑《孝经》是伪书,不再怀疑今文《孝经》是伪书,也不再怀疑古文《孝经》是伪书。这是一进步,但是就是这一进步也很艰难。

《孝经》汉代发现之谜

在先秦，《孝经》曾被《吕览》引用过，秦代因焚书坑儒而不见流传，汉代突然冒出了《孝经》。《孝经》是从哪里来的？这是个历史之谜。

首先是汉代初年，一个叫做颜贞的人献出了《孝经》。

话说秦始皇焚书坑儒，焚烧典籍，坑杀儒生；还不许民间私下收藏书籍，否则就诛族，这就是“挟书者族”之律令。因此许多经典由此而残缺，损失惨重，当然《孝经》也在被禁被焚之列。刘邦是马上得的天下，对于一个国家文化的重要性、文化的建设并不重视。

然而传到第二代汉代的惠帝却很看重这些。汉惠帝四年（公元前191年），废除秦时所定的“挟书”令，鼓励民间献出所藏的书籍。如《汉书 · 艺文志》：“汉兴，改秦之政，大收篇籍，广开献书之路。”后来朝廷还派出人员到各地寻访亡佚经典。于是，《孝经》出现了。

《隋书 · 经籍志》有个记载：“遭秦焚书，为河间人颜芝所藏。汉初，芝子贞出之，凡十八章。”河间，汉高祖时候置郡，治所在乐城（今河北献县的东南）；平帝时辖境相当于今天河北献县、交河、东光、阜城、武强各一部分。河间人颜芝收藏了《孝经》，到了汉初，颜芝的儿子颜贞把它献了出来。

汉初，河间地方献书的氛围很浓。《汉书 · 景十三王传》：“河间献王德以孝景前二年立，修学好古，实事求是。从民得善书，必为好写与之，留其真，加金帛赐以招之。繇是四方道术之人不远千里，或有先祖旧书，多奉以奏献王者，故得书多，与汉朝等。”献王刘德很有办法，一方面留下真本，一方面又很好地缮写一本交换给送书之人，另外再赏赐金子、丝帛等贵重东西，因此名声传播出去，招引来许多人献书。他得到的书很多，甚至几乎和整个朝廷的藏书相等。

河间人颜芝的儿子颜贞把收藏的《孝经》献出来，大约也是置身于这种氛围之中而被感染了，于是献出父亲的藏书。不过细节就不得而知了，是献给献王刘德，还是直接献给朝廷，或是其他的情况，没有详细的记载了。一般认为是河间王刘德将此书献给朝廷，于是遂为学者传授的用本。

后来汉代又出现了《孝经》的另外一个本子，称为古文《孝经》。

古文《孝经》，是用先秦的古文字写成的，也称为孔壁古文《孝经》。《隋书 · 经籍志》载：“又有《古文孝经》，与《古文尚书》同出。”这又是怎么回事？

这要说到曲阜的“三孔”，即孔府、孔庙、孔林了。孔子的故宅在孔庙东路承圣门外。据说，孔子死后，鲁哀公为了悼念孔子，将孔子居住过的三间故居改为祠庙，令其子孙“岁时奉祀”。其奉祀地点，就是这个院落。这就是最早的孔庙。

今天我们去参观，马上会被留存遗迹中的故宅井吸引。其旁立有“孔宅故井”石碑，其四围修有雕花石栏，其西建有乾隆“故宅井赞”四角碑亭一座，其水质清纯，被称为圣水。有记载，乾隆九次来到曲阜祭孔，竟然有五次来此题字。其中有一次他还舀水拜师，尊崇地说：“我取一勺，以饮以思。呜呼宣圣，实我之师。”

孔宅故井的前面有诗礼堂。《论语·季氏篇》有载，孔子教诲儿子孔鲤：“不学诗，无以言”、“不学礼，无以立”。因此后人就建立了这诗礼堂，作为学习诗礼的场所。清代初年，文学家孔尚任还曾在此为康熙皇帝讲过经。堂东有礼器库，存放有祭祀用的礼器。

就在诗礼堂的后面，有一段像照壁样的墙壁，孤立在院子中，横亘在眼前，墙前有石碑隶书“鲁壁”两字。这就是数千年来深深影响了中国文化的有名的一堵文化墙。

相传西汉武帝末年，鲁国的共（恭）王叫刘余，本是汉景帝的儿子，想要扩大自己的宫室，于是扩建而将附近孔子旧宅的房子给毁坏了。这堵墙壁被毁坏时，人们忽然发现墙壁有夹层，里面藏有东西，结果从中得到了藏在其中的《尚书》、《礼记》、《论语》、《孝经》等书简，都是用古文字写成的。据说，这些典籍还是在秦始皇焚书坑儒的时候，由孔子的第九代嫡孙孔鲋偷偷地藏在古宅的墙壁内的。鲁恭王将这批书籍归还了孔家。为了纪念孔鲋的藏书之功，后来人们就在古宅的院子中特意修建了这座象征性的墙壁，称为“鲁壁”，也称为“孔壁”。

鲁 壁

“孔壁”中的这些用古文写的经典文本，也就被称为了“古文经”。关于这一事件，文献有记载。如《汉书·艺文志》：“《古文尚书》者，出孔子壁中。武帝末，鲁共王坏孔子宅，欲以广其宫，而得《古文尚书》及《礼记》、《论语》、《孝经》凡数十篇，皆古字也。”又如荀悦《前汉纪·成帝纪》引刘向曰：“鲁恭王坏孔子宅，以广其宫，得古文《尚书》，多十六篇，及《论语》、《孝经》。”

汉代社会上流行着两本不同的《孝经》，这又留下了许多的谜，且再看以下的细说。

《孝经》的文本之谜

《孝经》的出现、流传等，都有很多的谜，文本是其中的又一个有趣的谜。《孝经》的文本大体上有几种情况，这里简单介绍一下：

1. 今文本《孝经》

这就是汉代颜氏家所献出来的藏书，或说由河间献王奏进朝廷。《汉书·艺文志》：“汉兴，长孙氏、博士江翁、少府后仓、谏大夫翼奉、安昌侯张禹传之，各自名家。经文皆同，唯孔氏壁中古文为异。”这几家用的就是今文本，所谓今文本就是用汉代通用的文字书写成的本子，“今文”是相对于“古文”来说的。

2. 古文本《孝经》

关于汉代的古文《孝经》，有几种重要的说法一直流传了下来：

一是，关于汉代出自孔壁的古文《孝经》之说。《汉书·艺文志》所记载的是：“《孝经》古孔氏一篇，二十二章。”这就是孔安国所注的古文本《孝经》。又三国时候，王肃作《孔子家语后序》，曾记述孔安国有《孝经传》三篇，为“壁中科斗本”。南朝梁代还以《孝经》的孔传、郑注并立于国学，而孔传亡佚于梁代之乱中。

二是，关于许冲提到的古文《孝经》之说。许慎的儿子许冲在《上说文解字表》云：“（许）慎又学《孝经》孔氏古文说。古文《孝经》者，孝昭帝时，鲁国三老所献。建武时，给事中、议郎卫宏所校，皆口传，官无其说，谨撰具一篇并上。”这里有关于古文《孝经》的好几个信息：（1）古文《孝经》由西汉昭帝时的鲁国三老所献出。（2）许慎也学过孔安国的古文《孝经传》。（3）东汉光武帝建武年间，卫宏还校理过古文《孝经》，并有解说，但是口传，因为学官没有此说，于是撰写了与《说文》一并进献。

关于这个问题，段玉裁在《说文解字注》卷十五下有一段说明，或许能帮助我们理解此中的困惑。段玉裁云："按《志》于《礼》、《论语》、《孝经》下皆不言安国献壁中文。然则孔安国所得虽多，而所献者独《尚书》一种而已。淹中所出之《礼古经》、鲁国三老所献之古文《孝经》，皆即恭王壁中所得，而安国未献者也。《孝经》至昭帝时，鲁国三老乃献之。"虽此说能调定上面的矛盾，但是也仅属于段玉裁一家分析之言，不知当时事实究竟是否是这样的。

三是，关于桓谭所说的古文《孝经》。桓谭（约前20~56年），东汉哲学家、经学家，著有《新论》，今存系后人辑本。《汉书·艺文志》师古注引桓谭《新论》："古孝经千八百七十二字，今异者四百余字。"又《新论》有云："古孝经一卷，二十章，千八百七十二字，今异者四百余字。"（《太平御览》608引，严可均《全后汉文》辑，《正经篇》）关于《古文孝经》的章数，一说二十二章，此说二十章，也不统一了。这些也都成了谜中之谜了。

3. 刘向典校后的今文本

西汉成帝时候，刘向曾奉命校定《孝经》。《隋书·经籍志》："至刘向典校经籍，以颜本比古文，除其繁惑，以十八章为定。"那么我们可以推论出几点：（1）以颜本为底本，来比较古文本。（2）删除繁难与疑惑。（3）是以今文本十八章为准。（4）也吸收了古文本的一些文字或内容。（5）因此可以肯定，这一今文本与颜本有了一些差别。后来刘向的儿子刘歆撰写《七略》，专门在"六艺略"中列出《孝经》一类。

4. 隋代得到的古文本，并附有孔安国《传》

《隋书·经籍志》："又有古文《孝经》，与古文《尚书》同出"，"孔安国为之传"，"亡于梁乱"。"至隋，秘书监王劭于京师访得《孔传》，送至河间刘炫。炫因序其得丧，述其议疏"。关于此，后文有详说。

5. 清代得到的日本孔注本

这是清代乾隆年间，歙县鲍廷博委托其友汪翼沧在日本的长崎购得的本子。此为日本人太宰纯刊于享保十七年（1732年）的《古文孝经孔注》。此种得自日本的孔安国注本古文《孝经》，乾隆四年（1776年）被刊入《知不足斋丛书》。

先前的学者曾大多认为，这是日本人所伪造的，甚至群起而攻之，认为孔传是伪的，而日本传来的孔传是伪中之伪。（定晏《孝经征文》附《集先儒说辨古文孔传之伪》、《日本古文孝经孔传辨伪》）比如《四库全书提要》就否定日本《古文孝经》孔注本为真本。学者如朱一新曰："孔注久已失传，近有日本人作《伪孔传》者流入中国，鲍廷博刻入《知不足斋丛书》，并非刘光伯（刘炫）伪造之本也。近儒多知其伪。”

但是今天学者经过长期研究后认为，此所谓的伪书，其实并不伪。如胡平生《日本〈古文孝经〉孔传的真伪问题》就指出：一是，日本抄本系统《古文孝经》系隋唐时自中国传去，即刘炫本，文字较《古文孝经指解》可靠。清人、近人指为近世日人伪造，是完全错误的。二是，与北京图书馆所藏曲氏高昌和平二年（552年）《孝经》残卷对比，可证刘炫本经文并非伪撰。三是，通过日本发现的刘炫《孝经述议》的研究，可知刘炫不是孔传的伪造者。（《文史》第23辑，1984年）

1983年，日本胆泽城遗址出土了《古文孝经》，让人们又一次证明日本《古文孝经》的不伪。李学勤在《日本胆泽城遗址出土〈古文孝经〉论介》里说：“胆泽城遗址漆纸文书《古文孝经》的发现，确证了日本传流的《古文孝经》不伪，否定了清代不少学者的考据。”他还深刻指出：“考据学本为清人所长，做出了许多成绩，但由于清代学者难以避免的局限性，也有一些不可掩饰的缺陷，因门户造成的偏见即为其一端。今天我们应当摆脱前人的局限，对学术史上若干重大问题重新检验和考虑，在研究中开拓新的局面。”（《走出疑古时代》）这种启示对学者来说是非常警醒的。

6. 清代得到的日本郑注本

此有两事可说：一是，清嘉庆年间，乌程郑氏从日本得到刊本唐魏征《群书治要》，内有《孝经》十七章，为郑玄所注的今文本。其中有删节，经过清代严可均等校辑补遗，成为《孝经郑注》，刊入《咫进斋丛书》。二是，嘉庆六年（1801年），鲍廷博又购得日本人冈田挺之于宽政五年（1794年）所刊《孝经郑注》。据冈田挺之《尾识》说，他是以《群书治要》本《孝经》为主，补以注疏本而成的。鲍廷博也将该书刊刻于《知不足斋丛书》中。然而臧庸认为日本郑注本非真郑注，于是自己根据古籍编辑成《孝经郑氏解》一卷。

有学者说：“现在看来，不仅日本之孔传为真古本，日本郑注亦基本保存了古本郑注之要貌，是可以信赖的。后来，在日本陆续发现《古文孝经》的多个抄本，敦煌遗书中亦有郑注本及其序文。现在已经可以恢复隋唐时代通行之《孝经》郑注本的原貌了。”（汪受宽《孝经译注》，上海古籍出版社）这时候，我们会想起日本太宰纯之刊刻的《古文孝经孔注》的《序》言：“夫古书之亡于中夏而存于我日本者颇多。”“孔传者，安国所作，无疑也。”此言也值得我们去多方面地深思一番!

7. 四川大足石刻的古文本

今天在四川大足石刻中还可以看到古文经，这是宋代范祖禹手书古文《孝经》的刻石，参见后文详说。

大家一定会问："今文"和"古文"本《孝经》是什么意思？有什么不同？

我们先来说这个问题。汉代的经学有今文、古文之分别，《孝经》也有这样的分别，并有种种的谜团。

经学的今古之分，开始是因为经典文本书写的文字不同。汉代当时通用的文字是隶书，用隶书书写的经书就是今文经。古文是指当时社会上已经不再使用的先秦的古文字，用古文字写的经书就是古文经。不过到了后来，不仅是文字上的古今不同，也成为今、古经文家法、师法的不同，不仅见解不同，也变成意趣不同，且出现了彼此激烈的纷争与攻讦。

今文《孝经》，是用隶书书写的文本。是汉代初年颜贞献出来的，而后来又经过刘向的校定。此今文本有18章。古文《孝经》与今文《孝经》的不同是怎样的呢？一是章数的不同：今文为18章，古文为22章。这就是古文的二十二章，至于其余方面内容差不太多。此两者的关系，《隋书·经籍志》还有曰：刘向"典校经籍，以颜本比古文，除其繁惑，以十八章为定。"二是文字的不同，古文《孝经》是用先秦的古文字写成的，也称为孔壁古文《孝经》。汉代桓谭《新论》说："古孝经千八百七十二字，今异者四百余字。"这"异者四百余字"，就是不同在文字的书写上，是字形上之差异，而不是内容上的迥异。有论者指出，宋代《汗简》一书，曾引有《古孝经》字形9例，夏竦的《古文四声韵》中引录《古文孝经》字形404例，都比较真实地反映了宋代《古文孝经》的本来面貌。这些字例可以看出古今文字的差异，其数字也和"异者四百余字"相近了。所以有论者说："'异者四百余字'，这个曾经让学人百思不得其解的悬案，我们可在宋人所录的这404例古文字形上得到解答。"（舒大刚《论宋代的〈古文孝经〉学》）

李学勤也曾说："《古文孝经》与今文的不同，不仅是文字和章数的差异，而且在于古文本是一种隶古定本。其经文均为和《古文尚书》相仿的隶古定体，传文则为一般的楷书。"他还举出例子，在日本胆泽城遗址出土的漆纸文书《古文孝经》上可以看到"终"、"始"、"哉"三个隶古体文字的情况：

（1） 经文："孝亡终始，而患不及者，未之有也。"其中"终始"写作"皋乿"。"终"字写法是假"冬"为"终"，和《说文》"冬"字的古文一样，是从"日"的，只不过"日"置于上端，隶定时又讹作"白"了。"始"字写法是假

"治"为"始"，其形与"治"字古文相似。

(2) 经文："曾子曰：甚哉，孝之大也！"其中"哉"字写作"才"，这在古文字中常见，如西周《班簋》等。(见李学勤《走出疑古时代》，辽宁大学出版社）这些例子可以让我们对《古文孝经》有些具体的感觉。

汉代的刘向在整理《孝经》时候，采用了两面兼顾的方法，对照两文本，用了今文《孝经》十八章的章数，而删除了重复、有疑惑的地方，成为一个定本，一直流传到今天。此正如《隋书·经籍志》所载："又有《古文孝经》，与《古文尚书》同出，而长孙有《闺门》一章，其余经文，大较相似，篇间缺解，又有衍出三章，并前合为二十二章。孔安国为之传。至刘向典校经籍，以颜本比古文，除其繁惑，以十八章为定。"

汉代班固的《汉书·艺文志》大抵是继刘向而来的，因此说的"《孝经》一篇，十八章"也就是这个意思。

当然，对于"孔壁"的"壁经"这一事，清代学者也有怀疑此事的，因此他们曾执着地对古文经书进行考辨、辨伪。自从万斯大辨《周官》、刘逢禄于《左传》、邵懿辰于《逸礼》、魏源于《毛诗》和《古文尚书》、龚自珍于中古文，一直持有怀疑态度，又有康有为著《新学伪经考》对古文经典进行了系统的考辨。《孝经》的真伪也是辨伪中的一个重要问题。

古文《孝经》的面目

古文《孝经》在本书中提到了好几次，它的面目到底是怎样的？我们不妨看一下，读者也可以和今本《孝经》作个比较。古文也有不同的版本，这里选择的是《知不足斋丛书》中的版本，供各位参考。

古文《孝经》

开宗明谊章第一

仲尼闲居，曾子侍坐。子曰："参，先王有至德要道，以训天下，民用和睦，上下无怨，女知之乎？"曾子辟席曰："参不敏，何足以知之乎？"子曰："夫孝，德之本也，教之所繇生也。复坐，吾语女！身体发肤，受之父母，不敢毁伤，孝之始也。立身行道，扬名于后世，以显父母，孝之终也。夫孝，始于事亲，中于事君，终于立身。《大雅》云：‘无念尔祖，聿脩其德。’”

天子章第二

子曰：“爱亲者，不敢恶于人；敬亲者，不敢慢于人。爱敬尽于事亲，然后德教加于百姓，刑于四海。盖天子之孝也。《吕刑》云：‘一人有庆，兆民赖之。’”

诸侯章第三

子曰：“居上不骄，高而不危。制节谨度，满而不溢。高而不危，所以长守贵也。满而不溢，所以长守富也。富贵不离其身，然后能保其社稷，而和其民人。盖诸侯之孝也。《诗》云：‘战战兢兢，如临深渊，如履薄冰。’”

卿大夫章第四

子曰：“非先王之法服，不敢服；非先王之法言，不敢道；非先王之德行，不敢行。是故非法不言，非道不行；口亡择言，身亡择行；言满天下亡口过，行满天下亡怨恶。三者备矣，然后能保其禄位，而守其宗庙。盖卿大夫之孝也。《诗》云：‘夙夜匪解，以事一人。’”

士章第五

子曰：“资于事父以事母，其爱同；资于事父以事君，其敬同；故母取其爱，而君取其敬；兼之者，父也。故以孝事君则忠，以弟事长则顺。忠顺不失，以事其上，然后能保其爵禄，而守其祭祀。盖士之孝也。《诗》云：‘夙兴夜寐，亡忝尔所生。’”

庶人章第六

子曰：“因天之时，就地之利，谨身节用，以养父母。此庶人之孝也”。

孝平章第七

子曰：“故自天子以下，至于庶人，孝亡终始，而患不及者，未之有也。”

三才章第八

曾子曰：“甚哉！孝之大也。”子曰：“夫孝，天之经也，地之谊也，民之行也。天地之经，而民是则之。则天之明，因地之利，以顺天下。是以其教不肃而成，其政不严而治。先王见教之可以化民也，是故先之以博爱，而民莫遗其亲。陈之以德谊，而民兴行。先之以敬让，而民不争。道之以礼乐，而民和睦。示之以好恶，而民知禁。《诗》云：'赫赫师尹，民具尔瞻。'"

孝治章第九

子曰："昔者明王之以孝治天下也，不敢遗小国之臣，而况于公、侯、伯、子、男乎？故得万国之欢心，以事其先王。治国者，不敢侮于鳏寡，而况于士民乎？故得百姓之欢心，以事其先君。治家者，不敢失于臣妾之心，而况于妻子乎？故得人之欢心，以事其亲。夫然，故生则亲安之，祭则鬼享之。是以天下和平，灾害不生，祸乱不作。故明王之以孝治天下也如此。《诗》云：'有觉德行，四国顺之。'"

圣治章第十

曾子曰："敢问圣人之德，其亡以加于孝乎？"子曰："天地之性，人为贵。人之行，莫大于孝。孝莫大于严父，严父莫大于配天，则周公其人也。昔者，周公郊祀后稷以配天。宗祀文王于明堂以配上帝。是以四海之内，各以其职来助祭。夫圣人之德，又何以加于孝乎？是故亲生毓之，以养父母日严。圣人因严以教敬，因亲以教爱。圣人之教，不肃而成，其政不严而治，其所因者本也。"

父母生绩章第十一

子曰："父子之道，天性也，君臣之谊也。父母生之，绩莫大焉。君亲临之，厚莫重焉。"

孝优劣章第十二

子曰："不爱其亲，而爱他人者，谓之悖德。不敬其亲，而敬他人者，谓之悖礼。以训则昏，民亡则焉。不宅于善，而皆在于凶德，虽得志，君子弗从也。君子则不然，言思可道，行思可乐，德谊可尊，作事可法，容止可观，进退可度，以临其民。是以其民畏而爱之，则而象之。故能成其德教，而行其政令。《诗》云：'淑人君子，其仪不忒。'"

纪孝行章第十三

子曰："孝子之事亲也，居则致其敬，养则致其乐，疾则致其忧，丧则致其哀，祭则致其严。五者备矣，然后能事其亲。事亲者，居上不骄，为下不乱，在丑不争。居上而骄则亡，为下而乱则刑，在丑而争则兵。此三者不除，虽日用三牲之养，繇为不孝也。"

五刑章第十四

子曰："五刑之属三千，而辠莫大于不孝。要君者亡上，非圣人者亡法，非孝者亡亲。此大乱之道也。"

广要道章第十五

子曰："教民亲爱，莫善于孝。教民礼顺，莫善于弟。移风易俗，莫善于乐。安上治民，莫善于礼。礼者，敬而已矣。故敬其父，则子说。敬其兄，则弟说。敬其君，则臣说。敬一人而千万人说，所敬者寡而说者众。此之谓要道也。"

广至德章第十六

子曰："君子之教以孝也，非家至而日见之也。教以孝，所以敬天下之为人父者也。教以弟，所以敬天下之为人兄者。教以臣，所以敬天下之为人君者也。《诗》云：'恺悌君子，民之父母。'非至德，其孰能训民，如此其大者乎？"

应感章第十七

子曰："昔者明王，事父孝，故事天明；事母孝，故事地察；长幼顺，故上下治。天地明察，鬼神章矣。故虽天子必有尊也，言有父也；必有先也，言有兄也；必有长也。宗庙致敬，不忘亲也。修身慎行，恐辱先也。宗庙致敬，鬼神著矣。孝弟之至，通于神明，光于四海，亡所不曁。《诗》云：'自东自西，自南自北，亡思不服。'"

广扬名章第十八

子曰："君子事亲孝，故忠可移于君。事兄弟，故顺可移于长。居家理，故治可移于官。是以行成于内，而名立于后世矣。"

闺门章第十九

子曰："闺门之内，具礼矣乎！严亲严兄，妻子臣妾，繇百姓徒役也。"

谏争章第二十

曾子曰："若夫慈爱龚敬，安亲扬名，参闻命矣。敢问子从父之命，可谓孝乎？"子曰："参，是何言与！是何言与！言之不通邪！昔者，天子有争臣七人，虽亡道，不失天下。诸侯有争臣五人，虽亡道，不失其国。大夫有争臣三人，虽亡道，不失其家。士有争友，则身不离于令名。父有争子，则身不陷于不谊。故当不谊，则子不可以不争于父，臣不可以不争于君。故当不谊则争之。从父之命，又安得为孝乎？"

事君章第二十一

子曰："君子之事上也，进思尽忠，退思补过，将顺其美，匡救其恶，故上下能相亲也。《诗》云：'心乎爱矣，遐不谓矣。忠心臧之，何日忘之！'"

丧亲章第二十二

子曰："孝子之丧亲也，哭不依，礼亡容，言不文，服美不安，闻乐不乐，食旨不甘，此哀戚之情也。三日而食，教民亡以死伤生也，毁不灭性，此圣人之正也。丧不过三年，示民有终也。为之棺椁衣衾以举之，陈其簠簋而哀戚之。哭泣擗踊，哀以送之，卜其宅兆，而安措之。为之宗庙，以鬼享之。春秋祭祀，以时思之。生事爱敬，死事哀戚，生民之本尽矣，死生之谊备矣，孝子之事终矣。"

——以上为古文《孝经》全文，如果我们对照比较古今文《孝经》，那么大体上是相同的，但是也有不少的差异。其不同者，限于篇幅不能细述缕析了，这里仅略示几大端：

1. 先看目录的同与异。

今文《孝经》	古文《孝经》
开宗明义章第一	开宗明谊章第一
天子章第二	天子章第二
诸侯章第三	诸侯章第三
卿大夫章第四	卿大夫章第四

士章第五	士章第五
庶人章第六	庶人章第六
三才章第七	孝平章第七
孝治章第八	三才章第八
圣治章第九	孝治章第九
纪孝行章第十	圣治章第十
五刑章第十一	父母生绩章第十一
广要道章第十二	孝优劣章第十二
广至德章第十三	纪孝行章第十三
广扬名章第十四	五刑章第十四
谏诤章第十五	广要道章第十五
感应章第十六	广至德章第十六
事君章第十七	应感章第十七
丧亲章第十八	广扬名章第十八
	闺门章第十九
	谏争章第二十
	事君章第二十一
	丧亲章第二十二

2. 再看内容的不同。

比如古文有《闺门章第十九》:“子曰:‘闺门之内，具礼矣乎！严亲严兄。妻子臣妾，繇百姓徒役也。’”今文则无这一章，此古文的24字内容为今文所无。

3. 章数、分章、章的次序的不同。

今文章数为十八章，古文为二十二章。此有今文一章而在古文中分为几章的，又有章名相同而章的次序不同的，还有今文无此章名而古文有之者。

如古文《庶人章第六》、《孝平章第七》，在今文中就是《庶人章第六》一章，而古文分为两章。因此今文没有《孝平章第七》，但有此章内容。同时，今文的《三才章第七》，在古文那里成为了《三才章第八》。

又如今文《圣治章第九》为一章，在古文中为三章，即《圣治章第十》、《父母生绩章第十一》、《孝优劣章第十二》。当然也就又有了章名、章的次序的不同了。

再如今文《广扬名章第十四》紧跟《广至德章第十三》，位列《感应章》之前；古文则作《广扬名章第十八》，而位列《感应章》之后了。

4. 文字上的不同，有多字或少字，有一字不同的写法等。

比如《诸侯章第三》、《卿大夫章第四》等，今文在章首无“子曰”，而古文有此“子曰”两字。

比如古文《三才章》：“子曰：‘夫孝，天之经也，地之谊也，民之行也。’”古文作“地之谊也”，今文作“地之义也”。古文作“谊”，今文作“义”，多见。又如古文作“亡”，今文作“无”，多见。又“罪”字今文如此，而古文写作“辠”，“辠”是“罪”的古体，见古文《五刑章第十四》。再如古文作“弟”，今文作“悌”，古文作“说”，今文作“悦”，类似现象多见之，如古文《广要道章第十五》。今文作《谏诤章》，古文作《谏争章》。

甚至在《诗》的引文中也不同，如《卿大夫章第四》引为“夙夜匪解，以事一人”，今文引为“夙夜匪懈，以事一人”。又如，古文《事君章第二十一》引文为“心乎爱矣，遐不谓矣。忠心臧之，何日忘之”；今文引作“心乎爱矣，遐不谓矣。中心藏之，何日忘之”。

当然上面所说至今见到的所谓古文《孝经》版本，也不是最早的文字形态了，不是古文字科斗文，也不见其隶古定，而是后来楷书的写法了，不是原貌。所谓“隶古定”，就是用隶书考校写定古篆文。如《书序》：“至鲁共王，好治宫室，坏孔子旧宅，以广其居，于壁中得先人所藏古文虞、夏、商、周之书及《传》、《论语》、《孝经》，皆科斗文字。”“科斗书废已久，时人无能知者，以所闻伏生之书，考论文义，定其可知者为隶古定，更以竹简写之。”陆德明《经典释文》：“谓用隶书写古文。”孔颖达《疏》：“言隶古者，正谓就古文体而从隶定之，存古为可慕，以隶为可识，故曰隶古，以虽隶而犹古。”此可见将科斗文改写为隶书的“隶古定”的一斑。至于古文《孝经》文字，上文已经谈到一些，可以互观。

汉代《孝经》的经之地位

春秋战国时期，儒家将古代文献典籍中整理出来的《诗》、《书》、《礼》、《乐》、《易》、《春秋》六种，称为“六艺”，又称为“六经”。这些就是后来说的《诗经》、《周易》、《尚书》、《礼》（包括《周礼》、《仪礼》、《礼记》，又称为“三礼”）、《乐》（其经已缺，只有记）、《春秋》。

这些儒家所谓的经典，先前只是称为“六艺”。不过“六艺”也有两个意思：一是指礼、乐、射、御、书、数；一是指《诗》、《书》、《易》、《春秋》、

《礼》、《乐》。儒家的经典被称“经”的，始见于《庄子》，如：

1.《庄子·天运篇》：“孔子谓老聃曰：‘丘治《诗》、《书》、《礼》、《乐》、《易》、《春秋》六经，自以为久矣。’”

2.《庄子·天下篇》：“《诗》以道志、《书》以道事、《礼》以道行、《乐》以道和、《易》以道阴阳、《春秋》以道名分。其数散于天下而设于中国者，百家之学时或称而道之。”

3.《庄子·天道篇》：孔子“缙二经”。

这里出现了“六经”之说，是指《诗》、《书》、《礼》、《乐》、《易》、《春秋》，此中没有《孝经》、《论语》。但是到后来，《乐》亡佚了，因此实际上只是“五经”了。当然也还有被称为“六艺”的，如贾谊《新书·六术篇》：“《诗》、《书》、《易》、《春秋》、《礼》、《乐》六者之术，谓之六艺。”

历史上还出现“十二经”之说，根据唐代陆德明《经典释文》的解释有三种意义：一是指《诗》、《书》、《礼》、《易》、《乐》、《春秋》“六经”，加“六纬”。二是指《易》上下经，连同《十翼》。所谓的《十翼》就是《彖辞》上下、《系辞》上下、《文言》、《说卦》、《序卦》、《杂卦》。三是指《春秋》十二公，即隐公、桓公、庄公、闵公、僖公、文公、宣公、成公、襄公、昭公、定公、哀公之称。（参见周予同《中国经学史讲义》）

《孝经》、《论语》，本来是属于解释经的传记，汉代由于得到重视都被与诸子的地位区分开来。我国第一部目录学著作是汉代刘向父子所作的《七略》，其书中将“六艺”类位于最先，此后附《论语》、《孝经》，然后再是小学类。《论语》、《孝经》紧挨着六经的位置，显示高出那些诸子的地位。我国现存最早的图书分类目录《汉书·艺文志》中，《孝经》、《论语》也被放在这样的位置上。

《孝经》，在汉初文帝时始设有博士，如赵岐《孟子题辞》说：“孝文皇帝欲广游学之路，《论语》、《孝经》、《孟子》、《尔雅》皆置博士。”这说明汉文帝对孝道、“以孝治国”的重视，以及对于一个王朝的文化建设的关注。

至于汉武帝时，罢黜百家，专立“五经”博士，《孝经》博士也被罢去。其中的原因，一是为了突出五经的主导地位，二是在启蒙、基础教育中都会学到《孝经》、《论语》，因此也不适宜再设立博士。

王国维在《汉魏博士考》中关于这个问题有论说。其一，他作了一个通俗易懂的比方：汉代小学类的科目，类似后世小学的课程；《论语》、《孝经》者，类似后世中学科目；六艺，类似后世大学的科目。其二，汉武帝的做法就像是从大学课程中除去中学课程，而不是废弃中小学的课程。如王国维说：“至《论语》、《孝经》，则以受经与不受经者皆诵习之，不宜限于博士而罢之者也。”“汉人受书次第，首小学，次《孝经》、《论语》、次一经。”其三，《论语》、《孝经》传播非常广泛，并不因为不立博士而受到影响。如王国维说：“汉时《论语》、《孝经》之传，实广于五经，不以博士废置为盛衰也。”其四，凡是读过《孝经》的不一定能通其他“五经”，或“五经”中的某一经；但是通“五经”，或通其中的某一经的，必定已经读过《孝经》。这就像今天读大学的，必定读过中学的课程，但读中学的没有读过大学的课程。如王国维说：“汉时但有受《论语》、《孝经》、小学，而不受一经者；无受一经，而不先受《论语》、《孝经》者。”

汉代出现“七经”之说，先见诸《后汉书·赵典传》，后继见于《三国志·蜀书·秦宓传》。比如《后汉书·赵典传》注引《谢承书》曰：“典学孔子七经、河图、洛书、内外艺术，靡不贯综，受业者百有余人。”再如后来《三国志·蜀书·秦宓传》：“蜀本无学士，文翁遣相如东受七经，还教吏民，于是蜀学比于齐、鲁。”另外如《汉成阳令唐扶颂》载唐扶“耽乐道述，咀嚼七经”（《隶释》卷五）。

“七经”具体指哪些，说法不统一，但是其中有含《孝经》之说的。如清代全祖望《经史问答》说：“七经者，盖六经之外加《论语》。东汉则加《孝经》而去《乐》。”这里可以看到，一是有《孝经》，一是没有《孝经》。一般认为汉代的“七经”，就是《易》、《书》、《诗》、《礼》、《春秋》、《论语》、《孝经》，也就是“五经”以外，再加上《论语》、《孝经》。《孝经》、《论语》开始由属于解释经的传记身份正式升格为经了。

再说，东汉熹平四年（175年），议郎蔡邕深感“经籍去圣久远，文字多谬，俗儒穿凿，疑误后学”，奏请汉灵帝，用三种字体书经，并募工镌刻石经于洛阳太学门外，作为标准本供太学生参照。此“七经”，没有《孝经》，而是《周易》、《尚书》、《鲁诗》、《仪礼》、《春秋》、《公羊传》、《论语》。但是熹平石经一般认为是“五经”即《尚书》、《诗经》、《仪礼》、《公羊传》、《论语》。不管怎么说，这里没有《孝经》。这或许也启发我们，从学术上讲，《孝经》是比较浅显的，从普及程度来看却是很广泛的，也许这些就是为太学而立的石经中没有《孝经》的理由了。

《孝经》的纬书之谜

中国文化有“经书”之名称，也有“纬书”的名称。纬书兴起于西汉末年，盛行于东汉。

“经”，《说文》谓：“经，织也。”“经”就是编织时候的直线。“纬”，《说文》谓：“纬，织横丝也。”“纬”，就是编织时候的横线。纬线是绕着经线转的。你是“经”、“经书”，那么有“经”必也有“纬”，我就来个“纬书”。“纬书”就是解释“经书”的书。“纬书”是汉代依托儒家经义，宣扬符箓、瑞应、占验之书。

“纬书”从广义上说，是混谶以及其他术数之书。狭义上说，是指“七纬”，即是七种经书，如《易》、《书》、《诗》、《礼》、《乐》、《春秋》、《孝经》的“纬书”。

虽然纬书内容附会人事吉凶，预言治乱兴废，颇多怪诞之谈，但是对于古代天文、历法、地理等知识、神话传说之类，均有所记录和保存。因此也有另外的多种价值，不可一概排斥，其实即使“无用”，也可以至于“无用之用”，比如反用之，批判而吸纳之。国学大师王国维说过：学术“三无”，即是学无中西之分、无古今之分、无有用无用之分。

纬书在南朝宋时开始禁止，到隋代禁止得更加厉害。隋炀帝即位，搜罗天下书籍与谶（chèn）纬相涉者，皆焚烧之。所谓“谶”，是秦汉间巫师、方士编造的预示吉凶的隐语。“纬”，就是指纬书。因此，纬书遭到散佚消亡，且亡失殆尽。但是还有一些内容，散见于诸经的注疏以及其他书籍的征用引用中，数量也不少，因此后来学者又有从中去搜辑的。如明代孙瑴(jué)辑有《古微书》，又清代马国翰辑有《玉函山房辑佚书》，其中《易纬》8种、《尚书纬》5种和《尚书中候》18篇、《诗纬》3种、《礼纬》3种、《乐纬》3种、《春秋纬》14种、《孝经纬》9种。

《孝经》9种纬书是：1.《援神契》2.《钩命诀（决）》3.《中契》4.《左契》5.《右契》6.《内事图》7.《章句》8.《雌雄图》9.《古秘》。

我们不妨来看看，到底写了些什么东西。比如《援神契》中有这样一段描写：

孔子作《春秋》、制《孝经》既成，使七十二弟子向北辰星磬折而立，使曾子抱《河》、《洛》事北向。孔子斋戒，簪缥笔，衣绛单衣，向北辰而拜，告备于天，曰："《孝经》四卷，《春秋》、《河》、《洛》凡八十一卷，谨已备。"

天乃虹郁起，白雾摩地，赤虹自上下，化为黄玉，长三尺，上有刻文。孔子跪受而读之，曰："宝文出，刘季握，卯金刀，在轸北。字禾子，天下服。"

这是很有趣的场面，孔子完成了《春秋》、《孝经》以后，使自己弟子中的72贤向着北辰星，也就是北极星，就像磬那样弯腰而立，又使曾子抱着《河》、《洛》向北方奉事。孔子自己斋戒，发簪插上缥色之笔，穿上绛色单衣的礼服，向北辰而拜，一一上告于天，自己完成了这些著作。

这时候天地产生了感应，上天出现了赤虹，地下出现了白雾。赤虹又自上下，化为黄玉，长三尺，上面还刻有文字。孔子跪受而读之。这段文字就是"谶语"了："宝文"出来了，"刘季"就来掌握天下了。"卯金刀"，合起来就是一个"劉"，今简化为"刘"。他姓刘，在二十八宿之一的轸的北方。"字禾子"，他的字是"禾子"，合起来就是一个"季"字。这个人就是劉季，天下就服从他。

刘季，不是别人，就是刘邦；原名劉季，后来改名为刘邦。这意思也很明显，刘邦即位，天下人就心悦诚服。

我们可以看到《孝经》纬书的作者有他的一套思路、理念，在这一则中，虽然荒谬，不合历史事实和逻辑，但是他的旨意很明确：一是孔子作了《孝经》；二是刘邦得天下，天下服；三是纬书可以取得汉代统治者的欢心。四是统治者也可以利用这些来宣扬孝道。

古文《孝经》与孔《传》的传奇

汉代经学发达，就《孝经》的注释也有好多家，但是随着时间的流逝，最后留下来的就只有两家了，一是孔安国的注，一是郑玄的注。这里先说孔安国与《孝经》的注释。

汉代的孔安国，是孔子的十二世孙。他曾经师从申公学《诗》，从伏生学《尚书》。汉武帝时，他为谏议大夫，又任过临淮太守。

自从孔壁中得到古文《尚书》、《论语》、《孝经》后，当时没有人能认识这些古文字。孔安国就以流行的今文隶书进行对照辨析、解读，曾经承诏撰作了《尚书传》、《尚书音》、《论语训解》，还有古文《孝经传》等。古文《孝经传》，所谓的"传"，也就是解释、注释的意思。后来人们也把孔安国的《孝经传》简称为孔《传》，就是指此。

传为孔安国的《古文孝经序》有这样一段话可以一读，可以了解当时的一些信息：

（《孝经》）至汉兴，建元之初，河间王得而献之，凡十八章。文字多误，博士颇以教授。后鲁共王使人坏夫子讲堂，于壁中石函得《古文孝经》二十二章；载在竹牒，其长尺有二寸，字科斗形。鲁三老孔子惠抱诣京师，献之天子。天子使金马门待诏学士与博士群儒，从隶字写之，还子惠一通，以一通赐所幸侍中霍光。光甚好之，言为口实。时王公贵人咸神秘焉，比于禁方。天下竞欲求学，莫能得者。每使者至鲁，辄以人事请索。或好事者募以钱帛，用相问遗。鲁吏有至帝都者，无不赍持以为行路之资。故《古文孝经》初出于孔氏。而今文十八章，诸儒各任意巧说，分为数家之谊，浅学者以当六经，其大车载不胜，反云孔氏无《古文孝经》，欲矇时人。度其为说，诬亦甚矣。吾愍其如此，发愤精思，为之训传。悉载本文，万有余言，朱以发经，墨以起传，庶后学者，睹正谊之有在也。今中秘书，皆以鲁三老所献古文为正。河间王所上虽多误，然以先出之故，诸国往往有之。汉先帝发诏称其辞者，皆曰"传曰"，其实《今文孝经》也。

这些话语，也让我们大略一睹当时古文、今文《孝经》以及孔《传》的斑斑驳驳的某些历史印记。再说，西汉成帝时，刘向曾奉命校定《孝经》，使用过《古文孝经》。到东汉的时候，马融也为《古文孝经》做过传。根据《隋书·经籍志》之说："梁代，安国及郑氏二家并列国学"，此可见崇高的地位。但是在后来的动乱年代中，孔《传》散亡了。在南朝，"安国之本，亡于梁乱"。在消沉了一段时间后，孔《传》到了隋代，又演绎了一段传奇。秘书监的王劭在京师访得了孔《传》。

王劭是个怎样的人呢？他是太原晋阳（今山西太原西南）人。少好读书，博学强记。曾在北齐，历任开府军事、太子舍人、中书舍人。入隋朝，授著作佐郎。后来因为母亲逝世而去其职，在家著《齐书》。隋文帝阅此书而善之，因起为员外散骑常侍，修起居注。数上表言符命以取媚文帝。隋炀帝即位，迁秘书少监。参与修国史，著有《齐志》、《齐书》、《隋书》等。在隋开皇十四年（594年），一个叫王孝逸的人在京市买得了孔《传》，出示给王劭而得之，王劭得到了孔《传》后，又送给了河间的刘炫。

那么王劭为什么要把发现的孔《传》送到刘炫那里去呢？

这就要说到刘炫其人了。刘炫是隋代河间景城（今河北献县东北）人，字光伯。官太学博士。隋代开皇中预修国史、五礼、天文律历。大业初预修律令。他提出《春秋》规过之论，对后世影响较大。他著述很多，如《论语述议》、《春秋述议》、《毛诗述议》、《尚书述议》、《春秋攻昧》、《五经正名》、《算术》等，还有《孝经述议》。唐代著名学者孔颖达在撰写《五经正义》时候，还多采用刘炫的说法，可见他的学术造诣。

从这些情况可以知道，刘炫享有很高的学术声誉；另外王劭、刘炫都修过国史，是有交往的。王劭把孔《传》送到他那里，可能出于请刘炫来鉴定孔《传》，那是选定了权威的鉴定，而且这古文《孝经》也得其所哉，可供权威来研究与传播。当然也可能还有其他不为人知、或不可告人的原因。《隋书·经籍志》就说："炫因序其得丧，述其议疏，讲于人间，渐闻朝廷，后遂著令，与郑氏并立。"刘炫就写序讲述它的得与失，并为之解释文义，述其议疏，撰写成《孝经叙议》五卷。此后刘炫讲学于民间，而消息也渐渐传入了朝廷，于是孔《传》也得到了流传，和郑《注》又一次并立。

但是，这一来又招来了许多议论。当时的儒者说，这发现的孔《传》，是刘炫自己伪造的，并非孔《传》的旧本。但是又没有孔《传》来比较、证实。《隋书·经籍志》："儒者喧喧，皆云炫自作之，非孔旧本，而秘府又先无其书。"这些人的怀疑，不能说没有一点道理，就其他的理由不说，有此一点就可以怀疑是刘炫伪造的。因为刘炫曾经伪造过《连山易》、《鲁史记》等，有这样的历史，当然这次也要被他人怀疑了。甚至人们还会怀疑，王劭把孔《传》送到他那里，这里面也大有文章在。不过经历了数千年的历史的风风雨雨，如我们在前文所说，现代的学者通过对日本《古文孝经》抄本等的研究，证明刘炫本经文并非伪造。

刘炫最后也很悲凉，隋末返归河间，在离乱中冻馁而死，时年六十八。不过，他的孔《传》、《孝经述议》也成为一个有关《孝经》的传奇而留传了下来。

后来，孔《传》流传到唐代，唐玄宗《孝经注》、元行冲作《疏》的时候还参考过。但是在他们的注疏流行以后，郑玄的《注》、孔安国的《传》又都废了。

关于《古文孝经》在唐代的流传，李学勤还指出过人们忽略的一个地方，那就是讲《古文孝经》流传的学者，大多忽略了唐代还有古文本的发现。这次古文本的发现，记载在郭忠恕《汗简》卷第七，据所引李士训《记异》云："大历初，予带经耘瓜于灞水之上，得石函，中有素绢《古文孝经》一部，二十二章，壹阡捌伯桼拾贰言。初传与李白，白授当涂令李阳冰。阳冰尽通其法，上皇太子焉。”

此又引韩愈《科斗书后记》云：“贞元中，愈事董丞相幕府，于汴州识开封令服之。服之者，阳冰子，授予以其家科斗书《孝经》、卫宏《官书》两部合一卷。愈宝畜之而不暇学。后来京师，为四门博士，识归公。归公好古书，能通合之。愈曰：‘古书得据依，盖可讲’，因进其所有书属归氏。”

李学勤说，这部《古文孝经》据说是科斗书，即古文的帛书本，其分章与孔传本《古文孝经》同。另外，夏竦（sǒng）《古文四声韵》序中也提到这件事，并说：“又有自项羽妾墓中得《古文孝经》，亦云渭上耕者所获。”郭、夏两书所收古文，不少注明出《古孝经》，当即来自上述古文本。夏书“治”字下引“乿”、“乿”两体，注“并《古孝经》”，与漆纸文书本“始”字近似而有区别。这似乎说明孔传本经文的隶古定文字确乎是有根据的。（参见李学勤《走出疑古时代》，辽宁大学出版社）

唐之后《古文孝经》孔传衰微，近于亡佚。如司马光说的“诸儒党同疾异，信伪疑真，是以历载数百，而孤学沉厌，人无知者”（《古文孝经指解序》）。但还有司马光、范祖禹等先后研究《古文孝经》，是从秘阁中得到的古文本。司马光完成《古文孝经指解》后，曾于皇祐年间献于仁宗皇帝，于元丰八年又献给哲宗皇帝，还分别写有《近表》和《札子》。

又经过了绵绵岁月，突然孔《传》又神奇地出现在日本。这就是我们前文所说的事情了，日本太宰纯刊刻《古文孝经孔传》流传到中国后，被认为是伪造的，但是终究还是被刻进了《知不足斋丛书》里，从而完成了一次新一轮的历史定格，且化身千百，重新流传。再如上世纪日本胆泽城遗址出土的漆书《古文孝经》，经过日本许多学者鉴定，一致认为是日本写本，而不是中国的唐写本，年代属于奈良时代中期至后半期，换句话说，是八世纪中至后半的写本。此本约228字，内容为《古文孝经》及孔安国传，文字属于《古文孝经》中的《士》、《庶人》、《孝平》、《三才》等四章，与其他本子相比，仅有个别异文。（参见《走出疑古时代》）这又确证了不伪，否定了不少学者曾经认为是伪书、伪中之伪的考据。

虽然《孔传》究竟是何人何时写定，至今未能作出准确回答，但是历史终于为出自日本的《古文孝经》、孔《传》、刘炫《孝经述议》为日人所作的伪书问题做出了“平反”。这种“平反”又是何等地意味深长？然而这就是历史，这就是事实的尊严！

郑玄避难潜心注《孝经》

汉代的大经学家郑玄与《孝经》也有一段因缘，颇为曲折，甚有意趣。

郑玄（127～200年），是东汉北海高密（今山东高密市西南）人，字康成，生于汉顺帝永建二年，死于汉献帝建安五年，是东汉最有权威的经学家，其学也被称为"郑学"。

郑玄年轻时候为乡啬夫，即在乡里管理听讼、收税赋之类的事情，但是他不喜欢这种小吏生活，喜好学问。其父数次对他发怒，但是不能改变他的志趣。

郑玄后来就进入太学学习今文《京氏易》、《公羊春秋》、《三统历》、《九章算术》等。他还师从东郡张恭祖学习《周官》、《礼记》、《左传》、《韩诗》、《古文尚书》。

随着学识的加深，郑玄在崤山之东已是无师可求，便西入函谷关，从师外戚豪门、显赫大儒的马融，专门攻习古文经。马融（79～166年），是开创古文经学的大家，才高博洽，为当世通儒。当时马融门下有学生四百多人，学问精深的有五十多人。马融很高傲，他派门下水平高的弟子去教郑玄，自己不仅不教郑玄，且三年都没有召见过他，但是郑玄仍是发奋用功不已。有一次，马融召集门下学生考问图谶，听说郑玄善于计算，就在楼上召见了他。郑玄这才有机会向马融请教疑难问题。马融惊奇郑玄的才学，曾对卢植说："吾与汝皆弗如也。"

后来郑玄学成，告辞而别。马融感慨地对门人说："郑生今去，吾道东矣！"意思是，郑玄这个学生今天离开这里，我的道将向东被传播出去了！此种赞叹、喟叹的后面，可体味的东西不少。这也可联想到，早在汉初，汉代《易》学之鼻祖田何，就在他的弟子丁宽学成而东归时，也说过："《易》以东矣！"（《汉书·儒林传》）

此后郑玄游学十年，而回归于乡里，因为贫困，客耕于东莱（今烟台北龙口一带），并聚徒讲学，弟子多达千百人。东汉阉党专权，宦官侯览因为被一些地方上的"儒学行义"之事受到侵害，便讽奏朝廷，声称这些社会人士在"诽讪朝廷，疑乱风俗"。于是朝廷大举"钩党"，和郑玄有关系的地方官员杜密被作为此事件的要犯之一，郑玄因为这一层关系也受到牵连，遭遇不幸。郑玄受到党锢祸害，他和同郡的四十多人被禁锢。郑玄从四十四岁遭到禁锢，一直到五十八岁解禁，长达十四年之久。郑玄索性“杜门不出，隐修经典”，潜心研究典籍，从而完成了一批经典的注释。

汉郑康成（郑玄）祠

汉灵帝中平元年（184年），由于黄巾起义以及舆论上的强大压力，“党锢”被宣布解除，郑玄的名声也大震。比如何休是东汉今文经学大师，被称为“学海”，但是郑玄在与何休的学术论辩中，击败了他，被人们称为“经神”。被称为“五经无双”的许慎，郑玄也著有《驳许慎五经异义》。当时何休、袁绍等慕其名，屡请他为官，但是郑玄皆不答应。有一次，大将军何进要召见他，郑玄躲避了。州郡因为何进是权威，不敢违逆他，就胁迫郑玄去。郑玄这才迫不得已去见何进。何进对他“礼对甚优”，但是郑玄坚决不穿朝服，穿着便服去见何进，只住了一个晚上就偷偷溜走了，所谓“一宿逃去”。

后来中平五年（188年）黄巾起义军“攻破北海”，郑玄避难于不其山（今即墨）。初平二年（191年），黄巾起义军攻打青州，郑玄又避难徐州。郑玄的家乡高密以及东莱郡都属于青州，而徐州是指今天的山东南部以及江苏的大部分。此期间，他和担任过徐州牧的刘备有过接触。也是在避难期间，诞生了郑玄的《孝经注》。

正如郑玄注云：“《孝经》者，三才之经纬，五行之纪纲。孝为百行之首，经者不易之称。仆被难于南城山，栖迟岩石之下。念昔先人之余暇，述夫子之志，而注《孝经》。”

南城山在哪里？“南城”，《汉书》作南成，又称南武城，在山东费县西南。这个地方是曾子出身之地，也是曾子葬父之处，“南城山，曾子父所葬，在今沂州费县西南”。（《后汉书·王符传》章怀注）于是形成这样的对比和联系：

曾子——南武城人——葬父处——《孝经》

郑玄——避难南城山——父母坟未成——注《孝经》

特别是郑玄的高龄之父去世了，有思念亲人之情感在心头回应，而且郑玄在《戒子书》里说过“末所愤愤者，徒以亡亲坟垄未成”，这是说临死难忘、愤愤难平的是死去双亲的坟墓还未建成。

他又在《戒子书》里叮嘱过儿子：“显誉成于僚友，德行立于己志。若致声称，亦有荣于所生，可不深念邪？可不深念邪！吾虽无绂（fú，系印章的丝绳）冕之绪，颇有让爵之高。乐以论赞之功，庶不遗后人之羞。”这是情感深沉地说，显赫声誉成就于同僚朋友之中，道德品行确立在自己的志向里。若能获致名声称誉，亦使得父母有荣光，能不深深挂念吗？能不深深挂念！我虽然没有高官显位的功业，但颇有辞让爵位的清高。自己以论赞之功为快乐，但也不会给后人留下羞辱。——郑玄的这些理念，与《孝经》所说的是多么吻合！

如此，他注释《孝经》，实有种种触发感念。因此有“念昔先人之余暇”之句，也有“述夫子之志，而注《孝经》”之言了。郑玄在《戒子书》中又说：“念述先圣之玄意，思政百家之不齐。”这也写出了注释《孝经》的动机。

《齐乘》卷四：“南武城，费县南百余里，齐檀子所守，汉侯国，属东海；因为南城山而名。汉末黄巾之乱，郑康成避难此山，有注经石室。”《十道志》还提到“今西上可二里所，有石室焉，周回五丈，俗云是康成注《孝经》处也”。

这里也有两个小插曲：一、《序》中所说的“避难”指什么？或说是郑玄避党锢之难；但是大多数认为，此是避黄巾之乱难。二、是郑玄作《孝经注》，还是他的孙子所作？郑玄只有一个儿子叫郑益恩，孔融在北海的时候，郑益恩被推举为孝廉，后来孔融被黄巾军包围时，郑益恩赴难而献身。郑益恩有个遗腹子，即郑玄的孙子，郑玄认为孙子手的长相与自己很像，因此就取名为小同，后来小同也以通经著称。又因《序》中有句话：“念昔先人之余暇”，所以或理解为此是孙子对祖父的思念而言的，便有“盖郑胤孙所作”之说了。

郑玄在那里避难大约五年光景，后来孔融请他返乡。郑玄一直到建安（196～219年）年间，被朝廷封为大司农，世称郑大司农，那是管理财政的官员，还分配给他一辆车，所经过的地方长吏迎送，不过郑玄还是称病请求回家。因为在他之前还有一位叫郑众（？～83年）的经学家，也担任过司农，因此又称郑玄为“后郑”。

郑玄以古文经说为主，兼采今文经说，遍注群经，成为汉代经学的集大成者。他注的《诗》、《三礼》，从唐代起被收入九经，清代列入《十三经注疏》。唐太宗曾封郑玄为“高密伯”，雍正还称郑玄为“先儒郑子”，与董仲舒地位相等同。他对中国文化的影响非常深远，树立了古代文化史上的一块巍巍丰碑。

郑注《孝经》的历史风雨

郑玄的《孝经注》，是《孝经》历史上的一件重要的事情，不过在历史的风风雨雨中，这一部《郑注》也充满了传奇色彩。

我们先来看一段话，在敦煌本《孝经序》里郑玄曾说：孔子“鲁哀公十一年自卫归鲁，修《春秋》，述《易》道，乃刊《诗》、《书》，定礼乐，教于洙泗之间，弟子四方之者三千余人，受业身通达者七十二人。惟有弟子曾参有至孝之性，故因闲居之中，为说孝之大理。弟子录之，名曰《孝经》”。这是孔子作《孝经》的缘起。郑玄又曰：“仆避难于南城山，栖迟岩石之下。念昔先人之余暇，述夫子之志，而注《孝经》。”这是自已作《孝经注》的缘起。

但是，因为《孝经》“郑氏注”本起先并没有注明是郑玄所作，所以人们也有说是郑众等人注释的。但是荀昶曾确定为是郑玄，后人大多从其说。然而郑玄逝世后不久，就有人对郑玄是否注释过《孝经》又有了怀疑。

到了晋代，有本目录书叫《中经簿》，其中著录的《周易》、《尚书》、《中候》、《尚书大传》、《毛诗》、《周礼》、《仪礼》、《礼记》、《论语》，皆有“郑氏注，名玄”；然而《孝经》下面是“郑氏注”，而没有“名玄”。这个细节，引起了人们的思考。当时流传的《孝经郑氏解》，是郑玄的著作呢？还是姓郑的另外的人作的？

陆德明《经典释文》中关于《孝经》提到：“世所行郑注，相承以为郑玄。案，《郑注》及《中经簿》无。唯中朝穆帝集讲《孝经》，云以郑玄为主。检《孝经注》与康成注五经不同，未详是非。（江左中兴，《孝经》、《论语》共立郑氏博士一人）《古文孝经》世既不行，今随俗用郑注十八章本。”这里有两点可说：一是，传统的看法是将流传在世的注本相互传承为郑玄所注的。二是，皇家如晋代穆帝在集讲《孝经》时候，还是以郑玄的《孝经注》为主的。三是，虽或怀疑郑《注》，但是也不能确定其是与非。

再看南朝齐国的博学多识、“领国子博士”的陆澄，在一次给尚书令王俭的陈书中，说到三个有关郑注《孝经》的信息：一是，“世有一《孝经》，题为郑玄注”。这是当时流传着的、很明确的、是郑玄注的《孝经》。二是，但是“观其用辞，不与注书相类”。这是说，考察注释的情况，和郑玄其他书的注释不一样。三是，“玄自序所注众书，亦无《孝经》”。这是说，郑玄自已没有说过曾经注过《孝经》。陆澄怀疑此本是郑玄所注，“且为小学之类，不宜列在帝典”。陆澄负责国子教育之事，因此建议不要把这部《孝经注》作为国子的教科书。

王俭的回答很有意思：“疑《孝经》非郑所注，仆以此书明百行之首，实人伦所先，《七略》、《艺文》并陈之六艺，不与《苍颉》、《凡将》之流也。郑注虚实，前代不嫌，意谓可安，仍旧立置。”此中说明了几点：一是，可以怀疑郑注《孝经》，但是前代都不因为是真还是伪而嫌弃之。二是，《孝经》是“明百行之首，实人伦所先”的重要之书，当然不可抛弃。三是，《孝经》和郑玄《注》，这些和《苍颉》、《凡将》之类的教识字的课本是不一样的。因此，最后的论断是，可以存疑郑《注》，但应该依旧沿用之。

不过《后汉书》三十五卷，《郑玄传》中明确写明：“凡玄所注《周易》、《尚书》、《毛诗》、《仪礼》、《礼记》、《论语》、《孝经》、《尚书大传》、《中候》、《乾象历》，又著《天文七政论》、《鲁礼禘祫(xiá)义》、《六艺论》、《毛诗谱》、《驳许慎五经异义》、《答临孝存周礼难》，凡百余万言。”此中赫然写着郑玄注《孝经》；而凭《后汉书》是严谨的史书以及其崇高的地位，也不可轻易否定郑玄注《孝经》。

这样看来，一方面郑《注》被怀疑，一方面还在流传中。从汉代经过魏晋南北朝还在流行，和孔《传》不同的是，孔《传》流传到南朝的梁末，在兵乱中消失了，而郑《注》却幸运地躲过一劫难，由梁而陈，由北齐、北周而至于隋唐。

在唐代，针对郑玄的《孝经注》又展开了真伪的论辩。根据《新唐书·艺文志》的记载，孔颖达、贾公彦都曾经为《孝经》做过《疏》，但是因为没有流传下来，也不知道他们根据的是什么本子。贞观年间，孔颖达还奉诏专门在国学中讲过《孝经》。孔颖达的《礼记正义》在《王制》“天子五年一巡守”这句子下面，《正义》有曰：“又《孝经》之注，多与郑义乖违，儒者疑非郑注，今所不取。”论者以为，这也曾“明确非议过传世的郑注《孝经》”，“看来《礼记正义》的作者也深知学界对于传世郑注《孝经》本

郑玄塑像

的疑义”。（见史应勇《郑玄通学及郑王之争研究》）

在唐代唐玄宗喜好《孝经》，觉得《孝经》以及注释的本子很杂乱，希望能通过群儒来校定，达到统一。

于是右庶子刘知几、国子祭酒司马贞展开了一场辩论。司马贞主“今文”《孝经》，推崇传世的郑玄注本。刘知几主“古文”，推崇新出的古文《孝经》。

刘知几“立十二验以驳郑”，就是说用12条证据来驳斥郑玄的注本。其中主要的论点，是认为传世的根本不是郑玄注的，是伪造的；而新出的孔安国注本是汉代的孔壁本，这才是可靠的。

其实，司马贞也不确信流传的本子就一定是郑玄所注。但是，他说：“其注纵非郑玄，而义旨敷畅，将为得所，虽数处小有非稳，实亦未爽经言。”转而他又极力否定新出的古文本，说：“其古文二十二章，元出孔壁。先是安国作传，缘遭巫蛊，未之行也。昶集注之时，尚未见孔《传》，中朝遂亡其本。近儒欲崇古学，妄作此传，假称孔氏，辄穿凿改更，又伪作《闺门》一章，刘炫诡随，妄称其善。且《闺门》之义，近俗之语，必非宣尼正说。”“今议者欲取得近儒诡说而废郑注，理实未可。请准令式，《孝经》郑注与孔传依旧俱行。”

后来唐玄宗作《孝经注》，又有元行冲作《孝经疏》流行，郑《注》、孔《传》也被废弃了。到宋代邢昺奉命重新作《孝经疏》，就在这一基础上进行，不变动唐玄宗作《孝经注》，而加工了元行冲的《疏》。这也就是传世的《十三经注疏》中的《孝经注疏》，也称为《孝经正义》。此后就这样绵延着《孝经》的血脉，一直静静延续了千年之久。

又经过无数岁月，突然神奇地发现了在日本的郑《注》，并流入中国，经过研究经历了由鉴定为由日本人所作的“伪书”到确证为“不伪”的过程。

在清代因为汉学的兴起，有一批学者热衷于《孝经》郑注的辑佚，即是把散见于各处的郑玄对《孝经》的注释收集、编辑起来。粗粗算来有好几家，如：

1.《孝经郑注》的王谟辑本。王谟，清江西金溪人，乾隆四十三年进士，官建昌县教授，还著有《尔雅后释》、《家语广注》、《尚书杂说》、《左传异辞》、《论语管窥》等。2.《孝经郑注》袁均辑本。3.孔广林辑本。孔广林，清曲阜人，还著有《周礼臆测》、《仪礼笺》、《论语注》、《孝经注》等。4.《孝经郑注》陈鳣（zhān）辑本。陈鳣（1753～1817年），清代浙江海宁人。5.《孝经郑注》的严可均辑本。严可均（1762～1843年），清代浙江乌程人。6.《孝经郑注》的臧庸辑本。臧庸（1767～1811年），清代武进县人。7.《孝经郑注》的黄奭（shì）辑本。8.《孝经郑注》的日本冈田挺之辑本。

到底怎样看待《孝经》郑玄注的问题呢？笔者认为胡平生所说可供参考。如其所说：《孝经》郑玄注，现在多数学者都认为并不真的出自郑玄本人之手。郑玄注可能仍与郑玄及其胤孙有关，郑玄的后人有可能将郑玄对《孝经》的解释写进郑注中，因为《孝经》注只是对晚辈讲经用的，所以没有像传注其他经典那样深奥、繁琐。说郑氏注与郑玄毫无关系，也有不少文献材料不好解释。(胡平生《孝经译注》，中华书局)

历史上百家注《孝经》的盛况

唐代以前已经出现百家注《孝经》的盛况。

唐玄宗在注《孝经》时，说了一句话："近观《孝经》旧注，蟠（chūn）驳尤甚。至于迹相祖述，殆且百家。业擅专门，犹将十室。"这里说出了注释研究《孝经》的盛况，在那时能见到的《孝经》旧注已近百家，至于专门研究精深的约有十家。

自从汉代以后，人们对经典作注释投入得非常热情，而一部薄薄的《孝经》也吸引了许多人，其中专门的研究者，如研究今文《孝经》者，汉代有长孙氏、江翁、翼奉、后仓、张禹、郑众、郑玄等。曹魏有王肃、苏林、何晏、刘邵等。孙吴国有韦昭、谢万、徐整等。西晋有袁宏、虞槃佑等。东晋有杨泓、殷仲文、车胤、孙氏、庾氏、荀昶、孔光、何承天、释慧琳等。南朝齐有王玄载、明僧绍等。南朝梁有皇侃、梁武帝、严植之、贺瑒、刘贞简、明山宾等。隋代有魏真克等。关于研究古文《孝经》者，如孔安国、马融、王邵、刘炫、刘焯等。这里略加介绍：

1. 孔安国，西汉鲁人，字子国，孔子的十二世孙，作《古孝经传》。

2. 后仓（也作"苍"），西汉东海郯（tán）（今山东省郯城县）人，字近君。师从夏侯始昌，通《诗》、《礼》。汉宣帝时为博士，官至少府。他后来将自己的《诗》学传授给了翼奉、萧望之、匡衡；将自己的《礼》学传授给了戴德、戴圣、庆普。经学历史上有《齐诗》翼、匡之学，《礼记》大德、小德、庆氏之学，都是从后仓之学而来，可见他在学术史上的重要地位。他对《孝经》也有研究，清代马国翰《玉函山房辑佚书》辑录了他的《齐诗传》和《孝经说》。

3. 马融（79～166年），子季长，东汉扶风茂林人，有《孝经注》，但散失。

4. 郑玄（127～200年），前文已经较详细解读了他和《孝经》的情况。

5. 何休（129～182年），任城（今山东济宁）人，东汉今文经学家，著有《春秋公羊解诂》，注有《论语》、《孝经》等。

6. 王肃（195～256年），属三国魏国，东海兰陵（今山东苍山县西南）人，字子雍，是王朗的儿子。王朗（？～228年）不仅是高官，还是高才博雅，多识能文，尤通经学训诂，其中对《孝经》就有很深的解读研究，但著作没有传下来。王肃十八岁师从宋忠学习《太玄》，更为之解。黄初（220～226年）中为散骑黄门郎，后以常侍领秘书监，兼崇文馆祭酒，官至中领军，加散骑常侍。他是一位大经学家，治学善贾、马，不喜好郑玄。遍注群经，不分今文、古文，对各家经义加以综合。他著有《孝经解》，可惜已经不存。在南北朝时，有所谓的南学、北学之分别，北学主郑，推崇郑玄；南学主王，推崇王肃，可见他的崇高地位。

7. 韦昭（204～273年），属三国吴国，吴郡云阳（今江苏丹阳）人，字弘嗣。晋时避司马昭讳，改称韦曜。初以丞相掾除西安令，归为尚书郎，迁太子中庶子。孙亮立（252年），诸葛恪表为太史令。孙皓即位（264年），封高丘亭侯，累迁中书仆射，领左国史。后来因为触犯孙皓被杀。他有很多著作，其中便有《孝经解赞》。

8. 虞翻（164～233年），属三国吴国，会稽余姚（今浙江余姚）人。字仲翔。初为太守王朗功曹。王朗败，东吴孙策令他为功曹，出为富春长。州举茂才，汉召为侍御史，曹操辟为司空，均不就。孙策死后，孙权曾用为骑都尉。性疏直，屡触犯权贵，终于被谪戍交州。在戍所十余年，仍旧讲学不倦，门徒常常有数百人。他注的《孝经》也已经不传了。

9. 谢万（320～361年），东晋陈郡阳夏（今河南太康县）人，字万石，谢安之弟。才气俊秀，工言论，善属文。简文帝（司马昱）作相时就闻其名，召为抚军从事中郎，再迁豫州刺史，领淮南太守，监司、豫、冀、并四州军事，因兵败罢职为民。后来起用为散骑常侍。著有《孝经集解》，今不传，清代马国翰《玉函山房辑佚书》有辑录。

10. 严植之（457～508年），南朝梁建平秭归（今湖北秭归县）人。字孝原。入梁为五经博士，开馆教授，听者甚众。天监六年（507年），迁中抚军记室参军，仍兼博士，次年病逝。善《老》、《庄》，能玄言；精解《孝经》、《论语》等，著作均不传，清代马国翰《玉函山房辑佚书》有辑录《孝经注》一卷。

11. 皇侃（488～545年），南朝梁吴郡（今江苏苏州）人，是皇象九世孙。少好学，师事贺瑒，精通学业，尤明《三礼》、《孝经》、《论语》。初为国子助教，讲说《礼记》，武帝（萧衍）拜为散骑侍郎。所著《论语义疏》，博极群言，能补何晏《论语集解》所未备，今传于世。另著《礼记讲疏》五十卷、《孝经讲疏》三卷，均不传。《礼记讲疏》为唐孔颖达等修《礼记正义》所本，《孝经讲疏》为宋邢昺修《孝经正义》所本，清代马国翰《玉函山房辑佚书》有辑录《礼记皇氏义疏》、《孝经皇氏义疏》各一卷。

再看唐以后，注释《孝经》的也不绝如缕。举例如陆德明（556～627年），名元朗，字德明。隋炀帝时，召为秘书学士，迁国子助教。唐太宗征为秦王府文学馆学士，后拜为国子博士兼太子中允，封吴县男。曾经采集汉魏、六朝音切凡二百三十余家，又兼采诸家训诂，考证各本异同，著《经典释文》三十卷。有《孝经今文音义》。

宋代则有司马光《孝经指解》、朱熹《孝经刊误》、邢昺《孝经正义》等，详见后文所述。

元代研究《孝经》的如：董鼎，元鄱阳德兴（今江西德兴县）人，朱熹的再传弟子，治学注重师承，以朱子的《孝经刊误》为本，为之注释，而著有《孝经大义》，传于世。朱申，字周翰，著有《孝经句解》一卷。此为乡塾课本之类。下面我们还要专门提到元吴澄的《孝经定本》一卷，如此等等。

明代研究《孝经》的，如项霦(bīn)，临海（今浙江临海县）人，洪武（1368～1398年）年间官按察司佥事，著有《孝经述注》一卷，传于世。

吕维祺（1587～1641年），新安（今河南新安县）人，曾官至南京兵部尚书，崇祯十四年（公元1641年）李自成攻陷洛阳，吕被杀。著有《孝经或问》、《孝经本义》、《孝经约言》等，均传于世。

黄道周（1585～1646年），漳浦（今福建漳浦县）人，学者称石斋先生。清兵南下时，任南京礼部尚书。南京失守，他与郑芝龙等在福建拥立隆武帝（朱聿键），自请往江西征集军队，得九千余人，行至婺源遇到清兵，战败被俘虏，死于南京。他著有《孝经集传》四卷。魏源对此高度评价："惟明漳浦黄子《集传》，以大、小戴《记》为《孝经》义疏，精微博大，肃括宏深，实为《孝经》之素臣，为从来注《孝经》者所未及。源向往服膺，一词莫赞。"魏源还"节录其传，列于《大学古本》之后，使曾子之学大明于世"。

明代朱鸿又编有《孝经总类》，为今存较早的汇编本。其中朱鸿所撰的，就有《孝经目录》、《家塾孝经集解》、《孝经质疑》、《孝经臆识》、《古文孝经直解》、《五经孝语》、《四书孝语》、《曾子孝实附录》等。

清代注释研究《孝经》的也有数十家，如：

1. 魏裔介（1616～1686年），清直隶柏乡（今河北柏乡县）人，官至保和殿大学士，著有《孝经注义》。

2. 张沐，清上蔡（今河南上蔡县）人，顺治十五年进士，著有《孝经疏略》（康熙十一年刊本）。

3. 吴之騄(lù)（约1638～1710年），清歙县（今安徽歙县）人，曾为镇江府学教授，又至吴山紫阳书院课讲诸生以终。著有《孝经类解》。

4. 李光地（1642～1718年），清福建安溪县人，官至文渊阁大学士，兼礼部尚书，著有《孝经注》。

5. 姜兆锡（1666～1745年），清丹阳（今江苏丹阳县）人，乾隆时荐充《三礼》馆纂修官。著有《孝经本义》一卷。

6. 任启运（1670～1744年），清宜兴（今江苏宜兴县）人，曾充《三礼》馆副总裁官，升为宗人府府丞。著有《孝经章句》。

福建漳浦黄道周纪念馆

7. 汪绂（fú）（1692～1759年），清安徽婺源人，居家教授以终，著有《孝经章句》。

8. 曹庭栋（1699～1785年），清嘉善（今浙江嘉善）人，中年后绝意进取，玩花奉母，操琴赋诗。其所著《孝经通释》十卷，主古文《孝经》，而以今文附载于下，其辑注则征引颇备，所录凡唐五家、宋十七家、元四家、明二十六家、清十家。

9. 汪师韩（1707～？），清浙江钱塘（今浙江余杭）人，雍正时官翰林编修，以母病乞归，居家数十年，后推召为校勘经史。著有《孝经约义》。

10. 任兆麟，清江苏兴化人，嘉庆时候举孝廉方正。著有《孝经本义》一卷。

11. 阮元（1764～1849年），清江苏仪征县人，著有《孝经义疏》，历官湖广、两广、云贵总督，体仁阁大学士，加太傅。主编校刻《十三经注疏》，著《十三经注疏校刊记》，此中即含《孝经》。

12. 洪颐煊（1765～1833年），清临海人，曾权知新兴县事，后为阮元幕府。著有《孝经郑注补证》。

13. 魏源（1794～1857年），清湖南邵阳人，道光进士，历官兴化、高邮知州。当时与龚自珍齐名，时称“龚、魏”。著有《孝经集传》。

14. 丁晏（1794～1875年），清山阳（今江苏淮安县）人，咸丰年间官内阁中书。著有《孝经述注》、《孝经征文》。

15. 阮福，清仪征人，阮元的第三子，官至甘肃平凉知府。著有《孝经义疏补》十卷。

16. 王检心（1799～1865年），清福建侯官（今福州闽侯）人，历任句容、仪征知县等，著有《孝经本义》。

17. 桂文灿（？～1886年），清南海（今广东南海）人，光绪年间选知湖北郧县。著有《孝经集证》四卷、《孝经集解》一卷。

18. 伊乐尧（1810～1862年），清浙江钱塘人，咸丰时举人。著有《孝经指解说注》、《孝经辨异》、《孝经指解补正》。

19. 张锡嵘（？～1867年），清灵璧（今安徽灵璧）人，官至云南学政。同治时，曾辅佐曾国藩治军淮北，最后在援战陕西时，被起义捻军围杀于西安城西。著有《孝经章句》、《孝经问答》。

20. 方宗诚（1818～1888年），清安徽桐城人，曾国藩荐补枣强知县，后创立敬义书院。著有《孝经章义》。

21. 徐灏，清广东番禺人，学海堂诸生。著有《孝经质疑》。

由古代而至于近代，《孝经》的研究随着历史之流，也潺潺地流淌着。举例如皮锡瑞（1850～1908年），湖南善化县（今长沙市）人，著名经学家，著有《孝经郑玄义疏》。又如马其昶（1855～1930年），安徽桐城人，光绪年间曾任学部主事，继任京师大学堂教习，辛亥革命后任民国参政院参政。著有《孝经谊诂》。

由近代而至于现代，《孝经》研究的历史之流，也似乎更缓慢了，早已是涓涓细流了，而且有时甚至断流了。记忆犹新的“文革”时期，孝道不能讲，《孝经》更是严重的封建文化糟粕，于是被严禁。如今，《孝经》这一溪流，慢慢变得重新流动起来了。

唐玄宗与《孝经》

唐玄宗和《孝经》是一个很有故事的话题，这里也作一略说。

先说这位皇帝的简历。唐玄宗（685～762年）名李隆基，又称唐明皇。他是唐睿宗的第三子。初被封为楚王，改为临淄郡王。英武有才略，善骑射，知音律，通历象，善书法，具有多方面的才能。

景龙四年（710年），皇后韦氏弑中宗。李隆基面对韦后之乱，密谋匡复，结果与太平公主合诛韦后以及韦、武的同党，拥立睿宗复位，以太子参与朝政。

先天元年（712年）李隆基即帝位，尊睿宗为太上皇。次年诛杀太平公主及其亲党，开始掌握全权，改元开元。在位初期，励精图治。以姚崇、宋璟(jǐng)、张九龄等为相，纳谏诤，明赏罚，裁冗员，检田括户，兴修水利，注意节俭，革除武则天以来的弊政。又整军经武，维护边防。此时政治比较清明，社会安定，经济发展，文化繁荣，国势强盛，史称“开元盛世”，可比于“贞观之治”。

然而自从天宝后，渐渐骄满，图逸乐，宠杨贵妃，以李林甫、杨国忠等为相，生活奢侈，政治日渐腐败。君田制、府兵制均遭破坏。中央军备空虚，边将拥兵自雄，终于酿成李林甫、杨国忠、安禄山反于范阳，此为“安史之乱”。

天宝十五载（756年）六月，玄宗逃入蜀中。七月，太子李亨在灵武即帝位，是为唐肃宗，尊玄宗为太上皇。

至德二载（757年）末年，自蜀返归长安，幽居兴庆宫，抑郁而死。葬泰陵（今陕西蒲城东北），谥至道大圣大明孝皇帝。玄宗在位四十多年，享年七十八岁。改元三次，先天、开元、天宝，庙号为玄宗。

唐玄宗与《孝经》结缘甚深，这里也一一道来。

唐玄宗曾经经历了一个多政变的时代，史家指出，自从神龙元年（705年）张柬之推翻武则天起，至于开元元年（713年）太平公主谋废唐玄宗止，前后不过八年半时间，政变就发生了七次，皇帝就更换了四次，政局极为动荡不安。

举例如神龙元年，宰相张柬之推翻武则天等，联合禁军将领李多祚拥戴李显复位，此就是唐中宗。但是中宗纵容韦后、安乐公主、上官婕妤和武三思勾结，操纵朝廷，搞得混乱不堪，中宗后被皇后韦后毒死。有意思的是这样一位昏君，还谥号孝和皇帝。

大约在唐玄宗开元八、九年，政局逐渐稳定，生产发展，唐王朝进入了全盛时期。唐玄宗反思这一段惊心动魄的历史，以及此前历朝历代的风风雨雨，他开始重估“以孝治天下”的理念与价值，从而重视《孝经》的注释、传扬、教化与治国。唐玄宗与《孝经》有几件大事应当叙说。

其一，下令质定《孝经》。

开元七年（719年）唐玄宗下诏令群儒质定《孝经》。敕令曰：“《孝经》、《尚书》有古文本孔、郑注，其中旨趣，颇多蟀驳，精义妙理，若无所归，作业用心，复何所适？宜令诸儒并访后进达解者，质定奏闻。”此后未多久又下达诏令：“《孝经》者，德教所先，自倾以来，独宗郑氏，孔氏遗旨，今则无闻。”希望诸儒“详其可否奏闻”。（《唐会要》）

当时《孝经》本子有今文本、古文本；最有影响的注释家是孔安国的古文注、郑玄的今文注。右庶子刘知几主古文，否认郑玄为《孝经》作过注，并立十二验以驳郑。当时的国子祭酒司马贞（即司马坚）主今文，肯定郑玄注，摘《闺门章》文句凡鄙，《庶人章》割裂旧文，妄加“子曰”以及《注》中的问题，而攻击否定古文《孝经》与孔传。这一场学术辩论，实际上是为唐玄宗撰《孝经注》做出了准备。当时刘知几、司马贞两人的意见同时上奏，唐玄宗基本上采取兼收并蓄的理念，而又比较多地采用司马贞的建议。结果郑《注》“依旧行用，孔《注》传习者稀，并存继绝之典。是未因知几而废郑；亦未因贞而废孔。迨时阅三年，乃有御《注》太学刻石，署名者三十六人，贞不预列。御《注》既行，孔、郑两家遂并废，亦未闻贞更建议废孔也”。（《四库全书总目》）

其二，亲自为《孝经》作注。

722年，开元“十年六月二日，上（唐玄宗）注《孝经》，颁于天下及国子学”。（《唐会要》卷36《修撰》）

当时唐玄宗已经即位11年了。唐玄宗在作注后，还“特令元行冲撰御所注《孝经疏义》，列于学官”。这是说，唐玄宗自己为《孝经》作《注》以后，又特别命令大臣元行冲作为注释作《疏》。

元行冲（653～729年），唐河南人，名澹。他是北魏皇室的后裔；进士出身，博学多识，尤善音律、训诂。累迁通事舍人。在唐睿宗的景云年间，任太常少卿。因为系出拓跋氏，而北魏无编年史，于是撰写《魏典》三十卷，事详文简，学者赞之。唐玄宗开元初，为右散常侍、东都副留守。后来升为大理寺，转太子宾客、弘文馆学士等职，封常山郡公。继马怀素、褚无量未竟之业，组织学者撰写古今书目《群书四部录》二百卷。从元行冲的这些背景与经历来看，唐玄宗选定他来为自己的《孝经注》作《疏》，是很有道理的。

其三，再次为《孝经》作注。

唐玄宗第二次为《孝经》作注，是743年，“至天宝二年五月二十二日，上重注，亦颁于天下”。（《唐会要》卷36《修撰》）此距离上一次又过了22年。重新作注大概有几个原因：（1）从政治上考虑，22年过去了，政治形势有了很大的变化，各地节度使的拥兵自重，可能是一个很突出的问题，因此更需要强调孝与忠，来巩固政局。（2）从本身注释的情况看，随着这一长期的思考，在文字上、理念上也都会有修改的必要。(3) 唐玄宗希望其注能成为一个精品流传后世，所以也应当打磨一番。

其四，营造京兆《石台孝经》。

天宝四载（745年）九月，大臣李齐古上《石台孝经表》，奏请唐玄宗“特建石台”，“以垂百世”。此举很符合唐玄宗的心意，因此玄宗自己亲自隶书，并以此御制刻石于太学，谓之京兆《石台孝经》；至今还光莹如漆，很好地保存于西安碑林中。四块高大的碑石聚成方形，上有盖，立于多层石台上。四面刻字，前三面为隶书，各十八行，每行五十五字。末一面，前半部分为隶书七行，后半部分上截为楷书写的表文九行、行书写的批答三行，下截为诸臣题名四列。李亨篆额书“大唐开元天宝圣文武皇帝注孝经台”。

其五，下诏颁示中外。

在天宝五载（746年），玄宗又下达诏书，说：“《孝经》书疏，虽粗发明，幽赜（zé）无遗，未能该备。今更敷畅，以广缺文。仍令集贤院具写，送付所司，颁示中外。”唐玄宗命令集贤院再次修订《孝经义疏》，并于中外颁示。

唐玄宗的《孝经注》列于学官，这对后世影响非常深远。清代阮元在《孝经注疏校勘记序》中这样评价：“《孝经注》之列于学官者，系唐元宗御《注》，唐以前诸儒之说，因藉捃（jùn，拾取）以仅存。而当时元行冲《义疏》，经宋邢昺删改，亦尚未失其真。学者舍是，固无窥《孝经》之门径也。”因此，这是后人进入《孝经》的入门之作。

唐明皇的《孝经御注》行世，其他各注也被替代了。有意思的是，不仅在中国造成影响，在日本也受到波及。李学勤曾有说：在中国，八世纪中期《孝经》御注颁行，《孔传》、《郑注》同归衰亡，这件事也影响到日本。日本大宝二年（702年，武后长安二年）颁布的学令原规定学生治经必兼修《孝经》、《论语》，《孝经》用《孔传》、《郑注》。到贞观二年（860年，唐懿宗咸通元年）诏书，以唐玄宗御注立于学官。但是同时又说：“但去圣久远，学不厌博，若犹敦孔注，有心讲诵，兼听试用，莫令失望。”这是孔《传》继续在日本流传的重要原因。(李学勤《走出疑古时代》)

这里令人触发的地方很多，如日本一方面紧跟唐朝的潮流，加以变化；一方面又允许滞后，可以不变。这种现象颇有启示的深意，不仅孔《传》、郑《注》因此得以继续传流，而且推而广之。这就是一个传统与新潮的处理智慧问题了。笔者去大阪、奈良、姬路、神户参观的时候，见古迹、文物保存得如此好，而现代建筑又如此繁华，两者并行而不悖，相处而相顾，也许就是这种智慧的深层的渗透。反思我们，颇喜欢“一刀切”、“不留尾巴”，追求“整齐划一”，不知道破坏了多少古建筑，也不知道毁坏了多少文物典籍。我们深刻地反思过吗？！

唐玄宗的《孝经序》

唐玄宗的《孝经注》的内容，在后文《孝经》的解读中会引用并解释。唐玄宗的这一名《序》，可分为五段，我们不妨逐一讲读一下。

> 朕闻上古其风朴略，虽因心之孝已萌，而资敬之礼犹简，及乎仁义既有，亲誉益著。圣人知孝之可以教人也，故因严以教敬，因亲以教爱。于是以顺移忠之道昭矣，立身扬名之义彰矣。子曰：“吾志在《春秋》，行在《孝经》。”是知孝者，德之本欤？

按，这一段大意是，我听说上古时候民风教化是朴质疏略的，虽然因应自然的亲爱父母之心的孝已经萌生，但是取其恭敬礼节的犹尚简少，等到已有了仁义之说，那么亲爱的声誉日益显著了。圣人知道孝道是可以用来教化人民的，所以就严而教敬，就亲而教爱。于此因顺移孝为忠之道昭彰，立身扬名之义也彰显了。孔子说：“我的心志在于《春秋》，德行在于《孝经》。”此可知道孝是道德的根本。

> 《经》曰：“昔者明王之以孝理天下也，不敢遗小国之臣，而况于公、侯、伯、子、男乎？”朕尝三复斯言，景行先哲，虽无德教加于百姓，庶几广爱刑于四海。嗟乎，夫子没而微言绝，异端起而大义乖。况泯绝于秦，得之者皆煨烬之末；滥觞于汉，传之者皆糟粕之余。故鲁史《春秋》，学开五传；《国风》、《雅》、《颂》，分为四诗。去圣逾远，源流益别。

按，此段大意是，《孝经》说：“往昔圣明之王用孝治理天下，尚且不敢遗弃小国之臣，而何况对于那些公、侯、伯、子、男呢？”我曾经多次读思此言，景行先哲；虽没有德教施加于百姓，但希望博爱能作为四海典型。嗟叹啊，夫子逝世而微言渐绝，异端兴起而大义乖离。况且又于秦代被灭绝，后来所得到的皆秦焚书后之微末。《孝经》传播滥觞于汉，醇粹既没，则余下糟粕在流传。所以鲁史《春秋》，此学分为五家之传；《国风》、《雅》、《颂》，此学分为四家之诗。离开圣人越加远，源流也日益多别。

近观《孝经》旧注，蝽驳尤甚。至于迹相祖述，殆且百家。业擅专门，犹将十室。希升堂者，必自开户牖。攀逸驾者，必骋殊轨辙。是以道隐小成，言隐浮伪。且传以通经为义，义以必当为主。至当归一，精义无二，安得不翦其繁芜，而撮其枢要也。

按，此段大意是，近观《孝经》的旧注，尤其驳杂不堪。至于追随效法前人的，约将近百家。业擅专门的，将近有十家。希望升堂入室的，必定自已另辟门户。想攀上奔逸车驾的，必定驰骋于别的轨辙上。因为这样的穿凿附会，也就使得大道隐于小道之所成中，至言隐于浮伪荣华之内了。且传注以通畅经文为要义，要义必定以得当为主宰。至极得当就是能会归于一，使得精妙之义无二，怎么能不翦除那些繁芜，而撮取那些枢机要道呢？

韦昭、王肃，先儒之领袖。虞翻、刘邵，抑又次焉。刘炫明安国之本，陆澄讥康成之注。在理或当，何必求人？今故特举六家之异同，会五经之旨趣；约文敷畅，义则昭然；分注错经，理亦条贯。写之琬琰，庶有补于将来。

按，此段大意是，韦昭、王肃，是先儒的领袖。虞翻、刘邵，则又次于其后。刘炫阐明孔安国的古本，陆澄讥讽郑康成的注释。若在理论上或能允当，又何必责怪其人呢？所以如今特举六家之异同，会合五经的旨趣；省约文字而遍布通畅，经义则昭然；分注错杂于经文内，而条理则贯通。写在琬琰美玉之圭上，庶几有补于将来。

且夫子谈经，志取垂训。虽五孝之用则别，而百行之源不殊。是以一章之中，凡有数句；一句之内，意有兼明；具载则文繁，略之又义阙。今存于疏，用广发挥。

按，此段大意是，再说夫子谈《孝经》，心志在于能取垂训今后，虽五孝之所用则有区别，但百行之孝的源头不殊。因此一章之中，共有数句；一句之内，意有兼相说明的；具载的话则文字繁琐，省略则又会文义空阙。今留存于疏中，以能广为发挥。

西汉及魏晋，经过宋齐梁陈，注解《孝经》的近百家，至于有唐之初，虽然备存秘府，而简编多有残缺，当时流传的唯孔安国、郑康成两家之《孝经》注；另外就是梁代的皇侃《孝经义疏》，然而多纰漏谬误，理昧精研。因此唐玄宗朝，召集群儒学官，使集议《孝经》的注解。这就有了刘子玄（刘知几）辨郑玄的《注》有十谬七惑，司马贞驳斥孔安国的《注》多鄙俚不经，其余诸家注解，皆荣华其言，妄生穿凿。于是唐明皇就在先儒的注释中采集菁华，删除烦乱，萃取义理，把允当的用为注解，至于天宝二年（743年）注成，颁布天下，并自己用八分隶书书写，勒石于石碑，这就是“石台孝经”。

此序言很简短，但要言不烦，就像他的注那样。我们如果读过唐玄宗的《孝经注》，又读过他的《孝经序》，可以看到这位皇帝非常重视《孝经》，其中的原因是大可研究的。如果简单地归纳一些，主要有三点：

其一，以孝治家。皇家的内部秩序要整顿好，也确实不容易，唐玄宗自己就亲身经历过好多的事情，比如太平公主的作乱，又如自己和太子以及诸子的关系处理上，再如自己和其父在皇位继承问题上，还有自己和儿子在皇位的继承问题上。唐玄宗希望通过提倡孝道，把皇家的内部秩序整顿好。

他一方面宣扬《孝经》，一方面自己也做出样子来，有记载说“上素友爱，近世帝王莫能及之”。比如初即位的时候，唐玄宗特地做了长枕头、大被子，与兄弟宋王、申王、岐王、薛王、豳王同寝。宫殿中还设立五幄，与诸王更处其中，称为“五王帐”。明代李贽在《史纲评要》中说了三个字：“近儿戏！”确实为入木三分之评。然而，再反思一下，也并非全是儿戏，在某些历史时段中皇帝的这些做法也会起到一定的凝聚作用的。甚至这也成为一个教育皇家后代的著名的典故而流传不息，如焦竑编辑的教育皇家后代的《养正图解》就选择了唐玄宗的这一则故事。

其二，以孝治国。《孝经》中的一个重要智慧就是“孝治”，将“移孝为忠”、“以顺移忠”成为治国的重要做法。唐玄宗重视这一点，因此召开类似今天的高层的学术讨论会，研讨《孝经》的有关问题，还自己亲自作注，并撰写《孝经》全文立于学官，等等。他能取得“开元盛世”的盛况，也许和这种倡导与做法不无关系。但是他的误国，被赶下皇位也和没有很好地实践《孝经》有关。比如《孝经》强调要纳谏，他后期没有做到；而如果对照《圣治章》的那些内容，他全背道而行了。比如“六事”之与“六可”，如“言思可道，行思可乐，德义可尊，作事可法，容止可观，进退可度，以临其民”，他都没有做到，如此却能不栽跟斗，那才怪呢！“安史之乱”以后，这位皇帝对此应该有一番更加触及灵魂的体会了。历代有许多皇帝都关心《孝经》，提倡孝道，也许主要就聚焦在这两大问题上吧。

其三，文化建树。唐玄宗在文化建设上也是有一定的贡献的，其他不烦说，比如《孝经》的整理、注释以及推广就是一大贡献。今天《十三经注疏》中只有一位皇帝留下了他的著作，那就是唐玄宗的《孝经注》，而西安碑林的“石台孝经”，成为一个重要的国宝级文物。如果我们参观泰山，登上南天门，来到大观峰，面对唐玄宗的《纪泰山铭》大片摩崖，高二丈六、宽丈五，二十四行，每行五十一字，共一千多字，金光闪烁，会被它的壮丽而震撼的。明代的王世贞《弇州山人稿》云：“虽小变汉法，而婉缛雄逸，有飞动之势。余尝登泰山，转天门，则见东可二里穹崖造天，铭书若鸾凤，翔舞于云烟之表，为之色飞。”笔者尝驻足于西安碑林的“石台孝经”之侧抚摸再三，亦曾仰望巍巍泰山《纪泰山铭》摩崖感慨再三，一代唐明皇早已成为了一抔黄土，而这些文物却在天长日久地倾诉着一切。

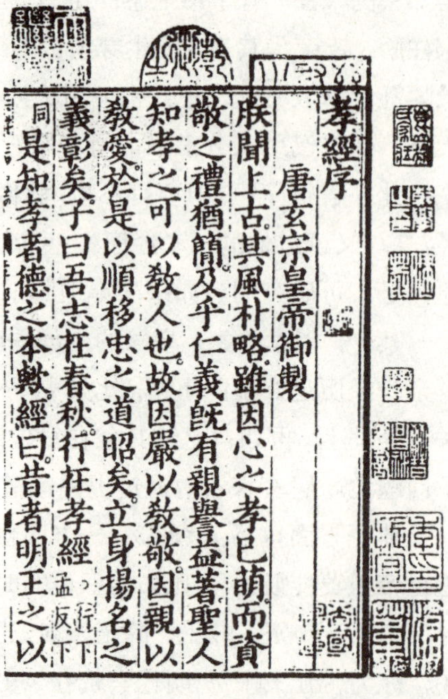
孝經序
唐玄宗皇帝御製
朕聞上古其風朴略雖因心之孝已萌而資
敬之禮猶簡及乎仁義既有親譽益著聖人
知孝之可以教人也故因嚴以教敬因親以
教愛於是以順移忠之道昭矣立身揚名之
義彰矣子曰吾志在春秋行在孝經行下孟反
同是知孝者德之本歟經曰昔者明王之以

话说《孝经注疏》

唐玄宗的《孝经注》、元行冲的《孝经疏》，一直流传到后代，到宋代真宗年间，其《注》一仍旧贯，而其《疏》有所修改。

《宋会要》有记载：宋真宗咸平三年（1000 年），命祭酒邢昺等取元行冲《疏》约而修之。四年（1001 年）九月以献。

《崇文书目》载：《孝经正义》三卷，咸平中邢昺奉诏撰写。乃“据元氏本而增损焉”。

宋真宗（998～1022年在位），名赵恒，宋太宗之子。曾封为韩王、襄王、寿王，任开封尹。至道元年（995年）立为太子，判开封府事。至道三年，太宗死，赵恒即位。真宗前期勤于朝政，分全国为十五路，各路转运大使轮流返京，询以民事，蠲放五代以来欠税。景德元年（1004年），辽军南下，在宰相寇准促使下亲征，订立澶渊之盟而和。后期信用王钦若，五年正月，迎奉天书，改元大中祥符。又东封泰山，四祀汾阴，谒曲阜孔庙、亳州太清宫，并广建宫观，粉饰太平，劳民伤财；不过他对于文化的建树，也是有一定贡献的。他在位二十六年。

邢昺（932～1010年），北宋曹州济阴（今山东菏泽）人。太平兴国初，九经及第，授大理评事，知泰州盐城监，累官至吏部尚书，知曹州。一生多在东宫以及内庭讲授诸经，援前人传疏，并多引时事为喻，深得朝廷宠信。

宋真宗咸平二年（999年），受诏与杜镐、舒雅、孙奭、李慕清、崔偓佺等校定《周礼》、《仪礼》、《公羊传》、《谷梁传》、《春秋传》、《孝经》、《论语》、《尔雅》等，各作义疏。在今本《十三经注疏》中，有他所撰写的《孝经注疏》、《论语注疏》、《尔雅注疏》。

《孝经注疏》也称为《孝经正义》。什么叫“注疏”、“正义”？中国注解古书的工作是从汉代开始的，因为当时对于先秦的文献已经不能完全读懂了；像汉代的毛亨、孔安国、马融、何休、郑玄等，都是著名的注解家。但是到了唐代，距离汉代又有六七百年了，不仅先秦的原文，就是汉人为之作的注解也不能完全读懂了，需要新的注解。这不仅要给正文注解，还要给前人的注解作注解，此称为“疏”，也叫“正义”。

十三经中的《孝经注疏》的“注”，是唐玄宗李隆基作的，照样保留着；“疏”，是在元行冲的基础上加以变动的，但是哪些是元行冲的“疏”，哪些是邢昺的“疏”，已经分辨不出来了。

此简单举出一例，用上标点来看看，这是对“庶人章第六”篇目的注解：

庶人章第六【疏】正义曰：庶者，众也。谓天下众人也。皇侃云：不言众民者，兼包府史之属，通谓之庶人也。严植之以为士有员位，人无限极，故士以下皆为庶人。

这里没有唐玄宗的注，只有“正义”。“正义”解释“庶人”就是天下众人的意思。又引用皇侃（上文已介绍）之说，为什么不说“众民”，而说“庶人”，是因为包含兼有那些在官府的底层办事人员，虽然他们和一般的老百姓还有点不一样，但是可以用“庶人”来通称。又再引用了严植之（上文已介绍）的话，即是到士这一层次是有人员位子的定额定编的，但是普通的人就无限极了，所以士以下的皆称为庶人了。

邢昺的“疏”，还广泛引用前人的解说，比如《天子章第二》于“爱亲者，不敢恶于人；敬亲者，不敢慢于人”句，《疏》云：“然‘爱’之与‘敬’，解者众多。袁宏云，亲至结心为爱，崇恪表迹为敬。刘炫云，爱恶俱在于心，敬慢并见于貌。爱者隐惜而结于内，敬者严肃而形于外。皇侃云，爱敬各有心迹，烝烝至惜，是为爱心；温清搔摩，是为爱迹；肃肃悚悚，是为敬心；拜伏擎跪，是为敬迹。”如此等等，或可知“疏”的一些基本情况。

邢昺的“疏”，虽然在前人元行冲的基础上撰写而成，还引用众多学者之说，但也有许多自己的心得和智慧。比如如何处理《孝经》纬书的问题，他是怎样做的呢？首先，何休在《公羊传序》中就引用纬书《孝经钩命决》话：“昔者孔子有云：‘吾志在《春秋》，行在《孝经》。此二学者，圣人之机制，治世之要务也。”他指出了《春秋》、《孝经》二学的重要。其次，唐玄宗在《孝经注》的《序》中也引用了：“子曰：‘吾志在《春秋》，行在《孝经》。’”在唐玄宗的《孝经序》的这句孔子引文下，邢昺又是这样处理：“正义曰，此《钩命决》文也。言褒贬诸侯善恶志在于《春秋》，人伦尊卑之行在于《孝经》也。”

邢昺需要用孔子的这一句话来说明《孝经》的重要性，但是这话是出自纬书上的，而宋代已经和汉唐不一样了。汉唐可以经纬不分，经纬并用，但宋代已是重经轻纬了。为了反映出自己的时代特点，邢昺在《孝经注疏序》里是这样写的：“故《孝经纬》曰，孔子云：‘欲观我褒贬诸侯之志在《春秋》，崇人伦之行在《孝经》。’是知《孝经》虽然居六籍之外，乃与《春秋》为表矣。”

一是，指出孔子此言是出自《孝经纬》；二是，把《孝经纬》的原句进行意义上的改造；三是，既用此话来突出《孝经》的重要性，又与他那一时代的学术同步，而区别于汉唐的时代氛围。

陈克明曾分析邢昺的这一做法，说“看来经过改写，一是做到经纬有别，免得受人攻击；二是《孝经》虽在六经之外，但乃与《春秋》为表里矣”。“汉、唐时代经纬不分，同样受到重视和引用，延至宋代，欧阳修等才出来反对，始逐渐加以纠正。汉唐时代治经大多墨守家法，依照章句作《注》作《疏》，宋人开始有所转变，并大刮怀疑之风，《孝经》也不例外。邢昺奉命改写《孝经注疏》时候，对原著多所厘正”。（陈克明《群经要义》，东方出版社）

写到这里，笔者忽然想起，现代人看古书很讨厌，然而有时如果能静下来读一读咀嚼一番，也许真还很有味道的；其实做工作也一样，慢慢琢磨，自有味道。这里说的短小的篇目解释、邢昺的那种改写就很有趣味。我又不禁记起朱熹曾说："学者观书，先须读得正文，记得注解，成诵精熟。注中训释文意，事物名义，发明经指，相穿纽处，一一认得，如自己做出来一般，方能玩味反复，向上有透处。""字字咀嚼，教有味"，"如人饥而后食，渴而后饮，方有味。不饥不渴，而强饮食之，终究无益"。（《朱子语类辑略》）朱熹说得很亲切，很到位。其实读书也罢，做事也罢，饥而后食，渴而后饮，方才有味；一旦有了味，才会乐此不疲，从而再艰苦也能化为一种享受了！

后来宋代邢昺的这一《孝经注疏》就定格在《十三经注疏》中了，影响了无数的读书人。

宋·古文《孝经》·石刻

宋代皇家秘阁所藏《孝经》，或说有三家：一是郑玄注本，或疑此《郑注》即是咸平中日本僧所献者；二是唐明皇注本，即是石台孝经本。三是古文本。

自从唐明皇注《孝经》并立于石台，古文《孝经》便渐废，但是至于宋代，古文《孝经》却被重视起来，或可以说是一次复兴。其中司马光（1019 ~ 1086年）对古文《孝经》作出了注解，撰有《古文孝经指解》。后来又有范祖禹撰《古文孝经说》，还有朱熹的对古文《孝经》的研究。这些都产生重大的影响，有力地推动了古文《孝经》的中兴。

这里先说说范祖禹与古文《孝经》的事迹。范祖禹（1041 ~ 1098年），宋成都华阳（今成都）人，为司马光的学生，曾从其编修《资治通鉴》十五年。他和司马光一样研究古文《孝经》并作注，这就是《古文孝经说》。南宋范祖禹手书的古文《孝经》石刻后来发现于大足北山中。有论者说："这是至今尚存的真正宋刻本《古文孝经》，与传世各本相比，它未经改窜，保留了宋代《古文孝经》的原貌。是我们认识《古文孝经》在宋代的流传史，并进而评价后出《古文孝经》真伪的可靠底本，弥足珍贵！"（舒大刚《论宋代的〈古文孝经〉学》）

宋代的陈振孙《直斋书录解题》记载司马光《古文孝经指解》一卷，范祖禹《古文孝经说》亦为一卷，但是《四库全书》所收，则以范的《古文孝经说》

合于《古文孝经指解》。《通志堂经解》所收，则以司马光的《古文孝经指解》、范祖禹的《古文孝经说》合于唐玄宗的今文《孝经注》，称为《孝经注解》。这些合编本都不知道是谁这样合并起来的。

范祖禹还书写古文《孝经》，摩崖刻在四川大足县北山。始著录于宋代王象之《舆地碑记目》卷四昌州条，而没有指明书写人的名氏。此后湮没无闻约七百年，到清代嘉庆年间有人再提起来，见张澍著的《游北山记》。1945年马衡与人游大足，发现所刻古文《孝经》。马衡在《宋范祖禹书古文孝经石刻校释》中写道："中有一窟，深不及三尺，高约丈余，就崖石凿一碑于其中，为宋《赵懿简公神道碑》，范祖禹撰，蔡京书并篆额。碑两旁石壁，则刻《古文孝经》，末署范祖禹敬书五字。字大三寸许，列于《神道碑》左右壁上各三十三行，行二十八字。虽漫漶百余字，而大体完整，不禁为之惊喜赞叹。"

马衡指出了此古文《孝经》的价值：其一，古文《孝经》向惟北京国子监之明代的蔡毅中《集注》，为天启三年监丞金维基等所刻。不分章，小注双行列于各句之下，末署"唐著作郎太子中舍人虞世南书"，或集虞字所成，今存北京历史博物馆。此刻署名范祖禹书，可称唯一最早之古文本。其二，且范祖禹拥护古文之人，著有《古文孝经说》，所据之本，当即其时秘阁所藏。此刻不亡，即秘阁本至今存在。其可宝贵，岂在敦煌新出之北魏和平二年写本（见《东方杂志》第四十卷第三号）之下耶？

古文孝經・仲尼閒□□子侍坐子曰參・先王有至德要道以順天下□一用和睦上下無怨女□□乎
曾子避席曰參不敏何足以知之子曰夫□一德之本敎之所由生□□吾語女身體髮膚受之父母不
敢毀傷孝之□一□立身行道揚名□□以顯父母孝之終也夫孝始於事親中於事□一□於立身
大雅云無□□祖聿修厥德・子曰愛親者不敢惡於人敬□一者不敢慢於人愛敬□□事親而德敎
加於百姓刑於四海蓋天子之□一甫刑云一人有慶兆□賴之・子曰在上不驕高而不危制節謹度
滿□一不溢高而不危所以□守貴滿而不溢所以長守富富貴不離其身然後一□保其社稷而和其
□人蓋諸侯之孝詩云戰戰兢兢如臨深淵如履薄一□・子曰非先王之□服不敢服非先王之法言
不敢道非先王之德行一□□行是故非法不□非道不行□無擇言身無擇行言滿天下無□過一行
滿天下無怨惡三者備矣然後能守其宗廟蓋卿大夫之孝也詩云□一夜匪懈以事一人・子曰資於
事父以事母而愛同資於事父以事君而一敬同故母取其愛而君取其敬兼之者父也故以孝事君則
忠以敬事長一則順忠順不失以事其上然後能保其祿位而守其祭祀蓋士之孝也詩一云夙興夜寐
毋忝爾所生・子曰因天之道因地之利謹身節用以養父一母此庶人之孝也故自天子已下至于庶
人孝無終始而患不及者未之一有也曾子曰甚哉孝之大也・子曰夫孝天之經地之義民之行天地
之一經而民是則之則天之明因地之義以順天下是以其敎不肅而成其政一不嚴而治・子曰先王
見敎之可以化民也是故先之以博愛而民莫遺一其親陳之以德義而民興行先之以敬 而民不爭
導之以禮樂而民和一睦示之以好惡而民知禁詩云赫赫師尹民具爾瞻・子曰昔者明□之一以孝
治天下也不敢遺小國之臣而況於公侯伯子男乎故得萬國之□一心以事其先王治國者不敢侮於

大足石刻的古文《孝经》

当然这里也有疑问：其一，范祖禹为华阳人，距离大足六七百里，为什么大书深刻于此山？其二，赵懿简公，名瞻，是陕西盩厔人，既然称为神道碑，当树立在墓道，赵瞻的墓不应该在大足，再说此旁没有看到冢墓的遗迹，为什么有这些东西？马衡推测说："意者此窟为范之门生故吏所凿，以志其景仰之私，遂以赵瞻墓前范撰碑文复刻于此，又以其手写或他处刻石之《孝经》杬勒其旁欤？颜鲁公《中兴颂》，蜀中有二本。《干禄字书》原刻毁于吴兴墨妙亭，而蜀中存复刻本，《元祐党人碑》广西有二本，皆其例也。”马衡还根据其中用字，避孝宗讳等的分析，认为“因此益可证明为后人景仰祖禹而补刻者。且补刻之年代，当在孝宗以后”。笔者认为，此说很有理。

马衡还有范祖禹古文孝经石刻校释，此录其部分供读者参考。

以上，参见马衡《宋范祖禹书古文孝经石刻校释》(《凡将斋金石丛稿》，中华书局1977年版)。当初笔者在写《趣谈摩崖石刻》一书的时候，就神往大足北山此宋刻，但是无缘得见，今日数年已过依然无缘一睹其碑刻，真谓怅然若失再三了！

朱熹改编《孝经》

朱熹（1130~1200年），宋徽州婺源（今属江西）人，生于南剑州尤溪（今居福建），后徙居建阳（今属福建）考亭。字无晦，一字仲晦，号晦庵、晦翁，别称紫阳。绍兴十八年（1148年）进士，任泉州同安县主簿。淳熙时，知南康军，改提举浙东茶盐公事。光宗时，历知漳州、秘阁修撰等。宁宗初，为焕章阁待制，不久以本职提举南京鸿庆宫。庆元二年（1196年）落职罢祠，后致仕。他集北宋以来理学之大成，是中国封建社会后期影响最大的思想家。其学派被称为闽学，或称考亭学派、程朱学派。

朱熹与《孝经》也是一个很有意趣的话题。首先说个故事，在《二十四孝别录》“幼通孝经”一则载：“宋朱文公熹，字晦庵。八岁读《孝经》，即知大义，戏为注解，书八字于其后云：‘若不如此，便不成人。’”有附诗云：“自幼明伦理，千秋说晦庵。试看标八字，那个可无惭。”朱熹八岁读《孝经》、背《孝经》完全有这个可能，因为《孝经》常被作为一种启蒙读物；发誓做个孝子，书那八个字也有可能；但是八岁孩童能通晓而作注释，或许就有些夸张了。不过朱熹在《孝经》上做了一件大事影响深远，一直至今。

再说个故事，传说朱熹写的“孝”，也可以让我们体会“孝”的涵义。

我们到安徽的宏村去旅游，导游会介绍传说朱熹所写的“孝”字，那个“孝”字就在一座老宅的大堂上。细心观察字最上面的右边，在横、竖、撇的笔画连接的地方，很像一个人仰望的脸面；再观察左边，或说是像猿的脸形。由上而下是脖子、半身形体、双手作揖敬奉的状况，下面就是“子”字。导游说，这是意喻那些不孝敬之子，就如同尚未进化的猴子；人只有尊老、孝敬父母，才有资格仰面望天。

笔者也曾参观于此，徘徊良久。如果冷静地想来，真要写得这样形象如画、比喻含蓄，恐怕很难一笔挥成，朱熹也不会顷刻之间完成的。这只不过是后来的人巧妙地附会罢了，不过附会得也很有教育意义。其实笔者想来，还可以再往深处开掘：人是从猿猴而来，人身上有人与猴共具的东西，也就是动物性与人性的共具，因此一半是猿、一半是人。但是，真正的人是能抬头看天、仰望父母、孝敬父母的，父母不就是家里的日月，不就是天吗？如果还是猿猴一样的畜生，那么只能是低头愧对父母、上苍，哪有抬头仰望的资格？

人，是做人呢，还是做猿猴呢？“孝”字，又再次拷问了人们的灵魂。

朱熹与《孝经》最重要的一件事，是他改编了《孝经》，其留下的震荡是深远且巨大的。

朱熹撰写了《孝经刊误》，此书成于淳熙十三年（1186年），当时朱熹已经五十七岁，主管华州云台观，“取《古文孝经》分为经一章，传十四章。删旧文二百二十三字”（《四库全书总目》）。朱熹撰作的主旨是“拨乱反正”，纠正他认为人们对《孝经》的一系列谬误。主要有以下几点。

1. 针对《孝经》作者，或认为是孔子所作。朱熹嘲笑说：“至或以为孔子所自著，则又可笑之尤者。”他认为，是“曾子门人所记也”。

朱熹书“孝”字

2. 针对以前的研究者，朱熹也针砭道：“顾自汉以来，诸儒传诵，莫觉其非。”

3. 朱熹指出《孝经》中的问题，如“传文固多傅会”，“其经文亦不免有离失增加之失”。

4. 最重要的举措，是改编了《孝经》结构。他根据自己的思路、逻辑，认为《孝经》的十八章中，有“经”，即是经文；也有“传”，即是对经文的解释。他把今文《孝经》的最前面的今文的六章、古文的七章合编为“经”，而把其余的各章称为“传”。下面就来比较一下：

《孝经》章第名称	朱熹《孝经》
开宗明义章第一	经一章 · 前六章
天子章第二	传之一章 · 广至德章
诸侯章第三	传之二章 · 广要道章
卿大夫章第四	传之三章 · 三才章

士章第五	传之四章·孝治章
庶人章第六	传之五章·圣治章上
三才章第七	传之六章·圣治章下
孝治章第八	传之七章·纪孝行章
圣治章第九	传之八章·五刑章
纪孝行章第十	传之九章·事君章
五刑章第十一	传之十章·感应章
广要道章第十二	传之十一章·广扬名章
广至德章第十三	传之十二章·闺门章（古文）
广扬名章第十四	传之十三章·谏诤章
谏诤章第十五	传之十四章·丧亲章
感应章第十六	
事君章第十七	
丧亲章第十八	

朱熹说："盖经之首，统论孝之终始。中乃敷陈天子、诸侯、卿、大夫、士、庶人之孝，而其末结之曰：'故自天子以下，至于庶人，孝无终始，而患不及者，未之有也。'其首尾相应，次第相承，文势连属，脉络通贯，同是一时之言，无可疑者，而后人妄分为六七章。又增'子曰'，及引《诗》、《书》之文，以杂乎其间，使其文句分断间隔，而读者不复得见圣言全体大义，为害不细。故今定此六七章者合为一章，而删去'子曰'者二，引《书》者一，引《诗》者四，凡六十一字，以复经文之旧。其传文之失，又别论之。"

这是朱熹大胆地怀疑后，做出的"创新"之举。在此以前无人道，也无人敢道，且无人会想到这样道。朱熹这种做法内在的逻辑，就像他对于《大学》的做法一样，是一以贯之的，即是分成为两部分，一是分出"经"的部分，再是分出解释"经"的传的部分。

笔者突然想起顾颉刚说的话："朱熹，对于古经确有创见。他眼光犀利，能把古书中的矛盾发掘出来。唐代大儒只是调和了一番。宋代朱熹看到其中的矛盾，并且自己重新作注解，成立新说。成立了宋学，发生了宋学对于汉学派的对立。"（何启君整理《顾颉刚讲史录》）这段话可供我们从正反两面来体味之。

至此，我们来读朱熹在《孝经刊误》第一节后面写下的一段按语，就觉得有味道了：

此一节，夫子、曾子问答之言，而曾子门人之所记也。疑所谓《孝经》者，其本文乃《孝经》之传也。窃尝考之，传文固多傅会，其经文亦不免有离失增加之失。顾自汉以来，诸儒传诵，莫觉其非，至或以为孔子所自著，则又可笑之尤者。

我们还要评说的是，朱熹的读书得间、读书的怀疑精神是值得钦佩的，而朱熹这一《孝经刊误》的做法在《孝经》的研究历史上也具有重大的影响。自唐玄宗注《孝经》以后，此“花”便独秀，而其他的《孝经》著作便被淡化了。朱熹《孝经刊误》重新开出一条新路子来，带出一片新气象来。

不过，历史上乃至于今人对朱熹的做法也有不同的看法：一是赞赏的，或进而继承此路子前行的，此不乏其人。如陈振孙《直斋书录解题》说：“抱遗经于千载之后，而能卓然悟疑辨惑，非豪杰特起独立之士，何以及此？后学所不敢仿效，而亦不敢拟议也。”

一是不赞赏的，并反对的，更是不乏其人。这一派主要理由是认为朱熹仅凭主观意见来改变《孝经》。如清代毛奇龄《孝经问》，设对门人张燧问，从十个方面驳斥朱熹《孝经刊误》和吴澄《孝经定本》，指出《孝经》非伪书，刘炫也没有伪造《孝经》，批评朱熹、吴澄删经之弊。又如魏源《孝经集传叙》说：“后人或浅近视之，于《孝经》之中又裂分经、传，加以删削，与《大学》补传改本同失，而《孝经》之谊几亡。”我们认为朱熹的改编《孝经》是缺乏根据的，不该盲从他。确实，对于元典怀疑可以，但关键要拿出证据来，而在这方面朱熹显得证据不足、缺乏证据；不仅如此，还只依据私见便进行删削变动元典，更是一种破坏性的做法了。

《孝经刊误》正因为是朱熹所作，故影响深远，甚至于元明清几代。此后如元代吴澄继承之作《孝经定本》，元之董鼎作《孝经大义》、朱申之作《孝经句读》，明代江元祚《孝经汇注》以及清代周春于《孝经》之作等等，都是承朱熹的理念和做法而一脉延展出来的。当然若要从积极的方面看，那么此中也有促进，那便是如前所说，因为司马光、范祖禹等的古文《孝经》的研究，加上朱熹的古文《孝经》的影响，使得古文《孝经》的生命在唐以后的衰微下，得到了一度的提振。

元代吴澄的《孝经定本》

宋代朱熹开创了对传统《孝经》的改本，继承他的又有元代的吴澄对《孝经》又作了一次改本。《四库提要》称："盖至是而《孝经》有二改本矣。"这是《孝经》历史上的又一要事。

吴澄(1249～1333年)，元抚州崇仁(今江西崇仁县)人。宋咸淳七年(1271年)举进士不中，还乡筑草屋，讲学著书，学者称草庐先生。

元代至元二十三年(1286年)，程钜夫奉诏来到江南求贤，吴澄随之入京城。次年以母亲年老为理由，辞谢而归。

大德末，除江西儒学副提举，不久以疾辞。

至大间，召为国子监丞。皇庆元年(1312年)，升司业，又辞归。

至治三年(1323年)，迁翰林学士。泰定年间，以经筵讲官主持撰修《英宗实录》，事毕弃职南归。著有《吴文正公集》、《草庐精语》。

他很推崇朱熹，虽然试图折衷朱熹、陆九渊两派，但还是倾向于朱熹。尤其推崇朱熹的"格物"、"诚意"之说。

吴澄学术上受朱熹的影响很深，比如研究《尚书》，著《书纂言》四卷，就从朱熹等人之说，怀疑《古文尚书》以及孔《传》，都属于伪书。

吴澄撰写《孝经定本》一卷(或称为《孝经章句》)，也是模仿朱熹《刊误》的方法。他将《孝经》分为经一章，传十二章。不过和朱熹不同的是，朱熹相信古文《孝经》，而吴澄相信今文《孝经》。他用古文、今文以及朱熹的《刊误》本参校，今文古文有不同的地方，从其所长者，所不从者也附注于下。《四库全书总目》载："此书以《今文孝经》为本，仍从朱子《刊误》之例，分别经传，其经合今文六章为一章，其传则依今文为十二章，而改易其次序。"

我们可以把《孝经》朱熹、吴澄的不同结构做个比较：

朱熹《孝经》	吴澄《孝经》
经一章·前六章	经一章·前六章(与朱熹同)
传之一章·广至德章	传之一章·感应章
传之二章·广要道章	传之二章·孝治章
传之三章·三才章	传之三章·圣治章上
传之四章·孝治章	传之四章·三才章
传之五章·圣治章上	传之五章·广治德章
传之六章·圣治章下	传之六章·广要道章
传之七章·纪孝行章	传之七章·圣治章下
传之八章·五刑章	传之八章·纪孝行章、五刑章
传之九章·事君章	传之九章·事君章

传之十章·感应章	传之十章·广扬名章
传之十一章·广扬名章	传之十一章·谏诤章
传之十二章·闺门章（古文）	传之十二章·丧亲章
传之十三章·谏诤章	
传之十四章·丧亲章	

我们从朱熹、吴澄对《孝经》的做法可以看到，他们已经用自己的理念来改变了《孝经》的结构模式，并任意窜改经典了。周予同在《中国经学史讲义》中说："宋儒对于《孝经》，以改窜经文为特点。"朱熹、吴澄就是这样的典型。

再说，吴澄著《礼记纂言》，也是这样只凭自己的意见，将《小戴礼记》四十九篇割裂颠倒，颇受后人讥讽。不过吴澄也并非全是如此，也有许多精当的撰作和校勘。

如关文瑛《通志堂经解提要》中对吴澄有这样一个评价，可以参考："其《孝经定本》一卷，盖从朱子《刊误》之例，而亦自为篇第也。其书以《今文孝经》为本，而效朱子《刊误》之作法，但分经一章、传十二章，而次第又与《刊误》不同。至朱子所删诸句，及古文《闺门章》二十四字，则皆附录于后，与朱子之书同而异，异而同也。澄所著说经诸书，皆好窜易经文，是编亦然，其失实与朱子相等。然澄以古文多减末句'也'字，文势不若今文之顺，因疑古文非孔壁之旧，故改从今文，则较司马光、朱子之尊信古文者为有识矣。又据《说文》所引《古文孝经》但作'仲尼居'，而无'闲'字，复据二《戴记》而断'曾子侍'下无'坐'字，于以知凡此字句不同之故，皆伪称得古文者妄为增减改易，以求异于今文耳。此论最为近正，而发前人之所未发者也。《四库提要》谓其：'虽多分裂旧文，而诠释简明，亦秩然成理。朱子《刊误》既不可废，则澄此书亦不能不存。盖至是而《孝经》有二改本矣。'然舍其割裂经文之短，澄书似较朱子为长。"

这里既分析了他与朱熹的同和异，他的失实的不足，也赞扬了他独到的做法和见识，并且与朱子比较下来有其长处。这些评论可供我们参考。

吴澄的门人张恒曾有《跋》称："澄观邢《疏》而知古文之伪；观朱子所论，知今文亦有可疑。因整齐诸说，附入已见，为家塾课子之书，不欲传之，未尝示人。"吴澄本作为一种私塾的教本，而并不想流入学术界。《四库全书总目》说："所定篇第虽多分裂旧文，而诠释简明，亦秩然成理，朱子《刊误》既不可废，则澄此书亦不能不存，盖至是而《孝经》有二改本矣。"这是比较客观、公允的态度。

《孝经》定格在《十三经》

汉代《孝经》已经厕身于“七经”之中，从而有别于其他的诸子的地位了。

汉以后，经学史上还有“九经”、“十经”、“十一经”、“十二经”、“十三经”等说法。此中《孝经》的命运，或被列入经中，或不被列在经中，就这样慢慢伴随着历史前进着。

比如唐朝开始有“九经”之说，见诸《旧唐书·儒学传上》：“谷那律，魏州昌乐人也。贞观中，累补国子博士。黄门侍郎褚遂良称为‘九经库’。”关于“九经”的解释，如唐代徐坚的《初学记》以《周礼》、《仪礼》、《礼记》，《春秋左传》、《春秋公羊传》、《春秋谷梁传》和《周易》、《诗经》、《尚书》为“九经”。又如皮锡瑞《经学历史》：“唐分三礼、三传，合易、书、诗为九。”这就不包含有《孝经》。关于“九经”也有说，如柴绍炳《考古类编》云：“有称‘九经’者，‘七经’之外，兼《论语》、《孝经》也。”如《易》、《书》、《诗》、《周礼》、《仪礼》、《礼记》、《春秋》、《论语》、《孝经》。这是含有《孝经》的。

唐朝又有“十二经”之说，唐文宗开成二年（837年），仿效东汉蔡邕刻“石壁九经”于太学的做法，用楷书刻有“十二经”，是《易》、《书》、《诗》、《周礼》、《仪礼》、《礼记》、《春秋左传》、《春秋公羊传》、《春秋谷梁传》、《论语》、《孝经》、《尔雅》。宋代晁公武《郡斋读书记》：“唐太和中，复刻十二经，立石太学。”这是怎么回事？原来“太和”年号是827～835年，此事于太和九年敕令开刻“十二经”，而至于837年即开成二年而完成，因此称为“太和石经”或“开成石经”。

今西安碑林就有《开成石经》，又称为《石刻十二经》、《唐石经》，全称为《石刻十二经并五经文字九样文字》，因为与石经同时刻成的还有张参的《五经文字》、唐元度的《九样文字》，式样相同。唐开成二年（837年）刻，共计一百一十四石，两面刻，凡二百二十八面。此中就有《孝经》在。到了后世，明贾汉以为当补入《孟子》，便又补刻了《孟子》一经，为十三经。

五代后蜀时，孟昶广政元年（938年）始刻石经，以唐代的“开成石经”为蓝本。顾炎武《石经考》曾引《成都记》文：“伪蜀孟昶有国，其相毋昭裔刻《孝经》、《论语》、《尔雅》、《周易》、《尚书》、《周礼》、《毛诗》、《仪礼》、《礼记》、《左传》，凡十经于石。”《孝经》就在此中。

宋代，宋仁宗赵祯时代敕令刊刻石经于国学，自庆历元年（1041年）开始刊刻，至嘉祐六年（1061年）完成，称为“嘉祐石经”。有《周易》、《诗经》、《尚书》、《周礼》、《礼记》、《春秋左氏传》、《孝经》、《论语》、《孟子》之“九经”。由当时书法家赵克举、杨南仲、张次立、胡恢等人书写。因石经用楷书、篆书二体刻成，故也称为“二体石经”，区别于汉熹平的“一字石经”、魏正始的“三体石径”。建国前后，在开封市曾发现《孝经》等残石。

此可见《孝经》在宋代很受重视。宋代由于朱熹提出“四书”的理念，社会上下影响巨大，孟子普遍受到推崇，《孟子》一书也被列入群经中。于是后来也就出现了学术史上著名的“十三经”之说。

再说早在宋以前，这些经已经各有注了，其疏亦至南宋时候完成了。南宋光宗绍熙年间，出现了合刊的疏注本“十三经”。

清代乾隆时，既刻十三经的经文于石，立于太学，而阮元又合刻《十三经注疏》，且附上《校勘记》。十三经被定格在学术史上，《孝经》也终于永远定位在其中了。

再来看看十三经典的排列及《孝经》的位子：

1. 《周易正义》，魏王弼、韩康伯注，唐孔颖达等正义。
2. 《尚书正义》，汉孔安国传，唐孔颖达等正义。
3. 《毛诗正义》，汉毛亨传、郑玄笺，唐孔颖达等正义。
4. 《周礼注疏》，汉郑玄注，唐贾公彦疏。
5. 《仪礼注疏》，汉郑玄注，唐贾公彦疏。
6. 《礼记正义》，汉郑玄注，唐孔颖达等正义。
7. 《春秋左传正义》，晋杜预注，唐孔颖达等正义。
8. 《春秋公羊传注疏》，汉何休注，唐徐彦疏。
9. 《春秋谷梁传注疏》，晋范宁注，唐杨士勋疏。
10. 《论语注疏》，魏何晏集解，宋邢昺疏。
11. 《孝经注疏》，唐玄宗御注，宋邢昺疏。
12. 《尔雅注疏》，晋郭璞注，宋邢昺疏。
13. 《孟子注疏》，汉赵岐注，宋孙奭疏。

在十三经中，《孝经》就这样永恒地定格在第11位上了，然而它的注却不同一般，是学者、大臣之外的唯一的一位皇帝为之作注。古代的皇帝很多很多，就这一位唐明皇有如此“学术荣耀”，真是一件有趣的事情！

帝王·《孝经》·注讲书传

皇家与《孝经》的关系一直是亲密无间的，无论是天下太平的时代，如汉、唐、宋等朝代，《孝经》是热热闹闹的时代；无论是魏晋南北朝或者是蒙元那样的时代，《孝经》也照样不寂寞；因为统治者都知道《孝经》所能起到的作用与价值。

皇家在做法上除了政策上的奖励、激励以外，比如教学科举、确立学官、选拔人才、考核官吏、营造社会风气以外，他们自己又做了些什么呢？翻开历史，中国古代的帝王对《孝经》特别重视，或亲自注解，或亲自听讲，或亲自宣讲，或亲自书写，或亲自传扬，如此等等，不一而足。有些我们在前文已经说到，一些在后文还会讲到。这里再举出些例子，集中地观察这一突出的历史现象，以及可以深思这一现象背后的道理。

1. 帝王们重视《孝经》

历史上许多帝王都高度重视《孝经》，这是很突出的。比如从几个开国皇帝来说，隋文帝杨坚建国时，就接受苏威的进言，“唯读《孝经》一卷，足可立身治国”，将《孝经》立于国学，颁行天下，要求官吏诵读。此也影响后来的隋炀帝杨广，他也下诏：“孝悌有闻，人伦之本；德行敦厚，立身之基。”

又如唐高祖李渊曾下诏：“民禀五常，仁义斯重；士有百行，孝敬为先。”唐代从高祖开始就重视提倡《孝经》，宣扬孝道。

宋太祖赵匡胤在征战之中，还不忘记召见太原孝子刘孝忠，予以慰谕。此也深刻影响了后来宋代的皇帝对于“孝治”的重视。

明太祖朱元璋称《孝经》为“孔子明帝王治天下之大经大法，以垂万世”。下诏令各地荐举孝弟力田之士，令府州县正官以礼遣送孝廉之士至于京师，但严格禁止“割股卧冰”等有伤身体的行为。明朝各皇帝几乎每年都旌奖孝义之家。(参见汪受宽《孝经译注》)我们再看看帝王们在其他方面的情况。

2. 帝王们不断注解《孝经》

传说战国初期魏文侯注《孝经》，也许是帝王注《孝经》的肇始者。虽然还不被学者都认可，但是毕竟也是一个珍贵的历史片段。

如果根据确凿的记载，那么帝王对《孝经》撰作注解的很多。有记载的，除了唐玄宗的《孝经注》外，又如东晋元帝著有《孝经传》，东晋孝武帝有《总明馆孝经讲义》，梁武帝著有《孝经义疏》，梁简文帝也有《孝经义疏》，北魏孝明帝有《孝经义记》等。北魏孝文帝还命令把《孝经》翻译为鲜卑语，唐魏征在《隋书·经籍志》里有记载："魏氏迁洛，未达华语，孝文帝命侯伏侯可悉陵，以夷言译《孝经》之旨，教于国人，谓之《国语孝经》。"

再看清代，世祖顺治、圣祖康熙、世宗雍正都亲自注释过《孝经》。

比如顺治十三年（1656年），顺治皇帝撰成《御注孝经》一卷，"约一万余言，用石台本，不用孔安国本，息今文、古文门户之见也；亦不用朱子《刊误》本，杜改经之渐也。义必精粹，而词无深隐，期家喻户晓也。"（《四库全书总目》）

在顺治、康熙年间，朝廷还命令儒臣编纂了《孝经衍义》一百卷，镂板颁行。

清代世宗于雍正五年（1727年）自己亲撰《钦定缮译孝经》，并完成《御纂孝经集注》一卷，此"指授儒臣，精为简汰，刊其糟粕，存其菁华"。在《御纂孝经集注序文》中有云："朕乃命专译经文以便诵习。夫《孝经》一书，词简义畅，可不烦注解而自明。诚使内外臣庶，父以教其子，师以教其徒，口讽其文，心知其理，身践其事。为士大夫者能资孝作忠，扬名显亲；为庶人者能谨身节用，竭力致养；家庭务敦于本行，闾里胥向于淳风。如此则亲逊成化，和气薰烝，跻比户可封之俗，是朕之厚望也。"

这段话就是皇帝的心里话，也代表了所有的皇帝的内心想法，通过对《孝经》的传扬与实践，可以改变社会风气，达到和谐，巩固自己的王朝统治。清代国子监之书籍有康熙帝钦定《孝经衍义》，而雍正的《御纂孝经集注序文》也随时印行供教学之需。

3. 抓紧对后代的《孝经》教育

汉宣帝地节三年（公元前67年）还选择疏广用《孝经》向皇子教授。梁武帝甚至亲撰《孝经义疏》，还令师傅为年仅三岁的昭明太子讲授《孝经》。陈文帝、宣帝、后主时都曾诏令东宫讲《孝经》，如此等等，用心良苦。

4. 帝王还热衷于宣讲或听讲《孝经》

一种做法是请学者、官员到宫殿里来讲《孝经》，如汉代有个叫王立的，官太史令。"王允奏曰：'太史令王立说《孝经》六隐事，能消绝奸邪。'常以良日，允与立入为帝诵《孝经》一章。以丈二竹簟，画九宫其上，随日时而出入焉。及允被害，乃不复行也。"（丁晏《两汉三国学案》）又如史载，唐太宗在贞观十四年三月还亲自到国子学，听祭酒孔颖达讲《孝经》。宋仁宗赵祯就曾召集辅臣到崇政殿观讲《孝经》。

另外一种是自己宣讲，魏晋六朝时期，如晋代穆帝、晋代武帝；宋武帝、宋文帝；梁武帝；北魏宣武帝、孝明帝等都曾经亲自讲《孝经》。皇帝宣讲《孝经》的场面也有记载，如晋孝武帝的宣讲，《南朝宋会要》云："孝武宁康三年九月九日，帝讲《孝经》。仆射谢安侍坐，尚书陆纳侍讲，侍中汴耽执读，黄门侍郎谢石、吏部郎袁宏执经，车武子与丹阳尹王混摘句。时论荣之。"

再有一种情况是让皇太子宣讲《孝经》，如晋代武帝、惠帝，陈文帝、宣帝、后主等都曾经诏令太子讲《孝经》。（参见朱明勋《论魏晋六朝时期的〈孝经〉研究》）有意思的是，南朝一些帝王不仅亲自注释和宣讲《孝经》，还出现太子、诸王乃至群臣亦时时集会讨论《孝经》的现象。梁武帝还创设《孝经》事务的专门官职——置制《孝经》助教。为了普及《孝经》和孝的伦理，学者还编出了《孝经图》、《大农孝经》、《正顺孝经》、《女孝经》等书。《孝经》之学成为显学。（参见汪受宽《孝经译注》，上海古籍出版社）

5. 帝王书写《孝经》

唐明皇书写《孝经》刻"石台孝经"就是一例。又如，宋太宗重视提倡孝道，曾用草书两次书写《孝经》。淳化三年（992年），他见到淳化阁碑有其所书《千字文》，说："《千字文》非垂世立教之言，《孝经》百行之本，朕当躬书勒之碑阴。"于是他命人把所书《孝经》刻在淳化秘阁碑的背面。他在将御书《孝经》赐给李至时也说过："千文无足取，若有资于教化，莫《孝经》若也。"南宋高宗亲自书写《孝经》赐给大臣，并刻于金石，颁行天下州学。（参见杜中新等《孝治与〈孝经〉入十三经》）

我们再看今人的一段话，是杨伯峻在《经书浅谈》的评论。东晋孝武帝著有《总章馆孝经讲义》一卷，杨伯峻说："现在只谈东晋孝武帝这个人，他十岁死了父亲，便不哭丧，还说什么'哀至便哭'。他在位时，权臣桓温已死，权柄他一人掌握；其后谢安、谢石又大败苻坚于淝水，正是大有为之时，他自己却饮酒好色，又专任司马道子和王国宝一般龌龊小人，贪婪无厌，卖官鬻爵，流毒人民，结果被所宠爱的张贵人所害死，甚至没有人来追究凶手。东晋因之日益衰颓，以后遂一蹶不振，还宣讲什么《孝经》（宁康三年重九日孝武帝曾亲自讲《孝经》），作什么《孝经讲义》？由此可见，统治者之讲《孝经》，为《孝经》作解说，都不过是骗人的把戏罢了。现存《十三经注疏》中的《孝经注》是唐玄宗作的，宋邢昺作疏。因为《孝经》这部书，内容陈腐，文字浅陋，实在值不得一读。好在只有一千八百字，翻他一遍，半小时也就够了。"——这段话够今人和后人耐心地咀嚼一番的。笔者想到的是，几千年中历代皇帝中很多人如此重视《孝经》，必定是大有道理的，只不过他们是从另一个非经学的角度来看待它的价值的，这就与单纯从经学与学术的角度去看问题大不一样了。因此他们也许并不觉得“内容陈腐”，而是有深刻的治国之道；不是“文字浅陋”，而是大有“孝治”的文章在里面。因此这些统治者，都热衷于《孝经》，至于能否治理好一个王朝，那么还有很多的问题要考虑，并不是一个简单的事情。

篇五

《孝经》元典译讲

《孝经》今本仅有1799字，然而这两千字还不到的经典，居然流传了两千多年，且至此21世纪依然不衰不朽。

孔子说："夫孝，天之经也，地之义也，民之行也。"孝，是天经地义的。《孝经》之经，在于讲述了天经地义的孝道。《孝经》之典，在于阐述了人本的根本之道。孝道的生命永恒，是因为能够扎根在人的性灵的深处；《孝经》的生命恒久，则是因为能够扎根在天经、地义、人行的广袤之中！

——作　者

开宗明义章第一

仲尼居，曾子侍。子曰："先王有至德要道，以顺天下；民用和睦，上下无怨。汝知之乎？"

曾子避席曰："参不敏，何足以知之？"

子曰："夫孝，德之本也，教之所由生也。复坐，吾语汝。身体发肤，受之父母，不敢毁伤，孝之始也。立身行道，扬名于后世，以显父母，孝之终也。夫孝，始于事亲，中于事君，终于立身。《大雅》云：'无念尔祖，聿修厥德。'"

【译文】

孔子闲居，曾子侍候着。孔子说："先王拥有最重大关键的道德，用来顺化天下；民众之间因此和睦，君臣上下没有怨恨。你知道这事吗？"

曾子离开坐席，说："曾参不聪敏，怎么足以知晓这事呢？"

孔子说："孝，是道德的根本，教化就从这里产生的。再坐下吧，我告诉你。身体毛发肌肤，都是从父母那里接受来的，不敢毁坏损伤，是孝的开始。处世立身，践行道义，扬名于后世，而使得父母荣显，是孝的终极。孝，开始于事亲，中间在于事君，最终在于立身。《大雅》说：'不要忘记你的祖先，要修炼那德行。'"

【讲读】

《孝经》，是关于孝、孝行、孝道的经典阐述。《孝经》通过孔子与其弟子曾参的问答，对孝的理念、历史、作用、价值、意义等做出了深广的系统的论说。

旧题西汉孔安国《古文孝经序》中云："《孝经》者何也？孝者，人之高行；经者，常也。自有天地人民以来，而孝道著矣。上有明王，则大化滂流，充塞六合。若其无也，则斯道灭息。当吾先君孔子之世，周失其柄，诸侯力争，道德既隐，礼谊又废。至乃臣弑其君，子弑其父，乱逆无纪，莫之能正。是以夫子每于闲居而叹述古之孝道也。"——这里带给我们许多古人解读的信息：一是之所以叫《孝经》，"经"就是经常的意思，孝道是自有天地民众以来就已是常具常有的了。二是，孝道虽是经常的，但是不同时代的命运是不相同的，有圣明之君则孝道大行，无圣明之君则孝道灭息。三是，所以有此《孝经》之作，是因为孔子目睹社会的道德沦丧的现实，有感而为之的。

再看旧传郑玄《孝经序》云：“夫孝者，盖三才之经纬，五行之纲纪。若无孝，则三才不成，五行僭序。是以在天则曰至德，在地则曰愍德，施之于人则曰孝德。故下文言‘夫孝者，天之经，地之义，人之行’。三德同体而异名，盖孝为百行之首，经者不易之称，故曰《孝经》。”（见胡平生《孝经译注》，中华书局）——这里从另外一个角度解读了《孝经》的名称：一是道德贯通于天、地、人三者之间，天之德行就是“至德”，地之德行就是“愍德”，人的德行就是“孝德”。二是，上天常明，大地常利，人的孝道当长行。三是，“孝”之“经”就是不该改易、变易、移易的。这些古人的解读也可以从某些方面给我们提供许多的启示。

再说，《开宗明义章》是第一章，是对《孝经》进行总的说明，是全书的纲领、总论，所以称为“开宗明义章第一”。

事有本，本有宗，宗有旨；“开宗”，即是启事之本，发本之宗，阐宗之旨，也就是开启阐发《孝经》的宗旨。“明义”，就是阐明义理。《十三经 · 孝经注疏》里宋代邢昺（bǐng）曰：“《正义》曰：开，张也；宗，本也；明，显也；义，理也。言此章开张一经之宗本，显明五孝之义理，故曰开宗明义也。”后世流传的成语“开宗明义”，出典就在《孝经》。

人们也许会觉得奇怪，今人所谓的一章，篇幅不小，但为什么此仅是一段语录。“章”字，《说文》：“章，乐竞为一章。从音，从十。十，数之终也。”音乐一曲完了叫一章，所以此字的结构是由“音”和“十”会意；“十”是十进

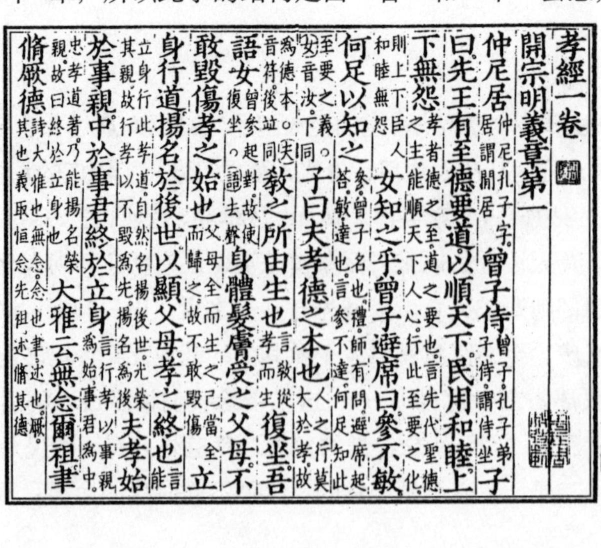
孝經一卷

開宗明義章第一

仲尼居仲尼孔子字居謂閒居曾子侍曾子孔子弟子侍謂侍坐曰先王有至德要道以順天下民用和睦上下無怨孝者德之至道之要也言先代聖德之主能順天下人心行此至要之化則上下臣人和睦無怨女知之乎曾子避席曰參不敏何足以知之參曾子名也禮師有問避席起荅敏達也言參不達何足知此至要之義女音汝下同子曰夫孝德之本也人之行莫大於孝故為德本夫音符後竝同教之所由生也言教從孝而生復坐吾語女曾參起對故使復坐語去聲身體髮膚受之父母不敢毀傷孝之始也父母全而生之己當全而歸之故不敢毀傷立身行道揚名於後世以顯父母孝之終也言能立身行此孝道自然名揚後世光榮其親故行孝以不毀為先揚名為後夫孝始於事親中於事君終於立身言行孝以事親為始事君為中忠孝道著乃能揚名榮親故曰終於立身也大雅云無念爾祖聿脩厥德詩大雅也無念念也聿述也厥其也義取恒念先祖述脩其德

制数的最后一个数字，完成一个周期。所以一个意义相对完整的语言片段也可以称为章。比如《老子》字数仅五千言，但是却分为81章，也就是这样的情况。

一、历史镜头的重现

仲尼，是孔子的字。曾子（公元前505～前436年），就是曾参，孔子的弟子，字子舆，尊称为曾子。春秋末鲁国南武城（今山东费县）人，对孔子的思想有精深的理解。

“居”，《注》：“闲居。”此《注》，即是唐玄宗的御制的《孝经注》。本书后文所说的《注》，均指唐玄宗的御注《孝经》，收录在《十三经·孝经注疏》里。

“居”，“闲居”，是指安闲居家，即是一种避开众人而居的情况。比如《礼记·孔子闲居》：“孔子闲居，子夏侍。”陆德明《释文》：“退燕避人，曰闲居。”“侍”，《注》：“谓侍坐。”曾子坐在坐席上陪侍、侍候着。

这里再现了孔子与弟子曾子对话的情景，而主题是关于孝的问题。孔子是用启发式诱导曾子，向他提问先王的“顺天下”的“至德要道”，是否知道？

子曰：“先王有至德要道，以顺天下；民用和睦，上下无怨。汝知之乎？”《注》：“孝者，德之至，道之要也。言先代圣德之主，能顺天下人心，行此至要之化，则上下臣人和睦无怨。”

“先王”，上古贤明君王、先代圣德之主。比如尧舜禹，商代汤王，周代文王、武王等。“至”，最高。“要”，关键。“用”，因，因此。“汝”，宋代的岳珂本作“女”，下文同；“女”、“汝”相通，“你”的意思。

孔子把孝道升华为先王的至高的德行、关键的道理，指出用此来顺治天下，便会使得民众和睦，君与臣民之间没有怨恨。

曾子“避席”，郑玄注本作“辟席”，“避”、“辟”相通。曾子很尊敬夫子，谦下地从坐席上站起来，站到一旁，说自己鲁钝不知。《注》：“《礼》：‘师有问，避席起答。’敏，达也。”

于是孔子向曾参讲述了“孝”的要义，师生之间展开了一场交谈。有意思的是，在谈话中，孔子还没有忘记叫站起来“避席”的曾子再回去坐下来，然后对他再行讲说。孔子说：“复坐，吾语汝。”孔子大教育家的和蔼可亲的风采也跃然纸上了，而弟子如沐春风地聆听孔子教诲也宛如就在眼前了。

孔子有一种智慧，传道则必得其人。《论语·卫灵公》：“子曰：‘可以言而不与之言，失人；不可与言而与之言，失言。知者不失人，亦不失言。’”孔子向曾子系统地阐说孝道，传孝道于曾子，就是既不失言，又不失人的智者，其中一个重要的原因，曾子本身就是个大孝子。

魏源于此有深论，说："抑又考古今言孝者，推舜为大孝，武王、周公为达孝，曾子为至孝。然曾子得曾皙以为之父，春风沂水，舞雩咏归，同为圣人之徒，各由狂狷以造于中行，其天伦所遇之境盖过于舜，而几同于达孝之周公。《孝经》'严父配天'之宜，惟夫子以韦布享王祀，上及先世，足以当之，而曾子亦其邻几者也。《孝经》之传，专授曾子，意深矣哉！"（《孝经集传序》）此也是有见地之论。

二、孝是德本，教所由生

1. 夫孝，德之本也，教之所由生也。

《注》："人之行，莫大于孝，故为德本。言教从孝而生。"

孔子首先揭示，孝之所以重要与关键，其中最紧要的两点：一是孝为道德的根本。根本者，就是大树的根蒂，而这棵从人的心灵深处所生长出来的道德之树，它的根子就是孝。

二是教化是由孝而生成的。孝是人性道德之根，由此生成伸展出道德的枝叶、花朵，由此而硕果飘香也好，或由此涩果苦果也罢，一切均从根子上来。唯其根深，才能叶茂而花盛；唯其务本，才能本立而道生。

古代有所谓伦理道德的"五教"，也称为五常之教，指教父以义、教母以慈、教兄以友、教弟以恭、教子以孝。如《尚书·舜典》："汝作司徒，敬敷五教。"《左传·文公十八年》："举八元，使布五教于四方，父义、母慈、兄友、弟共（恭）、子孝。"古人认为，抓住这些教化，那么其余用来教化人的也可以推而知道了；在众多的道德教化中又以"五教"为最要，而"五教"之中又以孝为至要。

2. 身体发肤，受之父母，不敢毁伤，孝之始也。

《注》："父母全而生之，已当全而归之，故不敢毁伤。"

这条内容是说，自己的身体以及毛发肌肤等，都是父母给予的，不敢有所损伤，这是孝子的第一件要事。孔子又说过："不亏其体，不辱其身，可谓全矣。"这种理念，曾子铭记在心，且一生遵行，甚至在临死之前，还自豪、自慰地让弟子们看看自己手、足，没有损伤的身体，作了又一次示范性的孝道的教化。

有意思的是，曾子的学生乐正子春又传承了老师的榜样，且又传递给自己的弟子。《大戴礼记·曾子大孝》就记载这样的事情：

乐正子春走下堂的时候，扭伤了脚，后来伤好了，但是数月不出门，仍旧有忧愁的脸色。门下的弟子询问："夫子伤足瘳（chōu，病好），数月不出，犹有忧色，何也？”

乐正子春曰：“善如尔之问也。吾闻之曾子，曾子闻诸夫子曰：‘天之所生，地之所养，人为大矣。父母全而生之，子全而归之，可谓孝矣。不亏其体，可谓全矣。’故君子顷步之不敢忘也。今予忘夫孝之道矣，予是以有忧色。”乐正子春也严格地遵行爱惜身体，保全身躯就是孝；不过乐正子春也显得有些“迂”，有点“愚”，太拘泥于举足移步之琐碎之处了。如果都像乐正子春那样的话，那么人生怎样去作出一番叱咤风云的事业来？

其实孔子的话是有深刻的道理的：其一，身体是行孝道的载体，没有这一载体，子女如何很好地奉养父母、孝敬父母？身体是行孝之本，因此要全之。二是，保全身体，不受到伤害，主要是指不要犯罪而受到刑罚，不要在与他人斗狠之中受到伤害，不要在声色犬马之中糟蹋生命，不要不爱生命不知节制，而早逝、夭折，死于非命。三是，保全好身体，还能为国家服务，当时是“事君”，这是孝的延伸。四是，保全好身体，还为了传宗接代。五是，对于保全身体，孔子是很辩证的。子曰：“朝闻道，夕死可矣！”（《论语·里仁》）为了闻道，可以朝闻夕死；面对着道义，可以赴汤蹈火，在所不惜。这些才当是孔子所说的大道理。

3. 立身行道，扬名于后世，以显父母，孝之终也。

《注》：“言能立身行此孝道，自然名扬后世，光荣其亲，故行孝以不毁为先，扬名为后。”《疏》：“又言孝行非唯不毁而已，须成立其身，使善名扬于后代，以先荣其父母，此孝行之终也。若行孝道，不至扬名荣亲，则未得为立身也。”

孔子又提出更高层次上的孝道的内涵，那就是孝不仅是保全身体、不毁坏就行了，这仅是一个开始而已。在此之后，应该是立身行道，只有行道，才能立其身，从而扬名后世，光显父母。这就成了根深蒂固的传统理念，后代要光宗耀祖，这是孝的终极目标了。反过来说，如果子女辱没先祖先宗，那就是最大的不孝了。

4. 夫孝，始于事亲，中于事君，终于立身。

《注》：“言行孝以事亲为始，事君为中，忠孝道著，乃能扬名荣观，故曰终于立身。”

孔子又接着完整地揭示了孝的逻辑进程有三阶段：始——中——终。

（1） 孝之始。“身体发肤，受之父母，不敢毁伤”，这是孝之“始”；“始于事亲”，这也是孝之“始”。“事”，是奉事、侍奉、服务的意思。从自已身体的保护、保全做起，从在家里奉事父母做起，这就是孝的起始。

（2） 孝之中。“中于事君”，这是由家里的“事亲”，走向社会的“事君”，侍奉国君，为国家做事，把孝道推广开来了。在此过程中间，孝行又转化为侍奉国君的“忠”，这是“移孝为忠”。“中”，解释为中间：一是指行孝道之中间，相对于开始之“始”、结束的“终”而言；一是解释“中”为年龄的青壮年出仕之时。

关于孝与忠，曾子说过：“忠者，其孝之本与。”（《曾子·本孝篇》）又如《荀子·致士》中提出，招纳贤士办法中有一条就是要对方：“忠言、忠说、忠事、忠谋、忠誉、忠愬，莫不明通。”有这“六忠”，则莫不畅通无阻。宋代岳飞就曾说：“臣窃谓事君以能致其身为忠。”（《乞解军务札子》）为了忠君，甚至可以献出生命。

（3） 孝之终。“立身行道”，终极目标就是“扬名于后世，以显父母”。这也是由开始、经中间，最后达到圆成的结果；最终能做到孝与忠，便能立身扬名了。

当然这是孔子所描述的一种理想的行孝道的完美人生。这种目标很高，一般人也许达不到；但是这种理念却深入人心，一般人都很向往。

郑玄曾认为，“父母生之，是事亲为始；四十强而仕，是事君为忠；七十致仕，是立身为终也者”。（《疏》引郑注）所谓“致仕”，就是年老退休。其实，我们一想就知道，大多数人不能走全、走完这样的人生路途，因为大多数人不会做官，也因为有很多人没有这样的长寿。这种解读似乎太机械了，因此遭到他人的反驳。其实，那些在家里行孝道奉事父母，出外劳作，服务社会，忠于国家的人，也都有立身扬名于世上的。自古至今那么多流传的孝子故事与事迹，就有许多“立身行道”、“终于立身”的例证。因此能在家孝，在社会上忠，则孝与忠两全。

三、引《诗》明意

孔子喜好引《诗》来说话、修辞、表意、明理，这成为一种审美的言谈方式，也成为他的修养与风范的重要元素。孔子那时代叫《诗》，后来到了汉代《诗》上升为一部重要的经典，才称为《诗经》，所以这里的《诗》，就是《诗经》。

《论语·季氏篇》记载了一个故事：一天孔子独自站立在那里，他的儿子孔鲤恭敬地小步快走从庭院经过，这就是所谓的“趋庭”。孔子就问他：“学《诗》乎？”孔鲤回答：“未也。”孔子教导说：“不学《诗》，无以言。”于是“鲤退而学《诗》”。此可见孔子是怎样看重《诗经》的，甚至说不学《诗》，就不会好好讲话。就在短短的《孝经》中，孔子就有10次引用了《诗》。

此两句诗出自《诗经·大雅·文王》，此诗大约是西周初期的作品，歌颂周文王接受天命创立了周朝，并用“天命不易”告诫嗣王。“无念尔祖，聿修厥德”。《注》：“《诗》大雅也，无念，念也。聿，述也。厥，其也。义取恒念先祖，述修其德。”

“无念”，就是“勿忘”，不要忘记的意思。这里的“念”解释为“忘”，这就像“乱”解释为“治”一样，这又称为“反训”。《尔雅·释训》：“勿念，勿忘也。”又如《左传·文公二年》引此为“毋念尔祖，聿修厥德”，杜预注：“毋念，念也。”“尔”，你、你们。“聿”（yù），句首助词，无义；或如唐玄宗解释为“述”，遵循、依照的意思。“厥”，代词，那、其。这是说，不要忘记你的祖先，要修炼那德行。——这里贴切地用《诗》句教诲曾参，要勿忘祖先，勤于进德修孝。

四、《开宗明义章》现代启示谈片

在《孝经》里，我们可以汲取孔子的智慧，为现代社会、家庭的道德教化提供经典的借鉴。

孔子揭示了“孝道”是道德教化的根本问题，“夫孝，德之本也，教之所由生也”。历史的经验是“先王有至德要道，以顺天下；民用和睦，上下无怨”。但是，在现代的道德教化中，孝道曾经被猛烈地批判过、扫荡过。虽然时过境迁，但那种文化的伤痛、道德的沦丧也不会被历史遗忘，遗憾的是传统的“孝道”确实是越来越淡出了。

今天，当我们重新醒悟到中国传统文化的深厚底蕴以及智慧时，也不妨再理智地审视《孝经》的经典，明智地传扬传统的孝道。其实“孝道”，既是中国传统文化的大动脉与静脉，又是密密麻麻的微血脉毛血管，广为流布，周遍滋润着。现代社会提倡孝道，小则可以和谐一个家庭，中则由家庭而延伸至和谐一个小区，大则再衍变为整个社会的和谐，因此“孝道”在现代，乃至将来可能依然不失为“至德要道”。

孔子也让今人看到他说教的风采：诲人不倦，溢于深情；层层说理，步步开导；传承历史，妙于修辞。现代人之所以讨厌那些道德的说教，因为往往是干巴巴的，缺乏道理的精警、言词的要妙。孔子也在那里说教，但就是不一样。如果说教能够学到并达到这样的境界，那么现代人谁不愿意来聆听这样的说教？如果我们将《孝经》一路读下去，那么也许会对上面所说的孔子智慧有更深更真切的体会。

天子章第二

子曰："爱亲者，不敢恶于人；敬亲者，不敢慢于人。爱敬尽于事亲，而德教加于百姓，刑于四海。盖天子之孝也。《甫刑》云：'一人有庆，兆民赖之。'"

【译文】

孔子说："爱戴父母的人不敢对他人憎恶，敬重父母的人不敢对他人侮慢。爱戴与敬重竭尽于奉事父母，而把道德教育施加于百姓，树立典型于四海之内。这大概就是天子的行孝。《甫刑》说：'天子能行善尽孝，那么民众也都有赖于他的行善了。'"

【讲读】

从《天子章》开始，孔子论说不同层次的人的孝道，即自天子而下，至于诸侯、卿大夫、士，乃至庶人的行孝奉亲之事，一共讲了五章，所以又被称为"五孝"。古代天子最尊，因此首先是论说天子的孝。

一、天子要以身作则

1. 子曰：爱亲者，不敢恶于人。

《注》："博爱也。""爱"，爱戴、关爱。"亲"，指父母，下文同。"恶"，憎恨、厌恶。

孔子说，天子自身关爱父母，对于他人不敢憎恨厌恶。——天子要有博爱之心，且要有博爱之行。天子还要广施教化，使得天下的人都关爱自己的父母，都不敢憎恶他人。这就要先从自己做起，从自己家庭做起，否则谈不上博爱。

这里还要注意的是本章的"子曰"，一直由本章通贯至下面的第六章，即由第二章至于第六章均是"子曰"的内容。如皇侃曰："上陈天子极尊，下列庶人极卑，尊卑既异，恐嫌为孝之理有别，故以一'子曰'通冠五章，明尊卑贵贱有殊，而奉亲之道无二。"在古文《孝经》中可以看到，第二至第六章的每一章都在开头有"子曰"两字，今文《孝经》则没有。

2. 敬亲者，不敢慢于人。

《注》："广敬也。""敬"，尊敬、敬重、恭敬。"慢"，侮慢、怠慢。

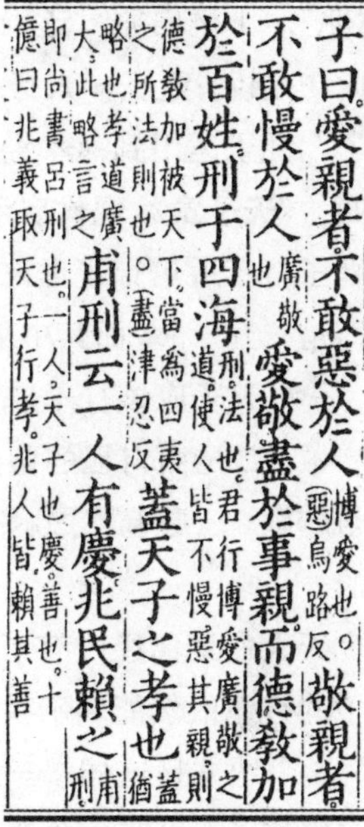
天子章第二

子曰：愛親者不敢惡於人，（博愛也。惡，烏路反。）敬親者不敢慢於人。（廣敬也。）愛敬盡於事親，而德教加於百姓，刑于四海。（刑，法也。君行博愛廣敬之道，使人皆不慢惡其親，則德教加被天下，當為四夷之所法則也。盡，津忍反。）蓋天子之孝也。（蓋，猶略也。孝道廣大，此略言之。）甫刑云：一人有慶，兆民賴之。（甫刑，即尚書呂刑也。一人，天子也。慶，善也。十億曰兆。義取天子行孝，兆人皆賴其善。）

这是说，天子自身敬重父母，那么这也就是天子在施教化，使得天下的人都不敢侮慢于他人了。孔子指出，天子要从自身做起，行爱敬父母，那么自己就不敢侮慢他人了，同时也教化其他人对父母的爱敬，并且也不敢侮慢其他人了。

此有两点可明：由天子生发的“爱亲”、“敬亲”，延伸为天子的“不敢恶于人”、“不敢慢于人”，这是对他人的博爱与广敬，由此也就有了对百姓的普遍的爱与敬了。此其一。由天子这一表率，再转换为他人之间、民众之间的博爱与广敬，社会出现了彼此之间的爱与敬。此其二。

二、施教化，作表率

1. 爱敬尽于事亲，而德教加于百姓，刑于四海。

《注》：“刑，法也。君行博爱广敬之道，使人皆不慢恶其亲，则德教加被天下，当为四夷之所法则也。”

“事”，奉事、服务、侍候。“加”，施加。“刑”，效法；或说通“型”，表率、典型、榜样的意思。这是说，天子竭尽了爱与敬来奉事父母，而将道德教化施加到百姓。天子成为四海之内效法的榜样、表率。

2. 盖天子之孝也。

“盖”，此指大概、约略。此句意思是，这就是略言的天子孝道。《注》：“盖，犹略也。孝道广大，此略言之。”以下三章均有此“盖”字，用法含义同此处。

三、引《尚书》深化意蕴

《甫刑》云：“一人有庆，兆民赖之。”《注》：“义取天子行孝，兆人皆赖其善。”

《甫刑》，又名《吕刑》，为《尚书》的篇目，今《尚书》有《吕刑》篇，而无《甫刑》篇。《疏》：“案，《礼记·缁衣篇》孔子两引《甫刑》辞与《吕刑》无别，则孔子之代以《甫刑》名篇，明矣。”《吕刑》是周穆王的大告天下的诰词，强调了要依据刑律定罪，要采用中刑，而不要滥施刑罚。这在周穆王之世，起到了由乱变治的重要作用，被认为是我国历史上最早的系统的刑罚文献，具有很高的史料价值。因为诰词是采纳了为相的吕侯的意见，史官便称为《吕刑》，吕侯又做过甫侯，所以又称为《甫刑》。又“一人”，指天子。“庆”，善、吉。“兆”，十亿曰兆，泛指民众们。“赖”，依赖、依靠。

此句是说，天子一人行善尽孝，那么民众们也都获利，而得到天下的太平吉祥了。孔子运用到《孝经》里来，帮助论证自己的观点。

四、《天子章》现代启示谈片

孔子将孝道进行了理论化、系统化、模式化的建构，并将其内部分析为五层，即是“五孝”，而其中最高层次的便是天子之孝。孔子首先从论说天子的行孝：一是天子应该行孝道，并由这种孝道推广出去，教化开来，形成一种博爱与广敬。二是由自己的博爱与广敬，教化感化他人，而变化为普遍的社会的博爱与广敬。三是着重揭示高势位的行孝对下面的影响是巨大的，效果是不可低估的。

今天人们早已经没有了那一套陈腐的天子、诸侯、卿大夫等的分别了。但是孔子的智慧依然能启示我们，社会上层的道德倡导与修养对下面有着深刻的影响，一个地方是这样，一个企业也是这样，一个单位也还是这样。因此道德倡导与修养，不仅有一个从我做起的问题，还有一个从高层做起、从上层做起的问题。

诸侯章第三

“在上不骄，高而不危。制节谨度，满而不溢。高而不危，所以长守贵也。满而不溢，所以长守富也。富贵不离其身，然后能保其社稷，而和其民人。盖诸侯之孝也。《诗》云：‘战战兢兢，如临深渊，如履薄冰。’”

【译文】

“（诸侯）在上位，而不骄傲，虽居高而没有危险。节制费用，谨遵礼仪法度，那么虽盈满而没溢出。居高而没危险，是能长守住高贵的方法。虽盈满而没溢出，是长守住富裕的方法。富贵不离开自身，然后才能守持着国家社稷，而使得民众和谐。这大概就是诸侯的行孝。”《诗经》中说：“战战兢兢，就像身临深水潭边恐怕坠落，脚踩薄冰之上担心陷下去那样，小心谨慎地处事。”

【讲读】

诸侯，是列国的国君，其仅次于天子之贵。因此接着上一章《天子章》，讲述“五孝”中第二层次的诸侯孝道。

一、“二不”：高而不危·满而不溢

1. 在上不骄，高而不危。制节谨度，满而不溢。

“制节”，指费用节约省俭。“谨度”谨慎地遵行礼与法。

诸侯位高，然而高则易倾倒，这是危险。诸侯就像容器那样全盛满了，但是满则易溢，这也是一种危险。如何才能“不危”？如何才能“不溢”？这办法就是“在上不骄”，“制节谨度”。

《注》：“诸侯，列国之君。贵在人上，可谓高矣；而能不骄，则免危也。费用约俭，谓之制节；慎行礼法，谓之谨度。无礼为骄，奢泰为溢。”

孔子针对诸侯的特殊情况，指出他们的孝道：一是，诸侯虽贵在众人之上，而要做到不骄傲，那么就虽居高位而没有危险。二是，控制并节约费用，谨慎礼仪法度，那么就虽盈满而不溢出。

2. 高而不危，所以长守贵也。满而不溢，所以长守富也。

孔子又进一步分析，居高位而没有危险，那是用来长久地守住高贵的方法。盈满而不溢出，那是用来长久地守住富有的方法。

3. 富贵不离其身，然后能保其社稷，而和其民人。盖诸侯之孝也。

孔子又揭示，诸侯要让富与贵不离开自身，这样才能保守着自己的诸侯国，才能协和自己的民众。这大概就是诸侯的孝道。

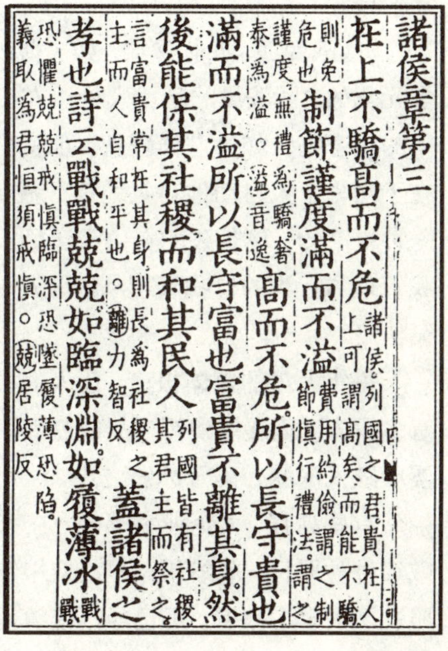
諸侯章第三
在上不驕高而不危 諸侯，列國之君。貴在人上，可謂高矣，而能不驕，則免危也。 制節謹度滿而不溢 費用約儉，謂之制節。慎行禮法，謂之謹度。無禮爲驕，奢泰爲溢。○溢音逸。 高而不危，所以長守貴也。滿而不溢，所以長守富也。富貴不離其身，然後能保其社稷，而和其民人。 列國皆有社稷，其君主而祭之。言富貴常在其身，則長爲社稷之主，而人自和平也。○離力智反。 蓋諸侯之孝也。詩云：戰戰兢兢，如臨深淵，如履薄冰。 戰戰，恐懼。兢兢，戒慎。臨深恐墜，履薄恐陷。義取爲君恒須戒慎。○兢居陵反。

《注》：“列国皆有社稷，其君主而祭之。言袛贵常在其身，则长为社稷之主，而人自和平也。”这个文化背景是，每个诸侯国也皆有社稷。社稷，是古代帝王、诸侯所祭祀的土神和谷神。社，土神；稷，谷神。社稷也用为国家的代称。诸侯自己能够长期守住富与贵，那么也就能长久地作为社稷的主人，而民众也获得和平；反之守不住福贵的话，那只能作一个短命的社稷之主。

然而，作为诸侯这一级别的人行孝道，他当然有其共同的地方便是孝敬自己的父母、兄弟之间友爱，但是还有自己的特殊的地方，那就是守住自己的富贵，从而长为国家社稷之主，能常祭祀社稷，造福于一国之民众，让他们过上祥和的生活。

二、引《诗经》警示

《诗》云："战战兢兢，如临深渊，如履薄冰。"《注》："战战，恐惧。兢兢，戒慎。临深恐坠，履薄恐陷。义取为君恒须戒慎。"郑玄注："恐陷。义取为君恒须戒慎。"此可以看到，唐玄宗的注释中也吸取融汇了郑玄等人的成果。

"战战兢兢"，是因心怀戒惧而非常谨慎的样子。"战战"，是恐惧的样子。"兢兢"，是小心谨慎的样子。"如临深渊"，好像面临、来到了深渊一样，小心翼翼谨防坠入。"如履薄冰"，好像走在薄冰上那样，小心翼翼谨防陷入。这些都比喻做事十分谨慎小心。

此诗句出自《诗经·小雅·小旻(mín)》。这是一首斥责统治者不能采纳善谋、政策邪僻的诗；或说刺周幽王，或说刺周厉王。朱熹《诗集传》："大夫以王惑于邪谋，不能断以从善，而作此诗。"孔子也用此诗句来规劝诸侯们。后世也爱用此名句来教诲鞭策，朱熹《答吴尉》："大抵守官只要律已公廉，执事谨慎，昼夜孜孜，如临深谷，便自无他患害。"《云笈七签》卷九八："如潜有所得，专如临深谷，战如履薄冰，此得道之门。"

三、《诸侯章》现代启示谈片

这一章的现代启示是，身居高位者，仍然可以从孔子那里汲取有益的忠告和戒律。

"战战兢兢，如临深渊，如履薄冰"，在一些人看来，不就是让一个开放的、多元化的、活泼泼的现代人处于左也不是，右也不行之中，再回到一个自我封闭的状态吗？如果这样理解，那就把经典误读了、死读了。此警句的深刻，是在于当一个人自动地自觉地遵行戒律，处处警惕，步步小心，那么反而会获得一种更高的、更长久的自由和潇洒。这是一种智慧的、必不可少的、心灵的自我管理与行为的自我管理，使得人心不荒芜、贪欲不疯长、禁条不触犯、行为循法度。

每年大量的媒体报道，让人们看到现代的高官、大企业家等等，不知道已有多少人，因屡屡漠视"战战兢兢，如临深渊，如履薄冰"之训言，其结果也屡屡跌入深渊、陷于冰窟之中。

有些高官、大企业家等等，在家庭里也不失为是孝子，但是最终却因为腐败等种种罪行，或纷纷落马，或锒铛入狱，或身败名裂，或家破人亡。如果按照孔子的理念来看，那已经不能算是孝了。因为在那个档次上的人，与一般平头百姓的孝已经有些不同了，除了共性孝亲悌友外，还有特殊的内涵。如果取其核心理念，把孔子的理念转换到今天来说，那也许就是保住自己的名声，并为国家、为社会、为人民作出贡献来，这才是这一个档次上的孝的内涵。

“在上不骄”、“制节谨度”，则能够“高而不危”、“满而不溢”。现代人若能细细掂量一下，慢慢咀嚼一番，或许会从无味到有味，从少滋味到有滋有味，进而再到美滋美味。这时候更会深切地体会到，什么叫经典的智慧，什么叫孔子的智慧了！

卿大夫章第四

“非先王之法服，不敢服。非先王之法言，不敢道。非先王之德行，不敢行。是故非法不言，非道不行；口无择言，身无择行；言满天下无口过，行满天下无怨恶。三者备矣，然后能守其宗庙。盖卿大夫之孝也。《诗》云：‘夙夜匪懈，以事一人。’”

【译文】

“（卿大夫）不是先王法定的服饰，不敢服用。不是先王法定的言语，不敢言说。不是先王的德行，不敢施行。因此不合法定的话就不言说，不合道德的事就不施行；如此就开口不用选择言语了，自身不用选择行为了；即使言语播满天下也没有口错的过失，行为遍满天下也不会招来怨恨厌恶。这三者具备了，然后才能守护住自己的宗庙。这大概就是卿大夫的行孝。《诗经》说：‘早晚都不懈怠，以此奉事君主。’”

【讲读】

卿大夫之尊贵次于诸侯，因此《卿大夫章》紧接上章而展开。

一、卿大夫应当彰显孝道

关于卿大夫，先说《说文》：“卿，章也。六卿：天官冢宰、地官司徒、春官宗伯、夏官司马、秋官司寇、冬官司空。”“卿”为什么解释为“章”？“章”，是“章善明理”的意思；卿大夫，其职责就是要将道理彰显，因此在孝道方面，自然也有重大的责任。

古代有“公卿”、“三公六卿”、“三公九卿”之说：

1. “三公”，是太师、太傅，太保，“论道经邦，燮（xiè，调和、和谐）理阴阳”。讲明治道，管理国家，调和阴阳。又有“三孤”，即是少师、少傅、少保，是协助三公来弘扬教化。他们都是直接辅助天子的。

2. “六卿”。《尚书·周书·周官》：“六卿分职，各率其属，以倡九牧（治理、统治民众），阜（大）成兆民。”这是说，六卿分管职事，各自率领他们的属下，以倡导九州岛治民，大力安定兆民。

（1）天官冢宰，“掌邦治，统百官，均四海”。此卿的职责是掌管国家的治理，统帅百官，四海内加以协调。

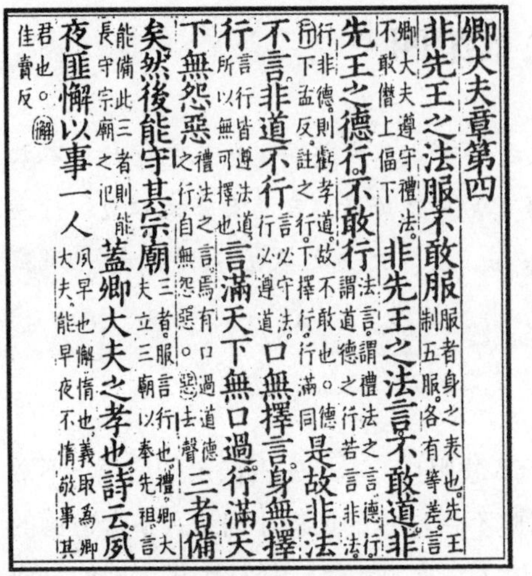
卿大夫章第四

非先王之法服不敢服（服者身之表也。先王制五服。各有等差。言卿大夫遵守禮法。不敢僭上偪下。）非先王之法言不敢道。非先王之德行不敢行。（法言。謂禮法之言。德行。謂道德之行。若言非法。行非德。則虧孝道。故不敢也。）（行）下孟反。註之行同。是故非法不言。非道不行。（言必守法。行必遵道。）口無擇言。身無擇行。（言行皆遵法道。所以無可擇也。）言滿天下無口過。行滿天下無怨惡。（禮法之言。焉有口過。道德之行。自無怨惡。）（惡）去聲。三者備矣。然後能守其宗廟。（三者。服言行也。禮。卿大夫立三廟以奉先祖。言能備此三者。則能長守宗廟之祀。）蓋卿大夫之孝也。詩云。夙夜匪懈。以事一人。（夙。早也。懈。惰也。義取為卿大夫。能早夜不惰。敬事其君也。）（懈）佳賣反。

（2）地官司徒，“掌邦教，敷（布施）五典，扰（安定）兆民”。此卿的职责是掌管国家的教育，传布五典的教化，安顺兆民。“五典”，是父义、母慈、兄友、弟恭、子孝的五种常法，又称为“五常”、“五教”。

（3）春官宗伯，“掌邦礼，治神人，和上下”。此卿的职责是掌管国家的典礼，管理神和人沟通、调和上下卑尊的关系。

（4）夏官司马，“掌邦政，统六师，平（治理）邦国”。此卿的职责是掌管国家的军政，统率六军，治理邦国。

（5）秋官司寇，“掌邦禁，诘（治理）奸慝（tè，邪恶不正），刑暴乱”。此卿的职责是掌管国家的法禁，治理邪恶，刑禁暴乱。

（6）冬官司空，“掌邦土，居四民，时地利”。此卿的职责是掌管国家的土地，安置士农工商这四民，按照时节获取地利。

关于“九卿”之说，《周礼·考工记·匠人》：“外有九室，九卿居焉。”郑玄注：“六卿三孤为九卿。三孤佐三公论道，六卿治六官之属。”历代多设九卿，周以少师、少傅、少保、冢宰、司徒、宗伯、司马、司寇、司空为九卿。

关于大夫之说，周代国君以下设卿、大夫、士三等，“大夫”，就是介于中间一等的官员。不过大夫中的上大夫，就是卿，爵位与公爵、侯爵相同；中大夫，其爵位相当于子爵与男爵；下大夫，虽有禄，但无爵位。大夫也泛指一般官吏。“大夫”，其寓意就是“大扶”的意思，“扶进人者也”。“卿”与“大夫”有差异，但是连言“卿大夫”，又因为他们是同行，比较接近。值得一说的是，一直到宋代“大（dài）夫”又成了称呼医官的别设的官阶，如有大夫、郎、医效、祗侯等，后来称医生为大夫了。

二、卿大夫孝道的内涵

1. 非先王之法服，不敢服。

《注》：“服者，身之表也。先王制五服，各有等差。言卿大夫遵守礼法，不敢僭上偪下也。”

“法服”，礼法规定的服饰。先王曾制定“五服”，《尚书·皋陶谟》：“天命有德，五服五章哉。”《孔传》：“五服，天子、诸侯、卿、大夫、士之服也。”此见古代服饰各有等差。服饰，是一个人的外表、仪表，也是文化的符号，比如身份的标志等。因此，遵照礼法规定的服饰，就是遵守礼法，既不敢僭上，也不敢偪下。

此句是说，卿大夫对于不是先王礼法规定的服饰，不敢穿用。这也是他们的孝道内涵之一。

2. 非先王之法言，不敢道。非先王之德行，不敢行。

《注》：“法言，谓礼法之言。德行，谓道德之行。若言非法，行非德，则亏孝道，故不敢也。”

“法言”，符合礼法之言。这是说，不符合先王礼法的话，不敢言说。不符合先王的道德行为，就不敢行动。这也是他们的孝道内涵之一。以上说了“三不敢”：“不敢服”、“不敢道”、“不敢行”，这是从反面来说的；下面转入正面来说。

3. 是故非法不言，非道不行；口无择言，身无择行；言满天下无口过，行满天下无怨恶。

《注》：“言必守法，行必遵道。言行皆遵法道，所以无可择也。礼法之言，焉有口过，道德之行，自无怨恶。”

这句话的意思是，因此不合礼法的就不言说，不合道德的不行动；既然言必守法、行必遵道，那么口中言说就不用再选择言语，自身行动就不用再选择做法。言论播满天下，也不会有说话的过错；行为影响天下，也不会有怨恨和厌恶。

关于此句中的两个“择”字，或解释为斁（yì）的假借字，就是厌恶、嫌弃的意思。阮福《孝经义疏补》：“‘口无择言，身无择行’，二‘择’字当读为厌斁之‘斁’。厌斁，即《诗》所云：‘在彼无恶，在此无斁。庶几夙夜，以永终誉’也”。此可备一说。

孔子这一段话说理巧妙，意蕴深邃，可以好好琢磨一番。此说由“三不敢”转化为“二非二不”，即是“非法不言”、“非道不行”。这是先从规定的法度、法则来主动地限制自己的言与行，这时的言与行处于一种不自由乃至很不自由的状态中。然而正因为一切都循规蹈矩，合法遵法，惟其有此一层，所以又能动地转化为一种自由的言与行的状态，那就是“二无”，即是“口无择言”、“身无择行”。此为第二层。然后又由此而臻于更大的自由状态、更佳的效果状态，那是更高级的自由与效果的“二无”态，即“言满天下无口过”、“行满天下无怨恶”。此为第三层。

4. 三者备矣，然后能守其宗庙。盖卿大夫之孝也。

《注》：“三者，服、言、行也。《礼》‘卿大夫子立三庙以奉先祖’，言能备此三者，则能长守宗庙之祀。”

这是说，以上三者具备了，然后就能守护住他的宗庙，这大概就是卿大夫的孝道。

由上文可以看到，孔子由表及内，由内及深地揭示出卿大夫的孝道要点。首先是外表上，即是衣着上，要合法度；其次是由内心发出的言语，要合法度；再次，是行为的深层的道德理念，要合德行。这三者之所以是卿大夫的孝道的主要内涵，是因为只有这样既能彰显应尽的职责与道义，又不会给自己招来罪过，带来祸殃，才能保全自己，又能不辱没先祖，“然后能守其宗庙”。这就是他们最重要的孝道了。

三、引《诗经》深化旨意

《诗》云：“夙夜匪懈，以事一人。”

“夙”，早、朝。“匪”，不、非。“懈”，懈怠。“一人”，天子。《注》：“夙，早也。懈，惰也。义取为卿大夫，能早夜不惰，敬事其君也。”

此诗出自《诗经·大雅·烝民》，主题是周宣王派仲山甫到齐国去筑城，尹吉父赠诗送别，一是赞美仲山甫才高德美，二是赞美宣王能任贤使能。仲山甫，是周宣王的大臣，是鲁献公的次子，分封在樊（今河南济源县）。尹吉父，周宣王的大臣。

《诗》说到：“肃肃王命，仲山甫将之。邦国若否，仲山甫明之。既明且哲，以保其身。夙夜匪懈，以事一人。”天子命令整肃，仲山甫去执行。邦国的善恶，仲山甫都能明白。既能明哲，又能保身。早晚不懈怠，侍奉君王。“明哲保身”成语就出自此诗。我们会发现，孔子引此诗句来说明卿大夫的孝道非常吻合，一是身份符合，二是内容也符合，但是又创新地生发为对卿大夫行孝道的阐述。这又是孔子巧妙地移花接木之引《诗》艺术。

四、《卿大夫章》现代启示谈片

古代的历史、现当代的历史，无情地一次次重演这样的事实：常是位处高官、身居高层的人物，初则红极一时，而终则下场不妙，甚至被钉在历史的耻辱柱上。用《孝经》的观念来看，他们都是愧对父母的不孝之子，因为都辱没了父母与先祖。

我们有很多的现代道理来反腐败、来教育那些高层、中层官员，如果我们也能用《孝经》的这一理念来教育那些“卿大夫”级别的人物，也许很能刺激他们的灵魂深处，因为这是触及了人性的根本处。或许通过这样的教化，让他们也能从这一根本上去反思、去警惕、去浇灌、去滋养，去拨乱反正。

读读经典，比如《孝经》，或许能挽救许多人的灵魂的堕落，因为逼迫他面对父母、自己的祖先来思考、反省自己的心灵的深处，回答千古的考题：我对得起生我养我的父母吗？我是一个孝子吗？我是一个真正的孝子吗！

士章第五

“资于事父以事母，而爱同。资于事父以事君，而敬同。故母取其爱，而君取其敬，兼之者父也。故以孝事君则忠，以敬事长则顺。忠顺不失，以事其上，然后能保其禄位，而守其祭祀。盖士之孝也。《诗》云：‘夙兴夜寐，无忝尔所生。’”

【译文】

“（士）把奉事父亲的爱取来奉事母亲，而爱父与爱母就相同；把奉事父亲的敬重取来奉事君主，而敬重父亲与敬重君主相同。所以母亲取得了儿子的爱，而君主取得了他的敬重，兼有爱和敬重两者的是父亲。所以用孝奉事君主，就会忠诚；用敬重奉事长辈，就会顺从。忠诚与顺从都不失去，而用来奉事他的君上，然后能够保住士的俸禄爵位，而守住他的祭祀。这大概就是士的行孝。《诗经》说：‘早起晚睡多勤勉，不要辱没生你养你的父母。’”

【讲读】

周代在国君之下有卿、大夫、士三等，故此章紧接《卿大夫章》，讲述《士章》。

一、士之事亲之孝

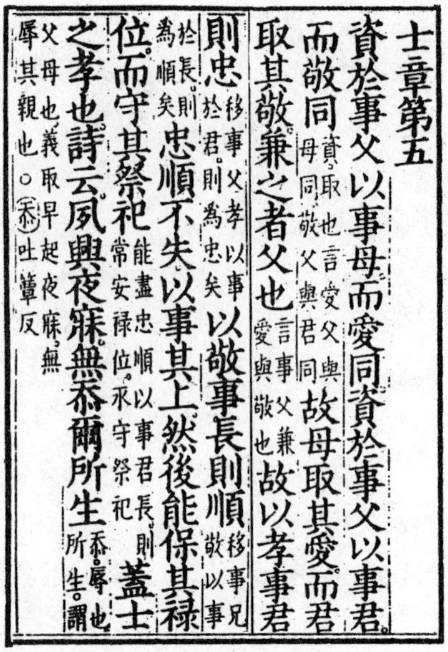

士章第五

資於事父以事母而愛同資於事父以事君。而敬同（資取也言愛父與母同敬父與君同）故母取其愛而君取其敬兼之者父也（言事父兼愛與敬也）故以孝事君則忠（移事父孝以事於君則為忠矣）以敬事長則順（移事兄敬以事於長則為順矣）忠順不失以事其上然後能保其祿位而守其祭祀（能盡忠順以事君長則常安祿位永守祭祀）蓋士之孝也詩云夙興夜寐無忝爾所生（忝辱也所生謂父母也義取早起夜寐無辱其親也○忝吐簟反）

关于士，《说文》：“士，事也。数始于一，终于十。从一，从十。孔子曰：‘推十合一为士。’”孔子说的意思是，能够从“十”推演归纳为“一”，也就是从众多的事务中能归结出一个简要的道理来的人就是士。当然这里孔子的话，也不一定真是孔子说的，而是出于汉人的纬书，乃是假托之言。

先秦的“士”，如果从卿、大夫、士这一官制的角度来看，那么士主要就是指那些具体操办事情的第三层次的官员。我们再来看一个材料，可以具体地体会一下卿、大夫、士之间的区分。《周礼 · 天官冢宰》：“大宰：卿一人。小宰：中大夫二人。宰夫：下大夫四人，上士八人，中士十有六人，旅下士三十有二人；府六人，史十有二人，胥十有二人，徒百有二十人。”

这里官位最高的是大（太）宰之官，相当于后代的宰相，爵位属于卿，也是上大夫，只有一人。他下面所属的官员和办事人员：（1）小宰层面官员，为中大夫级别，有2人。（2）宰夫层面官员：有下大夫4人，上士8人，中士16人，旅（众多的意思）下士32人。（3）其他还有府（保管文书、器物）、史（主管文书）、胥（服徭役者）、徒（服徭役者）等。

我们清晰地看到层次：卿（上大夫）——中大夫——下大夫——上士——中士——旅下士，等等。士就是次于下大夫之下，又分为上、中、下士三档。

“士”这一层面的人也有其特殊性，他们是这一官僚系统中的下层，数量不少，分布的面很广，应该怎样来行孝呢？孔子为此也专门有一段论说，提出士这一层次的人怎样行孝。

二、孝道：由爱敬到忠顺

1. 资于事父以事母，而爱同。资于事父以事君，而敬同。

《注》：“资，取也。言爱父与母同，敬父与君同。”

“资”，取得的意思。“事”，奉事、侍候。这句意思是，士要将对父亲对母亲的爱戴等同起来，即是将奉事父亲的那种爱取来奉事母亲，而爱戴父亲与爱戴母亲就相同。士还要将奉事父亲的那种敬重取来奉事君主，而敬重父亲与敬重君主相同。

现代人觉得奇怪，为什么对母亲只是爱戴，而不提敬重呢？为什么对父亲又爱又敬呢？因为在当时的家里，父亲是最尊贵者，所谓“家无二尊”（《礼记·丧服四制》），所以对母亲只是“爱”，而不提“敬”；然而对父亲是又爱又敬了。

2. 故母取其爱，而君取其敬，兼之者父也。

《注》：“言事父，兼爱与敬也。”这是说，所以母亲取得儿子的爱戴，而君主取得他的敬重，兼有爱戴和敬重这两者的是父亲。

3. 故以孝事君则忠，以敬事长则顺。

《注》：“移事父孝以事于君，则为忠矣；移事兄敬以事于长，则为顺矣。”

孔子说，因此以孝奉事君主，那么就会忠诚；以敬重奉事长辈，那么就会顺从。

4. 忠顺不失，以事其上，然后能保其禄位，而守其祭祀。盖士之孝也。

《注》：“能尽忠顺，以事君长，则常安禄位，求守祭祀。”“禄位”，俸禄、爵位。

孔子说，忠诚与顺从不失去，用来奉事他的上级，这以后能保住他的利禄地位，而求守住他的祭祀。这大概就是士的行孝道。

士行孝道的主要内容：一是，对母亲要爱，对父亲要又爱又敬。二是，把家中的孝移用为对长辈的顺从；把家中的孝移用为对君主的尽忠。三是，能够“保其禄位”、“守其祭祀”。

三、引《诗经》深化旨意

《诗》云：“夙兴夜寐，无忝尔所生。”

此诗出于《诗经·小雅·小宛》，主题是时世混乱，怀念先人，并告诫兄弟，要小心免祸消灾。《毛传》：“忝，辱也。”《诗集传》：“各求无辱于父母而已。”此诗句是说，早起晚睡多勤勉，不要辱没生养你的父母。此诗引用在士上，也颇贴切。

四、《士章》现代启示的谈片

“士”，作为官员中的下层，孔子对他们指出的孝道，是由对父母的“爱敬”，转化为“忠顺”，即是对君主的“忠”，对长辈的“顺”。今天已经没有“士”、“君”这一套概念了，但是基层干部还是依然存在。如果这些广泛渗透在民众中的基层干部，在家都能做到对父母行孝道，出外都能尊重长辈与敬重上级，对人民的事业都能竭尽忠诚，那么他们一定会得到民众的欢迎与拥护，整个社会的风气也会因为他们的行为会得到不断的改善。

庶人章第六

“用天之道，分地之利，谨身节用，以养父母。此庶人之孝也。故自天子至于庶人，孝无终始，而患不及者，未之有也。”

【译文】

“（百姓）要遵循自然的规律，分辨土地的情况而获得利益，谨慎立身，节约用度，以此来奉养父母，这就是百姓的行孝。所以从天子至于百姓，如果行孝不能够自始至终，却要想不遭遇祸患，那是从未有过的。”

【讲读】

此章最后讲“五孝”中的普通百姓的孝道，因此称为《庶人章》。

一、庶民孝道的四方面

1. 用天之道。

《注》：“春生、夏长、秋敛、冬藏，举事顺时，此用天道也。”

“用”，运用、遵行的意思。“天之道”，天道，指自然运行的规律。这是说，百姓要遵循自然规律办事，比如春生、夏长、秋收、冬藏等。

孔子是抓住庶民的特点来论说孝道的，当时的庶民一般是农耕者，因此孝道的一个重要内容，便是顺因天之道，干好自己本分的耕种收获等。

2. 分地之利。

《注》：“分别五土，视其高下，各尽所宜，此分地利也。”

庶民要耕种好，就得分辨土地的情况，然后可以按照土质情况以及高下环境，该怎样使用的，该种植什么的，就按照不同的特点来使用，这才能分享土地的利益。

比如《周礼·大司徒》有分辨“五土”之说：一是山林、二是川泽，三是丘陵，四是坟衍，五是原隰（xí，低湿的地方）。庶民要分辨之，适宜种植什么，就播种之。

3. 谨身节用，以养父母。

《注》：“身恭谨，则远耻辱；用节省，则免饥寒；公赋既足，则私养不阙。”郑玄注：“行不为非，为谨身。富不奢泰，为节用。度财为费，父母不乏也。”

这是说，能按照天时、地理的规律勤勉地耕种，自己又谨慎，又节约用度，然后以此来赡养父母。

4. 此庶人之孝也。

《注》：“庶人为孝，唯此而已。”此总括以上四个方面，这些就是庶民的孝道了。

二、孝：自始至终

最后将上面五章的“五孝”作出小结：“故自天子至于庶人，孝无终始，而患不及者，未之有也”。

《注》：“始自天子，终于庶人，尊卑虽殊，孝道同致。而‘患不及者，未之有也’，言无此理，故曰‘未有’。”

这是说，所以上始自天子、下终至于百姓，如果孝没能被自始至终地施行，而想要不遭遇到祸患，那是不可能的。

回过头来，再来看值得一提的《庶人章》之“庶”。《说文》：“庶，屋下众也。”朱骏声《说文通训定声》：“屋下光多也。”由屋子里亮光的众多，而引申为众多、然后是人的众多，便与众人、百姓联系上了。

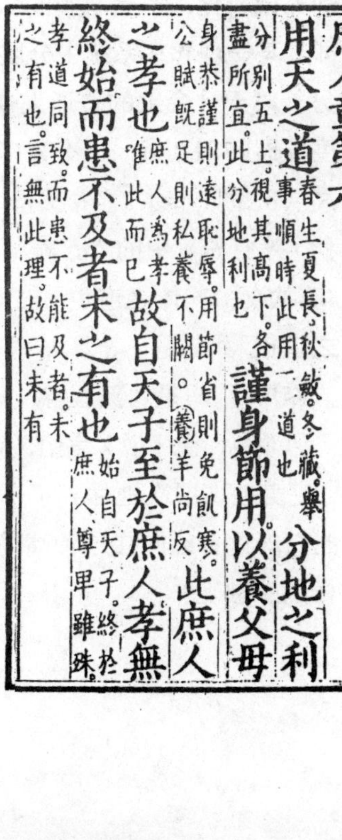

庶人章第六

用天之道春生，夏長，秋斂。冬藏。舉事順時，此用天道也。分地之利分別五土，視其高下。各盡所宜。此分地利也。謹身節用。以養父母身恭謹則遠恥辱。用節省則免飢寒。公賦既足則私養不闕。(養)羊尚反此庶人之孝也庶人為孝，唯此而已。故自天子至於庶人孝無終始而患不及者未之有也始自天子。終於庶人，尊卑雖殊。孝道同致。而患不能及者。未之有也。言無此理。故曰未有

有意思的是，说到“庶人”的孝道，在表达上有两处不同，一是以上几章都会用上“盖”字，二是都引用文献《尚书》或《诗经》，来深化旨意，然而本章却都没有。这是为什么？《疏》云：“案天子、诸侯、卿大夫、士皆言‘盖’，而庶人独言‘此’。注释言‘此’之意也，谓天子至士，孝行广大，其章略述宏纲，所以言‘盖’也；庶人用天、分地、谨身、节用，其孝行已尽，故曰‘此’。言惟此而已。庶人不引《诗》者，义尽于此，无赞诸也。”——因为既然是众人、普通人，

所以能做到这些，就是很好地尽行孝道了。但是既然不是一般人，而是天子、诸侯、卿大夫、士，那么职位越高，孝道就越是宏大，所以文中用“盖”，表示大略而已，而还不足以全部囊括之。

这既让我们看到，古代经典用字的讲究，令人钦佩；而古代解读者的心细如发的剖析，也让人肃然起敬。不仅如此，这里更有启发意义的是，孝道这种道德规范，不是越对下越严求，而是越对上越严肃庄重；对那些越是有社会职权的人物，如士、卿大夫、诸侯、君王的要求更为整肃，并逐级加重加大。

三、《庶人章》现代启示谈片

读完这“五孝”，我们会特别感悟到原来孝的内容是那样丰富，不仅仅是一般所谓的赡养父母、孝敬亲人、悌友兄弟。孔子看来，这些内容仅仅是行孝的基本层面的东西。孔子则进一步把这些属于基本层面的孝道，推广演绎出去了，延伸到社会的每一层次人的岗位职责中去了。

在这一孝的系统的层次中，孔子认为越是高位，那么孝道的内容越是重要，意义与价值越是重大，要求也越是高，越是要做出表率来。

这些都是孔子的智慧。孔子不仅对前人的孝的理念作出继承，而且用自己的智慧加以总结与发展，这就是《孝经》之“经”的价值。

如果现代的道德教育能借鉴孔子的这种智慧，那么不仅对于孝道，而且对于其他的品德教化，都会有新的认识。同时我们也可以学习孔子的一种思考的方法，即是某一理念在系统中分层解读，并赋予了不同的内涵、要求与目标等。

另外对于社会上的普通人来说，孝就是“养父母”。这似乎很简单，但是就在高度发展的21世纪，还有很多人做不到赡养父母，更不要说达到古人所说的那种高层次的赡养了。“养父母”，也不是一个简单的事情，让我们来读读《吕氏春秋·孝行览》中的“五养”：一是“养体”，即是“修宫室，安床笫（zǐ，席子），节饮食，养体之道也”。二是“养目”，即是“树五色，施五彩，列文章，养目之道也”。三是“养耳”，即是“正六律，和五声，杂八音，养耳之道也”。四是“养口”，即是“熟五谷，烹六畜，和煎调，养口之道也”。五是“养志”，即是“和颜色，说（悦）言语，敬进退，养志之道也”。这就是古人赡养父母的境界，完美地高层次地尽到了孝行。面对物质条件根本不能与今人相比拟的古人，他们却具有或向往这种高境界的“五养”之赡养，现代人是不是会有些特别异样的感触呢？

三才章第七

曾子曰："甚哉！孝之大也。"

子曰："夫孝，天之经也，地之义也，民之行也。天地之经，而民是则之。则天之明，因地之利，以顺天下。是以其教不肃而成，其政不严而治。先王见教之可以化民也，是故先之以博爱，而民莫遗其亲。陈之以德义，而民兴行。先之以敬让，而民不争。导之以礼乐，而民和睦。示之以好恶，而民知禁。《诗》云：'赫赫师尹，民具尔瞻。'"

【译文】

曾子说："真是太厉害了，孝道如此重大！"

孔子说："孝就像上天的日月星辰运行那样是经常的，像大地有利万物那样是道义的，是民众的行为常德。天与地的经常法则，而民众效法它们。效法天的常明，利用地的常利，而顺化天下。因此那种教化不待严肃而成就，那种政治不待严酷而治理。先王看到教化可以化育民众，因此用博爱作先导，而民众就没有谁遗弃他们的亲人了。向民众陈说道德道义，而民众就兴起好的行为。用谦敬礼让作表率，那么民众就不争夺。用礼乐来引导民众，那么民众就和睦。用好恶之分辨来明示民众，那么民众就知道禁戒。《诗经》说：'声势显赫的大师尹氏，民众都瞧着你呢。'"

【讲读】

此章的"三才"，就是天、地、人；天地谓之两仪，兼之人，便是"三才"。曾子聆听了孔子以上关于"五等之孝"的阐述，上至于天子，下至于庶民都当行孝，始知孝之为大，情不自禁发出感叹赞美。于是孔子进一层给他讲说了孝是天经、地义、人行之事，可以对人们进行教化。因此本章名为《三才章》。

曾子曰："甚哉！孝之大也。"《注》："参闻行孝无限高卑，始知孝之为大也。"高至于天子，卑至于庶民，孝道展现了无比广阔的空间。曾子不由得赞叹，而这种赞叹也引发了孔子再度的循循善诱，继续为他深入地讲述孝道之广大、博大、重大。

一、孝：天经·地义·人行

1. 夫孝，天之经也，地之义也，民之行也。

《注》："经，常也。利物为义。孝为百行之首，人之恒德，若三辰运天而有常，五土分地而为义也。”“经”，常、经常、长久。“义”，有利于物称为义。“三辰”，上天的日月星辰。“五土”，山林、川泽、丘陵、水边平地、低洼之地，《孔子家语 · 相鲁》：“乃别五土之性，而物各得所生之宜。”

孔子用了一个生动的比喻来说明孝的重大意义。上天的日月星辰经常在运行，这是“经”；大地五土利于万物生长，这是“义”；这就是天经地义。人秉承天地之气而生长，人也效法天地而存在，孝就是像天经地义一样，永远地施行流传，永恒地具有利之义。孝就是天经、地义、人行之事，孝就是民众的行为常德，孝贯通了天地人三才。

古人云：“孝为百行之首。”先人又云：“孝为百行之本。”这其中的意思也就明白了。又如郑玄注《论语》云：“孝为百行之本，言人之为行，莫先于孝。”

2. 天地之经，而民是则之。则天之明，因地之利，以顺天下。是以其教不肃而成，其政不严而治。

郑玄《注》：“天有四时，地有高下，民居其间，当是而则之。”又云：“天有常明。地有常利，人法则天地，亦以孝为常行。”又云：“政不烦苛，故不严而治也。”

唐玄宗《注》：“天有常明，地有常利，言人法则天地，亦以孝为常行也。”“法天明以为常，因地利以行义，顺此以施政教，则不待严肃而成理也”。“则”，效法。“因”，依据、利用。

这是说，人们应该去效法天与地的经常法则，效法天的常明来常行孝道，效法地的常利来行义，以此来顺化天下。因此那些教化不必有待于严肃说教，

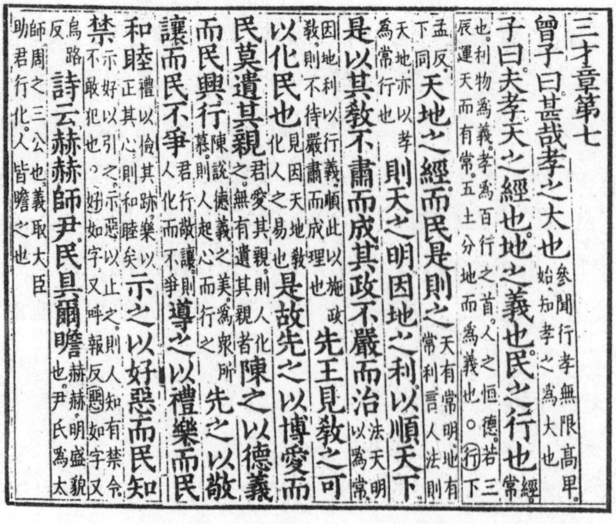
三才章第七

曾子曰：甚哉，孝之大也！（參聞行孝無限高卑，始知孝之為大也。）

子曰：夫孝，天之經也，地之義也，民之行也。（經，常也。利物為義。孝為百行之首，人之恒德。若三辰運天而有常，五土分地而為義也。○行，下孟反，下同。）

天地之經，而民是則之。（天有常明，地有常利，言人法則天地，亦以孝為常行也。）

則天之明，因地之利，以順天下。（法天明以為常，因地利以行義，順此以施政教，則不待嚴肅而成理也。）

是以其教不肅而成，其政不嚴而治。

先王見教之可以化民也。（見因天地教化人之易也。）

是故先之以博愛，而民莫遺其親。（君愛其親，則人化之，無有遺其親者。）

陳之以德義，而民興行。（陳說德義之美，為眾所慕，則人起心而行之。）

先之以敬讓，而民不爭。（君行敬讓，則人化而不爭。）

導之以禮樂，而民和睦。（禮以檢其跡，樂以正其心，則和睦矣。）

示之以好惡，而民知禁。（示好以引之，示惡以止之，則人知有禁令，不敢犯也。○好，如字，又呼報反。惡，如字，又烏路反。）

詩云：赫赫師尹，民具爾瞻。（赫赫，明盛貌也。尹氏為太師，周之三公也。義取大臣助君行化，人皆瞻之也。）

而自成道理；那些政治不必有待于严酷管理，而自行被治理。这里包含有五等之孝的人们，而天子、诸侯、卿大夫、士的统治者，越是高层次的尤其要“则天之明，因地之利，以顺天下”，这才能收取“其教不肃而成，其政不严而治”的绩效。

二、先王政教“五条”

1. 先王见教之可以化民也，是故先之以博爱，而民莫遗其亲。

《注》：“见因天地教化人之易也。君爱其亲，则人化之，无有遗其亲者。”

孔子又引进历史进一层解读。先王见到顺因天地的那种教化所带来的方便易行，便有种种做法。孔子又总结揭示出“五条法则”。第一条，是用博爱作先导，而民众没有谁遗弃他们的亲人了。这也就是先王先对自己父母敬爱，而后民众就效法他了，不会遗弃他们的父母了。

2. 陈之以德义，而民兴行。

《注》：“陈说德义之美，为众所慕，则人起心而行之。”第二条，是向民众陈说道德义理之美，让民众羡慕之，感动之。民众知道德义的美好与作用，心中欣然而向慕，那么也就会行动起来，便有好的行为。

3. 先之以敬让，而民不争。

“先”，领先，表率。《注》：“君行敬让，则人化而不争。”第三条，君主要以身作则，谦敬礼让，做出表率，那么民众就跟着被教化了，就不争夺了。

4. 导之以礼乐，而民和睦。

《注》：“礼以检其迹，乐以正其心，则和睦矣。”第四条，君主用礼乐来引导民众，那么民众就会用礼来约束自己的行为，用乐来端正自己的心志，也就和睦相处了。

5. 示之以好恶，而民知禁。

《注》：“示好以引之，示恶以止之，则人知有禁令不敢犯也。”第五条，用好恶之分辨来明示引导民众，知道禁忌、禁令、禁条，懂得善事、善举、善行，使得民众向善而不趋恶，走正道而不走邪路。

三、引《诗经》的正反启示

此章最后也引《诗经》作结，此诗出自《诗经·小雅·节南山》：“赫赫师尹，民具尔瞻。”“赫赫”，显赫。“师尹”，即指周朝大师尹氏；“师”，大（太）师，周朝三公之一。此句的意思是：声势显赫的大师尹氏，民众都瞧着你呢。

从正面讲，那么如《疏》所云：“师尹，大臣也；一人，天子也；谓人君为政，有身行之者，有大臣助行之者。人之从上，非惟从君，亦从论道之大臣，故并引以结之也。”这就是说，君臣应该同体、君臣相须，互相推行天经地义的孝道，以孝治国。

然而还有反面的启示，但是历来的注家似乎都忽视了。试看此《诗》本来主旨，是周大夫中一位叫家父的人严厉斥责大臣尹氏在执政中的种种错误，比如为政的不公平、任用小人等，因而导致了政治昏暗，国家危机四伏。这两句诗句是说，民众正警惕地观察着这位作恶多端的大师的一举一动呢！

因此这里的引《诗》就和他章不同，他章是从正面来赞美的，此处又用反面典型的师尹来警示世人。那就是身居高位者，在“孝治天下”中本应该辅助而行的，本应该也做出表率来，然而相反却在那里为非作歹，因此遭到民众的反感的警惕的注视。这应该很有震撼力量，尤其是对古代居于高位的统治者，更是有力的鞭笞。

四、《三才章》现代启示谈片

孝，是天经地义的。——孔子如是说，中国人数千年以来也如是闻，因此孝的理念也如是深入到中国文化、人文性格的方方面面。

“三才”，是天、地、人；“三才”的意蕴，是天经、地义、人行。那么“人行”，人又怎么行法？孔子指出了五条：(1)“先之以博爱”，在博爱的教化下，民众就不会遗弃亲人。(2)“陈之以德义”，在道德的宣扬下，民众就兴起好的行为。(3)“先之以敬让”，在敬让的风气之下，民众就不会纷争。(4)“导之以礼乐”，在礼乐的引导下，民众就和睦相处。(5)“示之以好恶”，在能明辨是非之下，民众就知道该禁戒什么了。

只要看看现代人还在那里不断地遗弃亲人、还在不断出现不道德的行为、还在为名利纷争、还在不和睦地相处、还在不辨是非地妄为，也许会猛然觉醒，孔子所说的往往一下子就泯灭了古今时间上的隔阂了。

孔子名言：“其教不肃而成，其政不严而治。”如何能够“其教不肃而成”，而不是“肃而不成”？如何能够“其政不严而治”，而不是“严而不治”？孔子在《孝经》里给后来者提供了智慧，但是智慧还要通过现代人的批判吸收来消化融汇，这又是如何面对智慧的智慧了。

孝治章第八

子曰：“昔者明王之以孝治天下也，不敢遗小国之臣，而况于公、侯、伯、子、男乎？故得万国之欢心，以事其先王。治国者不敢侮于鳏寡，而况于士民乎？故得百姓之欢心，以事其先君。治家者不敢失于臣妾，而况于妻子乎？故得人之欢心，以事其亲。夫然，故生则亲安之，祭则鬼享之。是以天下和平，灾害不生，祸乱不作。故明王之以孝治天下也如此。《诗》云：'有觉德行，四国顺之。'"

【译文】

孔子说："往昔圣明的君王用孝道来治理天下，不敢遗弃小国的臣子，而更何况对于公侯伯子男五爵呢？所以得到万国的欢爱之心，而从事他们先王的事业。治理诸侯国的人，对于鳏寡都不敢欺侮，而更何况对于士人和民众呢？所以得到百姓的欢爱之心，而从事他们先君的事业。治理家的人，对于臣妾都不敢有过失，而更何况对于妻与子呢？所以得到人们的欢爱之心，而从事他们父亲的事业。能够这样，所以父母活着时就安泰，死后祭祀时其鬼也能得到享用。因此天下和谐平安，灾害不发生，祸乱不出现。所以圣明的君王以孝来治理天下就是这样的。《诗经》说：'君王有正大德行，天下都来归顺他。'"

【讲读】

上章说先王因天地、顺人情以为教，这一章接着阐述圣明君王以孝而治，因此称为《孝治章》。

一、三不敢·三得·三事

1. 昔者明王之以孝治天下也，不敢遗小国之臣，而况于公、侯、伯、子、男乎？故得万国之欢心，以事其先王。

《注》："言先代圣明之王，以至德要道化人，是为孝理。小国之臣，至卑者耳。王尚接之以礼，况于五等诸侯，是广敬也。万国，举其大数也。言行孝道以理天下，皆得欢心，则各以其职来助祭也。"

一开始就举出古代的典范，历史上的明王"以孝治天下"。"明王"，就是圣明之君王。因为明王自己行孝，因此博爱臣民，这种施爱哪怕是至于小国之臣也不敢遗漏，更不用说公侯伯子男会被遗弃、遗忘、遗失了，因此广得人心，万国均获欢心，并欣喜地奉事先王。

"故得万国之欢心，以事其先王"，《疏》："言明王能以孝道理于天下，则得诸侯之欢心，以事其先王也。"从显层上说，是诸侯都来助天子祭祀先王；从深层上说，便是在这种形式之下反映出来的天子与各诸侯之间的和睦、和谐、亲和。

这里既讲了孝治的过程，那就是以身作则，把孝子之爱延伸出去；也有孝治的结果，那就是收获到回馈回来的欢心、爱心，从而达到上下和睦、举世和谐。这一章提出的“孝治天下”理念于后世深入人心。

文中的“欢”又或作“懽”，是异体字关系。“公侯伯子男”，是古代的五等爵位。《礼记·王制》：“王者之制禄爵，公侯伯子男凡五等。”为什么用这样的名称呢？依据汉代班固的《白虎通·爵》解释各有含义，如公爵，“公者通，公正无私之意也”。侯爵，“侯者，候也，候逆顺也”。如此等等。

2. 治国者不敢侮于鳏寡，而况于士民乎？故得百姓之欢心，以事其先君。

《注》：“理国，谓诸侯也。鳏寡，国之微者。君尚不敢轻侮，况知礼义之士。诸侯能行孝理，得所统之欢心，则皆恭事助其祭享也。”

此由上面天子之“孝治天下”转而阐述诸侯的“孝治其国”。“鳏”，老而无妻的人。“寡”，失去丈夫的人。这是说，治理诸侯国的人，对于鳏寡这样卑微的弱势群体尚且不敢欺侮，而更何况对于知道礼义的士民呢？所以他们用孝道来治理，就能得到百姓的欢爱之心，而奉事诸侯的先君。

“以事其先君”，同上文所说的一样，也是从帮助祭祀上来说的。诸侯能以孝道来治理其国，则得士民之欢心，因此士民就来帮助诸侯祭祀其先王。这与上面的逻辑一样，从显层上看，是帮助祭祀；从深层看，是一国民心的凝聚，上下彼此的融洽。

3. 治家者不敢失于臣妾，而况于妻子乎？故得人之欢心，以事其亲。

《注》：“理家，谓卿大夫。臣妾，家之贱者。妻子，家之贵者。卿大夫位以材进，受禄养亲，若能孝理其家，则得小大之欢心，助其奉养。”

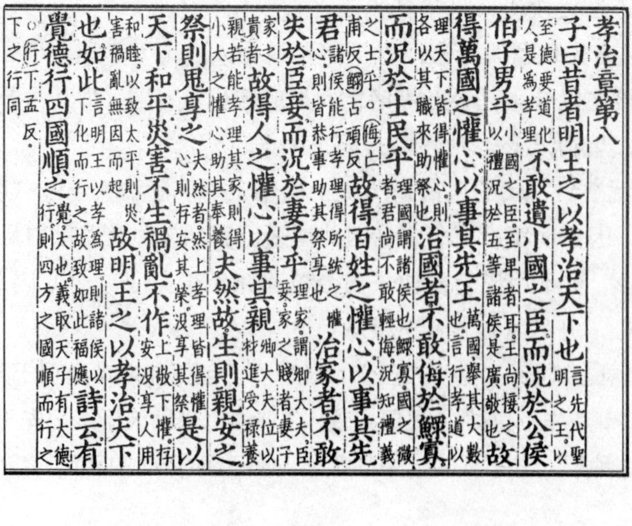

孝治章第八

子曰昔者明王之以孝治天下也言先代聖明之王以至德要道化人是爲孝理不敢遺小國之臣而況於公侯伯子男乎小國之臣至卑者耳王尚接之以禮況於五等諸侯是廣敬也故得萬國之懽心以事其先王萬國舉其大數也言行孝道以理天下皆得懽心則各以其職來助祭也治國者不敢侮於鰥寡而況於士民乎理國謂諸侯也鰥寡國之微者君尚不敢輕侮況知禮義之士乎○侮亡甫反鰥古頑反故得百姓之懽心以事其先君諸侯能行孝理得所統之懽心則皆恭事助其祭享也治家者不敢失於臣妾而況於妻子乎理家謂卿大夫臣妾家之賤者妻子家之貴者故得人之懽心以事其親卿大夫位以材進受祿養親若能孝理其家則得小大之懽心助其奉養夫然故生則親安之祭則鬼享之夫然者然上孝理皆得懽心則存安其榮沒享其祭是以天下和平災害不生禍亂不作上敬下懽存安沒享人用和睦以致太平則災害禍亂無因而起故明王之以孝治天下也如此言明王以孝爲理則諸侯以下化而行之故致如此福應詩云有覺德行四國順之覺大也義取天子有大德行則四方之國順而行之○行下孟反下之行同

此由上面诸侯之“孝治其国”转而阐述卿大夫的“孝理其家”、“孝治其家”。“家”，《说文》：“家，居也。”家是居处的地方。但是“家”在古代还指卿大夫的采地食邑。《论语·八佾》：“三家者以《雍》彻。”朱熹注：“三家，鲁大夫孟孙、叔孙、季孙。”有意思的是，汉代皇帝是天下的天子，诸王称为“国”，列侯也称为“家”。

唐玄宗《注》里说，卿大夫治理其家，对于连卑微的臣与妾都不敢有过失，而更何况对于尊贵的妻与子呢？所以能够得到人们的欢爱之心，从而就奉事他们的父亲。

“以事其亲”，同上文所说的稍有差异，这里有两层意思，一是生前奉养其亲，二是死后帮助祭祀其亲。卿大夫能以孝道来治理其家，则得家人之欢心，因此家人都来奉养其亲，也帮助诸侯祭祀其亲。这里的逻辑从显层上看，是帮助奉养与祭祀；从深层看，是卿大夫之家能够相处融乐。

关于这里说的“家”，唐玄宗认为是卿大夫之“家”，也有论者认为此是泛指，不仅是卿大夫，还包括士、庶人之家。如吕维祺《孝经本义》云：“以此教卿大夫、士、庶人，而治一家者。”此也可说通。

二、“孝治”的总括

1. 夫然，故生则亲安之，祭则鬼享之。

《注》：“夫然者，上孝理皆得欢心，则存安其荣，没享其祭。”鬼，指人死为鬼。如《礼记·祭义》：“子曰：‘众生必死，死必归土，此谓之鬼。’”

这是说，天子、诸侯、卿大夫能够做到上面所说的那些，父母活着时就安泰，死后祭祀时，其鬼也能得以享用到祭祀。

2. 是以天下和平，灾害不生，祸乱不作。

《注》：“上敬下欢，存安没享，人用和睦，以致太平，则灾害祸乱无因而起。”郑玄注：“上下无怨，故和平”；“风雨顺时，百谷成熟”；“君惠臣忠，父慈子孝，是以祸乱无缘得起也”。

这是说，因为有此层层孝治，所以得到了极大的福应，福者天下和睦太平，应者灾害不发生，祸乱不发作。

3. 故明王之以孝治天下也如此。

《注》：“言明王以孝为理，则诸侯以下，化而行之，故致如此福应。”此句是说，所以圣明君王用孝道来治理天下，就是这样的。

三、引《诗经》深化旨意

《诗》云：“有觉德行，四国顺之。”此出自《诗经·大雅·抑》，这本是卫武公的诗，表面上是写诗自警，其实是讥刺周王不遵行先王的法度，朝政昏乱，并劝谏其勤政修德。后人把这一首诗看作是铭箴之祖。这里所说的周王，也有不同看法，《诗序》曰：“《抑》，卫武公刺厉王，亦以自警也。”或说“追刺厉王”，或说讥刺周平王。

“觉”，正直、正大。《诗集传》：“觉，直大也。”“四国”，此指天下。此诗句的意思是，国君有正大德行，天下都来归顺他。

四、《孝治章》现代启示谈片

古代“以孝治天下”，现代也可以批判地继承借鉴这种“孝治”的历史经验与智慧。

“孝治天下”，通过宣扬孝道，推行孝道，从而能够和谐民众、协和上下、和睦邦国。“孝治”的深层智慧，其关键又在于得到民心，而且得到民众的欢心。如果能够得民心，且还能得到民众的爱戴拥护的欢喜之心、喜悦之心、愉悦之心，那是何等的大治境界!

孔子指出了由“三不敢”而至于“三得”、“三事”：其一，是“不敢遗小国之臣，而况于公、侯、伯、子、男乎？故得万国之欢心，以事其先王”。

其二，是“治国者不敢侮于鳏寡，而况于士民乎？故得百姓之欢心，以事其先君”。

其三，是“治家者不敢失于臣妾，而况于妻子乎？故得人之欢心，以事其亲”。

若要“得万国之欢心”，“得百姓之欢心”，“得人之欢心”，那就要“三不敢”。尽管孔子所说的历史背景、事物的内容都已经全部改变了，但是是否可以抽取出核心的一条，那就是尊重对方、爱戴对方、关怀对方、友好对方；而对方甚至是那些被认为最“低贱”的、“卑贱”的、“轻贱”的人，那么因为孝、爱、敬，就会得其人之心、得众人之心、得普天下的欢心。

“孝治天下”，又未尝不可演绎为“孝治家庭”、“孝治小区”、“孝治单位”、“孝治企业”等等。如果“是以天下和平，灾害不生，祸乱不作”，这是何等的理想、何等的美妙！这并不是一种空想的“孝理”、也不是幻想式的“孝治”，而是一种实实在在的可行的、值得借鉴的管理大智慧。

圣治章第九

曾子曰：“敢问圣人之德，无以加于孝乎？”

子曰："天地之性，人为贵。人之行，莫大于孝。孝莫大于严父，严父莫大于配天，则周公其人也。昔者，周公郊祀后稷以配天，宗祀文王于明堂，以配上帝。是以四海之内，各以其职来祭。夫圣人之德，又何以加于孝乎？故亲生之膝下，以养父母日严。圣人因严以教敬，因亲以教爱。圣人之教不肃而成，其政不严而治，其所因者本也。父子之道，天性也，君臣之义也。父母生之，续莫大焉。君亲临之，厚莫重焉。故不爱其亲而爱他人者，谓之悖德。不敬其亲而敬他人者，谓之悖礼。以顺则逆，民无则焉。不在于善，而皆在于凶德，虽得之，君子不贵也。君子则不然，言思可道，行思可乐，德义可尊，作事可法，容止可观，进退可度，以临其民。是以其民畏而爱之，则而象之。故能成其德教，而行其政令。《诗》云：'淑人君子，其仪不忒。'"

【译文】

曾子说：冒昧地问，圣人的道德就没有超过孝的了吗？

孔子说："天地万物万性中，人是最尊贵的。人的行为，没有什么比孝行更重大了。孝行没有什么比尊敬父亲更重大的了。尊敬父亲没有什么比配天祭祀更加重大了，那么周公就是那样的人。往昔周公摄政在郊祀上天的时候，让后稷来配享祭祀。周公在明堂祭祀五方上帝的时候，又让文王来配享祭祀。因此四海之内的诸侯，各修他们的职责来帮助祭祀。圣人的德行，又有什么超过孝行的呢？所以爱是产生于膝下幼小的时候，（后来渐渐长大懂得了事理道义，）而敬养父母也就日益尊崇。圣人凭着子女对父母的尊重，而教诲人们要恭敬；凭着子女对父母的亲爱，而教诲人们要关爱。圣人的教诲不待严肃而能成就，圣人的政治不待严厉而能大治；他所顺应的就是孝心的根本。父子之间的道德，是自然的本性，又具有君臣之间的道义。父母生了子女，延续了后代，没有比此更大的了。父亲就像君王亲临，恩义之深厚，没有比此更重的了。所以不敬爱自己的父母却敬爱其他的人，就称为悖逆道德。不敬重自己的父母却敬重其他的人，就称为悖逆了礼。要以行教来顺人心，如今自己则悖逆而不爱敬亲人，那么民众就没有了准则。这就不在于善了，而都在凶害于德了。虽然或能得志在人之上，但是先哲君子不认为这是高贵的。君子却不这样，言说思考合宜道德，行动思考合宜快乐，德义合宜尊崇，做事合宜法则，威仪合宜观瞻，进退合宜法度，以此面对他的民众。因此他的民众敬畏他而又敬爱他，取法他而又效仿他。所以能成功他的道德教化，而施行他的政令。《诗经》说：'善人君子，他的举止没有差错。'"

【讲读】

《圣治章》是说圣人之治。此章孔子回答曾子的又一个疑难问题：圣人的德行中有没有超过孝的？

曾子曰："敢问圣人之德，无以加于孝乎？"《注》："曾子问明王孝理以致和平，又问圣人德教，更有大于孝？""敢"，谦词，冒昧的意思。"加"，超过的意思。这是说，冒昧地问，圣人的道德就没有超过孝的了吗？——这是听了孔子这样评论孝以后，曾子产生的疑惑，也是很多人产生的疑惑。于是孔子作出了深入的剖析。

一、天地间人为贵

1. 天地之性，人为贵。人之行，莫大于孝。

《注》："贵其异于万物也。孝者，德之本也。"

这是什么道理？因为天地万物之性中，只有人是和其他物性不同的，是最尊贵的。比如说，人不是被动地活着，人能主动地创造世界，还有人伦的尊贵是其他物性不能比拟的。再说在孔子看来，正因为孝是德行之本，所以人的行为，没有比孝道这一根本更重大了。

2. 孝莫大于严父，严父莫大于配天，则周公其人也。

《注》："万物资始于乾，人伦资父为天，故孝行之大，莫过尊严其父也。谓父为天，虽无贵贱，然以父配天之礼，始自周公，故曰其人也。"

"严父"，有两个意思：一是指父亲，常与"慈母"对称，因为父严而母慈。又《周易·家人》："家人有严君焉，父母之谓也。"后也尊称父亲为"严君"，也单用"严"简称之。二是尊敬的意思。《玉篇》："严，敬也。"《礼记·学记》："凡学之道，严师为难。"郑玄注："严，尊敬也。"又如《资治通鉴·周威烈王二十三年》："夫德者人之所严，而才者人之所爱。"胡三省注："严，敬也。"

本章是指第二个意思，即是尊敬、崇敬、尊崇父亲的意思。

“配天”，有两个意思当辨别：一是，与天相配，相比并。比如《礼记·中庸》：“高明配天。”孔颖达疏：“言圣人功业高明，配偶于天，与天同功，能覆物也。”二是，指帝王祭祀天时以先祖来配祭。《资治通鉴·周威烈王二十三年》：“是故以微子而代纣，则成汤配天矣。”胡三省注：“郑玄义曰：物之大者莫若于天，推父比天，与之相配，行孝之大，莫大于此，所谓‘严父莫大于配天’也。又孔氏曰：《礼记》称万物本乎天，人本乎祖。俱为其本，可以相配，故王者皆以祖配天。”本章就用这一意思。最后指出，“则周公其人也”，那么周公就是这样的实行孝道的人，用祖先来配祀上天。

这里出现这样的逻辑：人——贵——行——孝——严父——配天。

孔子的这几句话的意思是说，孝没有什么比尊敬父亲更重大的了。尊敬父亲没有什么比“配天”更加重大了，那么周公就是那样的人。

二、从周公的榜样说起

“昔者周公郊祀后稷以配天，宗祀文王于明堂以配上帝。是以四海之内，各以其职来祭。夫圣人之德，又何以加于孝乎。”

这段话比较难理解，需要疏通，其中有一些历史、人物、词语要简单解释一下。

1. 周公。周公，姬姓，名旦，亦称叔旦，是周武王姬发之弟。因其采邑在周（今陕西岐山东北），故称为周公。他曾经帮助武王灭商。武王死后，成王年幼，由他来摄政。他又曾击败武庚、三监和东方夷族的反抗，继续分封诸侯，并建筑洛邑（今河南洛阳），作为治理中原的中心。他还建立了周朝的典章制度，从政治与思想上加强了统治。孔子对他非常赞扬，尊崇他为理想的政治家。

2. 郊祀。《注》：“郊，谓圜丘祀天也。周公摄政，因行郊天之祭，乃尊始祖以配之也。”郊祀，这是古代的祭名，祭天地。郊，本是指城市外围的地区，因为祭祀设在郊外，故名为“郊祀”或单称“郊”。

3. 后稷。《注》：“后稷，周之始祖也。”这是古代周族的始祖。传说有邰氏之女姜嫄踩踏巨人脚迹，怀孕而生，因一度被弃，故名弃。善于种植各种粮食作物，曾在尧舜时代做农官，教民耕种。周族认为他是开始种植稷和麦的人。周公郊祀时，因为尊崇周代始祖，而让后稷来配享祭祀。

4. 宗祀。这是指对祖先的祭祀。

5. 文王。此即周文王，姬昌。商纣时候，他为西伯，亦称伯昌。曾被商纣王囚禁于羑里。文王统治期间，国势强盛；在崇建立丰邑，作为国都，在位五十年。

6. 明堂。《注》："明堂，天子布政之宫也。周公因祀五方上帝于明堂，乃尊文王以配之也。"这是古代帝王宣扬政教的地方，凡是朝会、祭祀、庆赏、教学等大典，均在其中举行。《礼记·祭义》："祀乎明堂，所以教诸侯之孝也。"郑玄注："祀乎明堂，宗祀文王。"

7. "各以其职来祭"。《注》："君行严配之礼，则德教刑于四海。海内诸侯，各修其职来助祭也。"唐石经本等作"各以其职来助祭"。经文中相差一个"助"字。这意思是说，正因为周公尊崇祖先后稷、文王，有配天享祭的德行，于是其德教成为了四海的典范；周王朝祭祀的时候，各地的诸侯也均按照规定的职责进贡方物，来帮助祭祀。如《周礼·秋官·大行人》记载由邦畿而外，由近而远，分为"六服"：侯服，进贡祀物；甸服，进贡嫔物；男服，进贡器物；采服，进贡服物；卫服，进贡材物；要服，进贡货物。

孔子这段话的意思告诉人们，古代周公将孝道做出了创造性的提升，开创了在郊祀上天时，让周代始祖后稷来配享祭祀。周公又创造性地在明堂祭祀五方上帝时，让文王配享祭祀。这把孝道推向极致，让祖先"配天"，这就是周公的孝文化的一大建设。正因为尊崇祖先、配天享祭之德，所以周公的德教便成为了四海的典范，也在这样的感召之下，四海之内的诸侯，各修其德以其职责来助祭。这就形成了一种融洽的、亲密的、平安的政治与社会的景象。

周公实行的"孝"的"严配"之礼，有如此效果，因此孔子又说："夫圣人之德，又何以加于孝乎？"圣人的德行，又有什么超过孝的呢？

三、不肃而成·不严而治

1. 故亲生之膝下，以养父母日严。

"亲"，爱。"膝下"，指在亲人膝下承欢的幼儿时候。"日"，日加、日益。"严"，此指肃敬、尊重的意思。

这话是说，爱还是从膝下孩幼时候就自然产生的，后来渐长渐大知道了事理道义，而对父母的奉养也就日益尊敬。

2. 圣人因严以教敬，因亲以教爱。

"因"，凭借、顺应。"严"，肃敬、尊崇。《注》："圣人因其亲严之心，敦以爱敬之教。故出以就傅，趋而过庭，以教敬也；抑搔痒痛，悬衾箧枕，以教爱也。"就在外出学习、家中庭院中经过这些细节上都教诲恭敬的道理；甚至关心父母的痛痒、整理父母的衣被卧具等，也都教诲关爱的道理。关于这些内容《礼记·内则》里有非常详细的描述，可参见。

孔子这是说，圣人依据子女对父母的尊重，而教诲人们要恭敬；依据子女对父母的亲爱，而教诲人们要关爱。

3. 圣人之教不肃而成，其政不严而治，其所因者本也。

此可见，圣人是顺应众人之心，而来制定礼，并推行这种敬与爱的政教的。因此孔子提出三个论断，很有魅力："不肃而成"、"不严而治"、"所因者本"。郑玄注："圣人因人情而教民，民皆乐之，故不肃而成。"这是一种智慧。郑玄又注："其身正，不令而行，故不严而治。"这也是一种智慧。郑玄还有注："本谓孝也。"这就是孝的根本与其魅力了。圣人的教诲不待严肃而能成就，圣人的政治不待严酷而能太平。这就是因为，他所顺应的是根本，那就是人的孝心。

四、父子关系的阐述

1. 父子之道，天性也，君臣之义也。

《注》："父子之道，天性之常，加以尊严，又有君臣之义。"

孔子这是说，父子之间的道德，是自然的本性，又有君臣之间的道义。

2. 父母生之，续莫大焉。君亲临之，厚莫重焉。

《注》："父母生子，传体相续，人伦之道，莫大于斯。谓父母为君，以临于己，恩义之厚，莫重于斯。"

关于父母与子女的关系，又如《周易·家人卦》："家人有严君焉，父母之谓也。"父母就是严君，因此古人往往把父子演绎为君臣关系。

孔子这是说，父母生了子女，延续了后代，没有比这种人伦之道更大的了。父亲就像君王亲临，恩义之深厚，没有比此更重的了。

五、两悖：悖德·悖礼

1. 故不爱其亲而爱他人者，谓之悖德。不敬其亲而敬他人者，谓之悖礼。

《注》："言尽爱敬之道，然后施教于人，违此则于德礼为悖也。"《疏》："君自不行爱敬，而使天下人行，是谓悖德、悖礼也。"

"悖"（bèi），违背、相冲突。这是说，所以不敬爱自己的父母，而去爱其他的人，且要别人敬爱自己的父母，就称为悖逆道德。不敬重自己的父母，而去敬重其他的人，且要别人敬重自己的父母，就称为悖逆了礼。

其实以上这两句是有针对性的，且很深刻。此意思是说，如果君王连自己都不敬爱其亲人，而要天下的人去施行对亲人的敬爱，那是有悖于德和有悖于礼了。孔子在强调做君主的人要先行孝道，做出表率来，此后才能引导下面的官吏，然后才能教化民众。

2. 以顺则逆，民无则焉。不在于善，而皆在于凶德，虽得之，君子不贵也。

《注》：“行教以顺人心，今自逆之，则下无所法则也。善谓身行爱敬也，凶谓悖其德礼也。言其悖其德礼，虽得志于人上，君子之所不贵也。”

“以顺则逆”，是把意思压缩了的一个短语，因此不好懂。先说“以顺”，意思是应该以行教来顺人心。再说“则逆”，意思是如今则悖逆了，也就是自己却违逆了，而不行爱敬亲人。

孔子话的意思是，要以行教化来顺人心，如今君主自己则悖逆而不爱敬亲人，那么民众就没有了准则。这就不在于善了，而都在凶害于德了。如此之君，虽然或能得志在人之上，但是先哲君子认为这是不值得尊贵的。

六、“六事”之与“六可”

1. 君子则不然，言思可道，行思可乐，德义可尊，作事可法，容止可观，进退可度，以临其民。

“不然”，《注》：“不悖德礼也。”君子不这样，即是既不“悖德”，也不“悖礼”。“可”，可以、合宜、适宜。“容止”，威仪。“临”，面对、监视、统治的意思。

孔子这句话的意思是，君子却不这样，君子做到六个方面：说话思考合宜道德，行动思考合宜快乐，德义合宜尊敬，做事合宜法则，威仪合宜观瞻，进退合宜法度，以此面对他的民众。

君王就要以此“六事”来治理民众，这“六事”的深意是：

（1）“言思可道”，正因为言说思考合宜道德，所以言出而人必定信任。如《注》：“思可道，而后言，人必信也。”

（2）“行思可乐”，正因为行动思考合宜快乐，所以人们才会喜悦。《注》：“思可乐，而后行，人必悦也。”

（3）“德义可尊”，正因为立德行义不违背正道，所以能被尊崇。如《注》：“立德行义，不违道正，故可尊也。”

（4）“作事可法”，正因为做事、行动得物之所宜，所以能被效法。如《注》：“制作事业，动得物宜，故可法也。”

（5）“容止可观”，威仪必合规矩，所以可以观瞻。如《注》：“容止，威仪也，必合规矩，则可观也。”

（6）“进退可度”，正因为进退动静不越礼法，所以合乎法度。如《注》：

"进退，动静也，不越礼法，则可度也。"

2. 是以其民畏而爱之，则而象之。故能成其德教，而行其政令。

《注》："君行六事，临抚其人，则下畏其威，爱其德，皆放象于君也。上正身以率下，下顺上而法之，则德教成，政令行也。"

孔子这是说，因此他的民众敬畏他而又敬爱他，取法他而又效仿他。所以能成就他的道德教化，而推行他的政令。

七、引用《诗经》深化旨意

最后引用《诗》云："淑人君子，其仪不忒。"

《注》："淑，善也。忒，差也。义取君子威仪不差，为人法则。"

此出自《诗经·曹风·鸤鸠》。鸤(shī)鸠，就是布谷鸟。这诗是赞美一位贵族统治者的用心均平、平衡、专一。朱熹《诗集传》："诗人美君子之用心专一。""淑人"，好人、善人；"淑"，善、好。"仪"，一说威仪、仪容；一说通"义"。"忒"，一说差错，或说不疑惑。这句话的意思是，善人君子，他的举止没有差错。

八、《圣治章》现代启示谈片

孔子在《圣治章》中特别强调，人是天地万物之中最尊贵的，这种尊贵之中有一重要的内容那就是不要忘记人伦的尊贵。在人伦的尊贵中，又不要忘记"人之行，莫大于孝"。可惜的是，随着物欲的横流，人性中的孝，在一部分甚至为数不少的现代人那里渐渐变化、淡化、退化了。是否应该呼唤现代心灵中这一人伦根本的回归呢？

孔子的又一智慧是，孝的教化是治理社会、国家的一个重要的方面。社会上人分有高下层次不等，但是人人都应该行孝，而且不要出现"悖德"、"悖礼"的现象。重要的是，如何善于利用"所因者本"，顺从人性中的孝的自然天性加以引导。既要从"我"做起，更要从管理者做起，做出表率来，然后上行下效，形成风气，达到一种"不肃而成"、"不严而治"的理想境界。

纪孝行章第十

子曰："孝子之事亲也，居则致其敬，养则致其乐，病则致其忧，丧则致其哀，祭则致其严。五者备矣，然后能事亲。事亲者，居上不骄，为下不乱，在丑不争。居上而骄则亡，为下而乱则刑，在丑而争则兵。三者不除，虽日用三牲之养，犹为不孝也。”

【译文】

孔子说：“孝子奉事父母，平时生活中要尽心竭力孝敬，赡养父母就要尽心竭力使得他们快乐，生病了就要尽心竭力为父母分忧解愁，为父母操办丧事要竭尽哀情为他们悲哀，祭祀父母要竭尽心力为他们严肃斋戒。此五者具备了，然后才能尽孝地奉事父母。奉事父母的人，身居上位，要不骄傲；居处下位，要不作乱；居处在众人中，不与他人纷争。身居上位而骄傲，那么就会灭亡；居处下位而作乱，那么就会遭受刑罚；在众人中而要与他人纷争，那么就可能会遭遇兵械之灾祸。此三者不除去，即使每天用牛、羊、猪来奉养父母，还是不孝。”

【讲读】

《纪孝行章》的内容就是纪录孝子奉事父母的行为。此中讲了八个方面，应当具备者为“五事”，而必当除去者为“三事”。

一、事亲应备“五事”

1. 居敬：“居则致其敬”。《注》：“平居必尽其敬。”“居”，居住，居处，此指平时的日常的居家生活。“则”，就、便，下文同此义。“致”，献出、尽。《说文》：“致，送诣也。”“送诣”，就是送到。《段注》：“送诣者，送而必至其处也。”这第一件事，就是平时家居必尽其敬重。

“孝”中的“敬”最为重要，所以常见“孝”与“敬”联称为“孝敬”。《说文》：“敬，肃也。从攴（pō）、苟。”徐灏《说文段注》：“攴，治也。治事肃恭之意。”奉事父母，要整肃，要恭敬，不能马虎、苟且。有意思的是，《二十四孝》的作者，他的名字就叫郭居敬。

2. 养乐：“养则致其乐”。《注》：“就养能致其欢。”第二件事，是要“孝养”，赡养父母就要尽心尽力使得他们欢乐。

作为子女不能养活父母，当然不能称为孝子；若果能养而不愿意养，也不能称为孝子；虽奉养了父母，但是不能使得父母快乐，同样不是孝子。“养则致其乐”，包含两层意思，一是要赡养，二是要赡养得让父母高兴，心情愉悦。

奉养父母，包含衣、食、住、行等诸多方面，在物质条件上各个家庭并不一样，因为每家的孝子会有贫富之分、贵贱之别，但是总体标准应该而且是一致的，那就是“养则致其乐”。有绫罗绸缎、山珍海味，不一定就能使得父母乐；

相反只是普通衣着、粗茶淡饭照样可以使得父母乐。这里有个孝敬的问题，一种真诚的沟通、感情的慰藉的问题，比如平时的关爱与交流，又如进饮食时的和颜悦色等等。这就是“色难”、“色养”的问题。

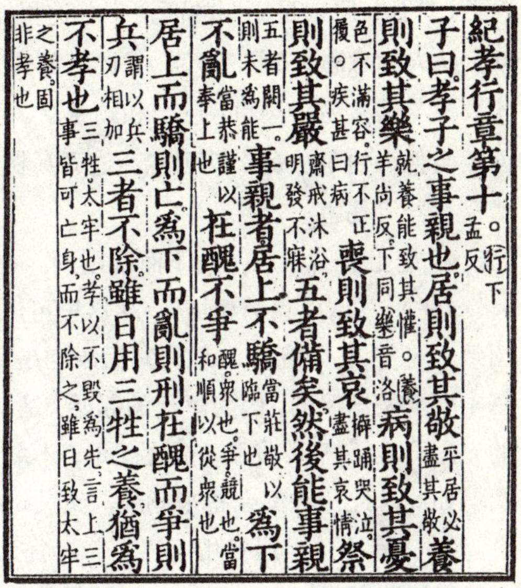
紀孝行章第十。行，下孟反
子曰。孝子之事親也。居則致其敬。平居必盡其敬。養則致其樂。就養能致其懽。養，羊尚反。下同。樂，音洛。病則致其憂。色不滿容。行不正履。疾甚曰病。喪則致其哀。擗踊哭泣。盡其哀情。祭則致其嚴。齋戒沐浴。明發不寐。五者備矣。然後能事親。五者闕一。則未為能。事親者居上不驕。當莊敬以臨下也。為下不亂。當恭謹以奉上也。在醜不爭。醜。眾也。爭。競也。當和順以從眾也。居上而驕則亡。為下而亂則刑。在醜而爭則兵。謂以兵刃相加。三者不除。雖日用三牲之養。猶為不孝也。三牲。太牢也。孝以不毀為先。言上三事皆可亡身。而不除之。雖日致太牢之養。固非孝也。

3. 病忧：“病则致其忧”。《注》：“色不满容，行不正履。疾甚曰病。”第三件事，父母生病了，得重病了，就要尽心尽力为他们分忧解愁。一是治病，竭尽全力为他们医治，尽量减少他们肉体的痛苦；一是抚慰，在精神上不断抚慰，尽量减少他们精神上的痛苦。

4. 丧哀：“丧则致其哀”。《注》：“擗踊哭泣，尽其哀痛。”第四件事，父母死了，操办丧事，要为他们尽其悲哀，终其哀情。“擗（pǐ）踊”，指悲痛时捶胸顿足。

5. 祭严：“祭则致其严”。《注》：“斋戒沐浴，明发不寐。”所谓“明发不寐”，就是由夜里而至于天明而不睡觉的意思。第五件事，祭祀父母要尽心尽力为之严肃，如斋戒、沐浴、通宵达旦地怀念亲人，等等。

“五者备矣，然后能事亲”，《注》：“五者阙一，则未为能。”此“五者”不分人的贵贱，如果都具备了，然后才能说是尽孝地侍奉双亲了。

二、事亲要除“三不”

以上正面讲孝子的孝行，这里再转换为反面来讲述，事亲者当除去“三不”。

1. 除骄：“事亲者，居上不骄”。《注》：“当庄敬以临下也。”这是对居处在上位的人来说的，要不骄傲，不可做骄纵之事。“居上而骄则亡”，居处上位而骄纵，那么就会灭亡。

2. 除乱：“为下不乱”。《注》：“当恭谨以奉上也。”这是对居处在下位的人来说的，不要作扰乱之事。“为下而乱则刑”，居处在下位，而要作乱，那么就会受到刑罚。

3. 除争：“在丑不争”。《注》：“丑，众也。争，竞也。当和顺以从众也。”

“醜”、“丑”原来是不同的两个字，这里本是“醜”字，是俦、同侪也，即是众、众人的意思；现在“醜”字已经简化为“丑”了。这是说，居处在众人中不要做与他人纷争之事，应当和顺从众。“在丑而争则兵”，如果居处在众人中而要与他人纷争，那么就可能会遭遇兵械之祸，害及生命。“兵”，此作动词，遭受兵器等伤害。

4. 居上而骄则亡，为下而乱则刑，在丑而争则兵。

《注》：“谓以兵刃相加。”从这里可以看到，此三者或是招致“亡”，或是招致“刑”，或是招致“兵”，其后果均是使自己的身体招致毁坏。这和孝行的基本要求是悖反的，因为孝行的起始，是从保护好自己的身体不受毁害为始点的。孔子说：“身体发肤，受之父母，不敢毁伤，孝之始也。”(《孝经》第一章)既然如此，此三者都会招来危险，给父母带来忧愁，这就是不孝了。

5. 三者不除，虽日用三牲之养，犹为不孝也。

《注》：“三牲，太牢也。孝以不毁为先，言上三事皆可亡身，而不除之，虽日致太牢之养，固非孝也。”

“三牲”，指牛、羊、豕（猪），这是特别讲究、隆重的肉食了。但是，“骄”、“乱”、“争”此三者不除去，那么即使每天用牛、羊、猪来供养父母，还是不孝，因为父母常为你的安全在担忧，在忧愁。

三、《纪孝行章》现代启示谈片

孔子指出了古人行孝道应做的“五事”，虽然数千年过去了，若细细一想，其实与现代人行孝的距离很接近，并没有很深的代沟大壑。比如今天的孝子平时奉事父母也必定是“致其敬”的，奉养父母也必定是“致其乐”的，父母生病也必定是“致其忧”的，父母去世也必定是“致其哀”的，这“四事”几乎古今是一样的。只不过古人那种繁琐的讲究，比如“晨昏定省”啦，再如古人一整套的枝枝节节的丧礼啦，早已经不适用了，若再要去这样做，那就是“愚孝”了。当然第五事，今人已经不再搞古人的那套“祭祀”了，但是清明节之扫墓、墓祭还有，因此孝子“祭则致其严”还部分地相同。

我们会惊奇，孔子概括孝子的“五事”是如此的精当，这是何等的智慧！几千年过去了，基本还是这样，不是在于办事的形式的变不变，而是“五事”中那种孝道的情、理、义、礼，还是永不褪色地延伸着。

同样，孔子提出的“三不”，“居上不骄，为下不乱，在丑不争”，只要悟深了，用活了，依然是今人应该记取的有益的谆谆告诫。

五刑章第十一

子曰："五刑之属三千，而罪莫大于不孝。要君者无上，非圣人者无法，非孝者无亲，此大乱之道也。"

【译文】

孔子说："五刑所属罪行的条款约有三千条，而罪行没有比不孝更大的了。要挟君主的人是无视君主，非难圣人的人是无视法律，不孝的人是无视父母。这就是造成社会大乱的根源。"

【讲读】

《五刑章》是讲古代"五刑"中"不孝"之严重的。上一章讲到骄纵、扰乱、纷争都会触及刑罚，所以此章接着讲这一问题。

一、不孝：最大的罪行

孔子说："五刑之属三千，而罪莫大于不孝。"

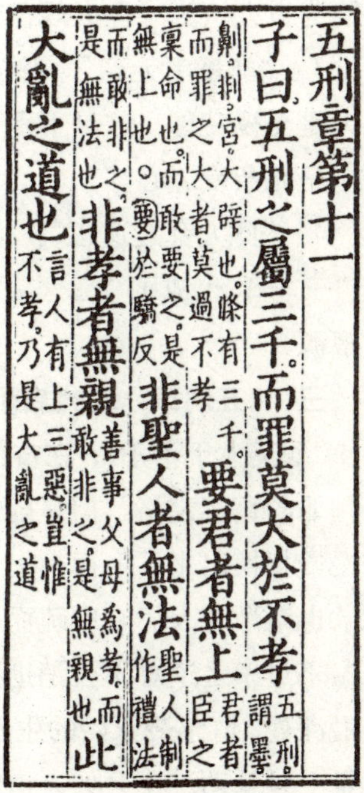
五刑章第十一
子曰五刑之屬三千。而罪莫大於不孝五刑。謂墨。劓。剕。宮。大辟也。條有三千。而罪之大者。莫過不孝。要君者無上君者臣之稟命也。而敢要之。是無上也。非聖人者無法聖人制作禮法。而敢非之。是無法也。非孝者無親善事父母爲孝。而敢非之。是無親也。此大亂之道也言人有上三惡。豈惟不孝。乃是大亂之道。

《注》："五刑，谓墨、劓（yì）、剕（fèi）、宫、大辟（pì）也。条有三千，而罪之大者，莫过不孝。"这是说，"五刑"所属犯罪的条款约有三千条，而其中没有比不孝的罪名更大的了。

"五刑"，古代轻重不同的五种刑罚，据说在虞舜之前就有"五刑"之制。其内容虽有些参差，但大体上差不多。如马融注《尚书·舜典》谓"五刑"是墨、劓、剕、宫、大辟。墨，是刺破面或额，染上黑色，作为标记。劓，是割鼻子。剕，是砍掉腿。宫，是阉割生殖器。大辟，是指死刑；辟，是法、法律的意思。郑玄注《周礼·秋官·司刑》谓"夏刑大辟、膑辟、宫辟、劓、墨"为"五刑"。周时以"墨、劓、宫、刖（yuè，砍脚）、杀"为"五刑"。

关于"五刑"之"属"，"属"就是条款、条目的意思。其数目到底有多少呢？如《周礼·秋官·司刑》：“司刑，掌五刑之法，以丽（附着、依附，此指按情况施加刑罚的意思）万民之罪。墨罪五百、劓罪五百、宫罪五百、刖罪五百、杀罪五百。”这些加起来就有二千五百了。再看《尚书·吕刑》：“墨罚之属千，劓罚之属千，剕罚之属五百，宫罚之属三百，大辟之罚其属二百。五刑之属三千。”因此《孝经》里说“五刑之属三千”了。

孔子鲜明地提出这样的观点：一是，“不孝”是犯罪，属罪行；二是，“不孝”不仅是罪行，而且是所有罪行中最大最重的，没有其他的罪行能比不孝更大的了。此可见孝在孔子心目中、理念中的重要性，他是从这样的高度来认识“孝”的。

“罪莫大于不孝”，也因此作为名言流传千古。

二、“三无”：大乱之道

孔子说：“要君者无上，非圣人者无法，非孝者无亲，此大乱之道也。”

孔子指出社会上的“三无”现象：

1. “要君者无上”。《注》：“君者，臣之禀命也。而敢要之，是无上也。”这要挟君王的人是无视君上，这就是不忠于君。

2. “非圣人者无法”。《注》：“圣人制作礼法，而敢非之，是无法也。”非难圣人的人是无视法则，这是侮辱了圣人。圣人之所以重要，亦如《疏》所云，是因为古人认为“圣人规模天下法则，兆民敢有非毁之者，是无圣人之法”。

3. “非孝者无亲”。《注》：“善事父母为孝，而敢非之，是无亲也。”不孝的人是无视父母，这是不爱于亲。如《疏》云：“孝为百行之本，敢有非毁之者，是无亲爱之心。”

4. “此大乱之道也”。《注》：“言人有上三恶，岂惟不孝，乃是大乱之道。”这“三非”，也成了“三恶”，而又成了“此大乱之道也”。这就是造成社会大乱的根源。

三、《五刑章》现代启示谈片

“罪莫大于不孝”，在古代不仅是良心上犯罪的真实定格，也是事实上的刑罚判罪的真实定格。但是随着时间的慢慢流逝，这一格言中的“不孝”两字，被慢慢替换出来了，而换上了其他的罪行。“不孝”本属于“罪莫大焉”的理念，也渐渐在人们心中疏而又疏，淡而又淡了。

不过孝之道总不会消逝殆尽，不会灭迹，因为孝的根子就扎在每个人的心的最深处、情感最原始的生发地。尽管有的人的心灵已经荒芜，甚至不堪回首，但是一旦触动，便会如一道闪电照亮那地方。

我们经常在电视中看到那些囚徒，在临终的终极谈话时，潸然流下悔恨之泪，并会不约而同地说出："这一辈子最对不起的，是生我养我的父母！"这不正应合了《孝经》中的"罪莫大于不孝"了吗？这也许能让现代人豁然开悟到名言"罪莫大于不孝"的真谛了！

广要道章第十二

子曰："教民亲爱，莫善于孝。教民礼顺，莫善于悌。移风易俗，莫善于乐。安上治民，莫善于礼。礼者，敬而已矣。故敬其父，则子悦。敬其兄，则弟悦。敬其君，则臣悦。敬一人，而千万人悦。所敬者寡而悦者众，此之谓要道也。"

【译文】

孔子说："教化民众互相亲爱，没有比孝道更好了。教化民众尊礼顺从，没有比敬爱兄长更好了。转移风气，改变习俗，没有比音乐感化更好了。使得君上能安定、民众能治理，没有比尊礼更好了。礼，就是尊敬罢了。所以尊敬他的父亲，那么就使得儿子喜悦。尊敬他的兄长，那么就使得弟弟喜悦。尊敬他的君主，那么就使得臣子喜悦。敬爱一个人，而使得千万人喜悦。所敬爱的少，而获得喜悦的多，这就称为重要的道理。"

【讲读】

第一章曾提到了"先王有至德要道"，虽举出了"目"，但还没有详细阐发，本章则深入解析"要道"，下章则重在解析"至德"。因为这章是对第一章所举之"目"的引申发挥和演绎解说，于是就名之为"广"，从而称为《广要道章》，下一章则称为《广至德章》。当然"广"字，不仅是对于首章的阐发，还有推广、发扬、光大的意思，那就是将"要道"推而广之，以"要道"来广泛施化。《孝经》的"三广"，即《广要道章》、《广至德章》、《广扬名章》均可作如是观。

《孝经注疏》："首章略云'至德要道'之事，而未详悉，所以于此申而演之，皆云'广'也。""'要道'先于'至德'者，谓以'要道'施化，化行而后遍（或作'德'）彰，亦明道德相成，所以互为先后也。"

一、孝·悌·乐·礼

孔子关于社会教化问题提出了“四点”智慧：

1. 教民亲爱，莫善于孝。

《注》：“言教人亲爱礼顺，无加以孝悌也。”

孔子说，用“孝”来教化民众彼此亲爱，没有比倡导孝道更好的了。

2. 教民礼顺，莫善于悌。

用“悌”来教化民众礼顺，没有比倡导敬重兄长更好的了。“礼顺”，就是礼敬、顺从的意思。

又《疏》：“言君欲教民亲于君而爱之者，莫善于身自行孝也。君能行孝，则民效之，皆亲爱其君。欲教民礼于长而顺之者，莫善于身自行悌也。人君行悌，则人效之，皆以礼顺从其长也。”这里丰富了解读的内容，特别提出了从君与民之间的关系来看，那么欲望民众对君主的“亲爱”与“礼顺”，人君必须先做出表率来，自身先行孝悌之道。

3. 移风易俗，莫善于乐。

《注》：“风俗移易，先入乐声。变随人心，正由君德。正之与变，因乐而彰。故曰莫善于乐。”

孔子说，要移风易俗，没有比音乐教化更好的了。他提倡用“乐教”来教化民众，达到民风民俗的转移变化。

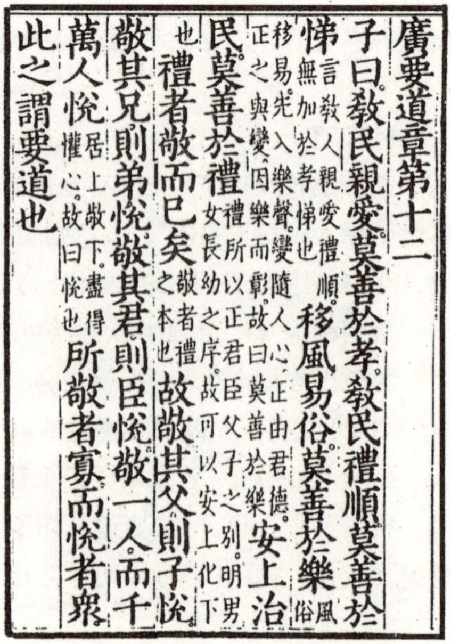
廣要道章第十二

子曰。教民親愛。莫善於孝。教民禮順。莫善於悌。言教人親愛禮順。無加於孝悌也。移風易俗。莫善於樂。風俗移易。先入樂聲。變隨人心。正由君德。正之與變。因樂而彰。故曰莫善於樂。安上治民。莫善於禮。禮所以正君臣父子之別。明男女長幼之序。故可以安上化下也。禮者敬而已矣。敬者禮之本也。故敬其父則子悅。敬其兄則弟悅。敬其君則臣悅。敬一人而千萬人悅。居上敬下。盡得懽心。故曰悅也。所敬者寡而悅者衆。此之謂要道也。

当然，“乐教”从广义上讲，并不局限于音乐，“乐”是“六艺”之“礼、乐、射、御、书、数”之一艺，包括音乐、舞蹈、诗歌等在内。中国文化传统特别重视“乐教”，如《易经·豫卦》：“先王以作乐崇德。”孔子重视“乐教”，他本人就是一个音乐家、音乐教育家。笔者在拙著《孔子的智慧生活》（上海辞书出版社）中有详论，可参见。

我们还可以读一下先秦儒家关于乐的著作《乐记》。此中有段话说得好：“是故治世之音安以乐，其政和；乱世之音怨以怒，其政乖；亡国之音哀以思，其民困。声音之道，与政通矣。"《乐记》认为乐的审美本质就是"和"，是自然法则、社会法则之"天地之和"的体现。人们在享受音乐的时候，使得"感动人之善心"，从而"审声以知音，审音以知乐，审乐以知政"，"致乐以治心"，还达到孔子所说的"移风易俗"。现代社会是否也可以借鉴这样的智慧，进行现代的"乐教"，感动现代人的善心？

另外要说的是，本章的"移风易俗，莫善于乐"这八字，因为对音乐的社会功用做出了精到的概括，也成为一个著名的理念深入人心，且在中国美学史上影响久远。作为成语的"移风易俗"，也家喻户晓。

4. 安上治民，莫善于礼。

《注》："礼所以正君臣父子之别，明男女长幼之序，故可以安上化下也。"

孔子说，安定君上，治理民众，没有比倡导礼敬更好的了。孔子特别重视礼，《论语·颜渊》："子曰：'克己复礼为仁，一日克己复礼，天下归仁焉。'"克制自己，恢复周礼，这就是仁，一旦这样做了，天下的人就会归顺于仁了。

《论语·为政》："子曰：'道之以政，齐之以刑，民免而无耻。道之以德，齐之以礼，有耻且格。'"用政法来引导民众，用刑罚来整顿他们，民众虽然免除了犯罪，但是没有耻辱之心。用道德来引导民众，用礼来整顿他们，民众就有耻辱之心，而且能守规矩。我们可以看到，孔子关于礼的作用的重要性和必要性的揭示。

《礼记·曲礼》还排列了"非礼"的"七不"，让人们看到不守礼不尊礼的种种危害与弊病：（1）"道德仁义，非礼不成"。（2）"教训正俗，非礼不备"。（3）"分争辨讼，非礼不决"。（4）"君臣上下，父子兄弟，非礼不定"。（5）"宦学事师，非礼不亲"。（6）"班朝治军，莅官行法，非礼威严不成"。（7）"祷祠祭祀，供给鬼神，非礼不诚不庄"。礼的作用渗透在社会生活的方方面面。

再说孔子提倡的"礼"与"乐"，是有内在理路联系的，那就如先哲所言的"礼所以修外"、"乐所以修内"。礼乐是关联在一起的，必须礼乐并至，内外双修，从而才能达到各层面人际关系的和谐。

二、再聚焦于"礼"与"敬"

1. 礼者，敬而已矣。故敬其父，则子悦。敬其兄，则弟悦。敬其君，则臣悦。

孔子在阐述了"四教"之后，再深入一层开掘"礼"的核心含义："礼者，敬而已矣。"礼，说到底就是一个"敬"字罢了。

然而虽只是一个"敬"字，但是所带来的影响和效果是巨大的。因为能尊“礼”，而能有“敬”；因为有“敬”，便能有“悦”。这里出现这样的序列：礼——敬——悦。

再从付出与收获来看：一是，子女付出了对父母的孝敬，也获得了自己内心的喜悦，此所谓“故敬其父，则子悦”。二是，弟弟付出了对兄长的敬顺，自己也获得了内心的喜悦，此所谓“敬其兄，则弟悦”。三是，臣子付出了对君主的尊敬，也获得了自己内心的喜悦，此所谓“敬其君，则臣悦”。

2. 敬一人，而千万人悦。所敬者寡而悦者众，此之谓要道也。

《注》：“居上敬下，尽得欢心。故曰悦也。”

此中“一人”是指被他人尊敬的人，如父、兄、君；“千万人”，则指子、弟、臣，此举其大数言之。由此可推知，被敬重的人属于少数，而因此收获喜悦的人却是众多。这里面就有重要的道理，“此之谓要道也”。“要道”，就在于使家庭因敬爱与喜悦而和谐，社会因敬爱与喜悦而和谐，国家因敬爱与喜悦而和谐，在人人内心的喜悦之中融合为和谐。

此章所说的下对上的尊敬，是从一个方面获得的喜悦；而另一方面如第八章已说的，是由于“明王之以孝治天下”，也获得欢心，这便是《孝治章》所云“故得万国之欢心”，“故得百姓之欢心”，“故得人之欢心”。此两章一起联观，可以加深理解。

三、《广要道章》现代启示谈片

如何教化民众？如何臻于和谐社会？如何移风易俗？这是任何一个王朝、一个时代都会遇到的话题、问题、难题，也是一个永恒的治政的主题。每个朝代都在苦苦思索，上下求索，迷茫中摸索，这一章让我们看到2500多年前孔子的智慧。

每个时代也都有自己的音乐，革命时期的“红歌”、“文革”的狂暴乐歌、改革开放后的摇滚乐、流行歌曲等等，都是时代的节奏的反映，也是人们心灵的映现，还是那一时代风俗的凸显。音乐就在我们身边、耳畔、心里，每个人都有几首自己喜欢的歌曲与舞乐，我们都在默默地接受着音乐的教化，这就是“乐教”。现代人主动地、能动地、灵动地重视“乐教”了吗？

孔子所提倡的孝、悌、乐、礼，如果用现代人已经养成的惯性思维来看，那都是“老掉牙”的、“落后”的、“糟粕”的、“陈腐不堪”的东西，怎能比得上时尚的、新潮的、西方的那些“现代主义”、“后现代主义”的理念？不过如果能冷静地深思一番，原来孝、悌、乐、礼中确实饱含有宝贵的东西在，抽绎其合理的内核，而加于时代的形式与内涵，照样可以转换为生气勃勃的现代式的智慧。

广至德章第十三

子曰："君子之教以孝也，非家至而日见之也。教以孝，所以敬天下之为人父者也。教以悌，所以敬天下之为人兄者也。教以臣，所以敬天下之为人君者也。《诗》云：'恺悌君子，民之父母。'非至德，其孰能顺民，如此其大者乎？"

【译文】

孔子说："君子用孝道来教化民众，并非每家每户都要走到，并非每日都要见面去教诲。用孝道来教化，那是用来敬爱天下为人父母的方法。用悌道来教化，那是用来敬顺天下为人兄长的方法。用为臣之道来教化，那是用来敬重天下为人君的方法。《诗经》说：'和乐平易的君子，是民众的父母。'如果不是孝这种最高的德行，那么谁能顺应民心，而效果至于如此巨大呢？"

【讲读】

首章曾标出了"至德"之目，但未作具体阐明，本章深入阐发"至德"的义理。

一、三德：孝道·悌道·臣道

1. 子曰："君子之教以孝也，非家至而日见之也。"

《注》："言教不必家到户至，日见而语之。但行孝于内，其化自流于外。"

孔子为什么要说君子用孝道来教化，并非要至于每家，并非要每日去见面教诲？因为君子只要行孝于内，然后自然化成之，而流行于外了，这就是榜样的力量、表率的作用、典范的魅力。

2. 教以孝，所以敬天下之为人父者也。

"所以……者"，是指"用来……的东西、方法、手段"等。"敬天下之为人父"，意思是使"天下之为人父"的均被敬重。以下句式可以类推之。孔子说，用孝道来教化，那就是用来敬爱天下的为人父母的方法。

3. 教以悌，所以敬天下之为人兄者也。

《注》："举孝悌以为教，则天下之为人子弟者，无不敬其父兄也。"

孔子说，用悌道来教化，那就是用来敬顺天下的为人兄长的方法。

4. 教以臣，所以敬天下之为人君者也。

《注》：“举臣道以为教，则天下之为人臣者，无不敬其君也。”

孔子说，教化为臣之道，那是用来敬重天下的为人君的方法。

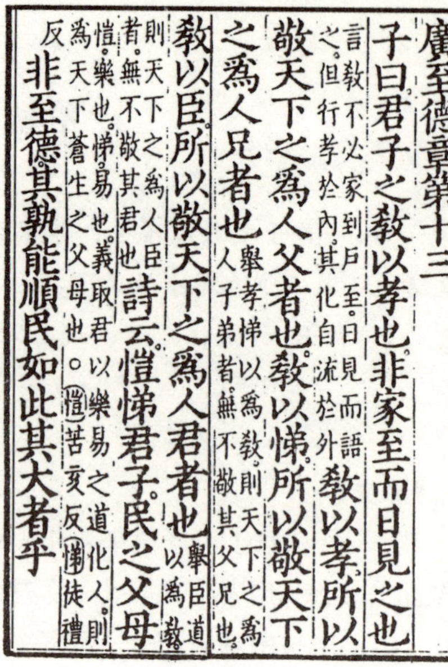
廣至德章第十三

子曰君子之敎以孝也非家至而日見之也言敎不必家到戶至日見而語之但行孝於內其化自流於外敎以孝所以敬天下之爲人父者也敎以悌所以敬天下之爲人兄者也舉孝悌以爲敎則天下之爲人子弟者無不敬其父兄也敎以臣所以敬天下之爲人君者也舉臣道以爲敎則天下之爲人臣者無不敬其君也詩云愷悌君子民之父母愷樂也悌易也義取君以樂易之道化人則爲天下蒼生之父母也愷苦亥反悌徒禮反非至德其孰能順民如此其大者乎

二、引《诗》赞美并深化

1.《诗》云：“恺悌君子，民之父母。”

《注》：“恺，乐也。悌，易也。义取君以乐易之道化人，则为天下苍生之父母也。”

此出自《诗经·大雅·泂(jiǒng)酌》，歌颂统治者爱护人民，能得到民心。又《诗序》：“《泂酌》，召康公戒成王也。言皇天亲有德，飨有道也。”句中本作“岂弟”一词，此引文作“恺悌”，又《吕氏春秋·不屈》引此句也作“恺悌”。“恺悌”，这是和乐平易的意思；“恺”，乐也；“悌”，易也。这里的《诗》是说：和乐平易的君子，是民众的父母。

2. 非至德，其孰能顺民，如此其大者乎？

这是对《诗》的评论，孔子说，如果不是孝这种最高的德行，那么谁能顺应民心，而效果竟然至于如此巨大。

三、《广至德章》现代启示谈片

现代人也要行教化，教化如何能“得法”？不妨看看孔子的“得法”。

孔子给予我们的一种智慧，是他主张在内容上抓住孝道、悌道、臣道，即是着眼于父子、兄弟、君臣之间的关系的融洽，因为这是最高的德行，能够顺应民心，且能由此层层推广出去。——今天我们不必照搬，但启发我们现代教化也应该从“至德”入手，从人心自然存有的德性因而导之。这样做，才能顺应民心，收到实效。

孔子给予我们另一种智慧，那就是教化不必走家串户，不必唇焦舌敝，不必家到户至日见，不必每家每户每日地宣传说教，那就是要自己做出榜样来、每家做出榜样来、上位的人做出榜样来，然后就会由内而流行于外，教化至于全社会。这是简单易行的方法，也是收效且高效的方法。

广扬名章第十四

子曰："君子之事亲孝，故忠可移于君。事兄悌，故顺可移于长。居家理，故治可移于官。是以行成于内，而名立于后世矣。"

【译文】

孔子说："君子奉事父母尽孝，所以忠诚可以移用于奉事君王。奉事兄长能敬重，所以恭顺可以移用于奉事尊长。居于家中能治理家庭，所以治家也可以移用于做官的治政。因此在家庭内孝行形成，而名声也就树立，且流传到后世了。"

【讲读】

第一章曾提到"立身行道，扬名于后世，以显父母，孝之终也"，但是没有来得及充分展开论说。此章是遥承首章，而说"扬名"旨意。同样因为是将其意蕴引申之演绎之，所以谓之"广"，并称为《广扬名章》，且紧列于《广至德章》之后。

一、三事·三德·三移

1. 君子之事亲孝，故忠可移于君。事兄悌，故顺可移于长。居家理，故治可移于官。

《注》："以孝事君，则忠。以敬事长，则顺。君子所居则化，故可移于官也。"

孝子"三事"，是"事亲"、"事兄"、"家理"，这是从切身的环境、从一个家庭的范围说起。

"居家理"，就是居家能够治理好。关于"居家理"，笔者想起徐复观说过的话："在中国历史中，在大危难之际之能免于销毁，原因固然很多，其中之一就是得力于'家族'。而此家族实为以道德为中心的自治团体。"（徐复观：《中国知识分子精神》，华东师范大学出版社）我们接着说，在这一家族中传统的孝道、悌道、父子之间的犹如君臣之道，是构成这一"以道德为中心的自治团体"的主要道德，是维系中国"免于销毁"的有力的保证之一，可见"家"、"居家理"其中的价值与意义之重大了。

这三件事情，要做好的标准就是"三德"："孝"、"悌"、"理"。然后要做三种迁移、转化，这便是"三移"："忠可移于君"、"顺可移于长"、"治可移于官”。这种“三移”的过程与结果是：以孝道来奉事君王，那么也就会忠诚；以奉事兄长的敬顺来奉事尊长，那么也就会顺从；君子居家能够治理而化成之，以此做官也能治理而化成。

这是孔子设计的理想的线路，是由内而外，由家庭之内而推广到家庭之外，由家——社会——国——天下，其根本在孝，其效果在和。因为孝悌，然后由子与父母和谐、弟与兄长和谐，而至于家庭和谐，再至于社会和谐，然后是一国的和谐。

俗话说：“家和万事兴。”我们往往局限于一家来理解，其实每一个社会的家庭细胞都能这样，那么推演出去，就是一个广阔的社会、国家、天下的“和”与“兴”了。这就是大视野下的“万事兴”了。

此顺便一说，后来有成语“移孝为忠”即是出于本章，意思就是把孝顺父母之心转移为效忠君主。如唐代张说运用之，说：“传云：去食存信，信而有征。经云：移孝为忠，孝则不匮。”（《郑国夫人神道碑奉敕撰》）

2. 是以行成于内，而名立于后世矣。

《注》：“脩上三德于内，名自传于后代。”

这是本章的小结。由家内的“三事”，即“事亲孝”、“事兄悌”、“居家理”，再由内而外，由家庭而至于社会，那么就会变移、迁移，移用为另种“三事”，即“忠君”、“顺长”、“治官”。这便立身于世，且广扬名声了。

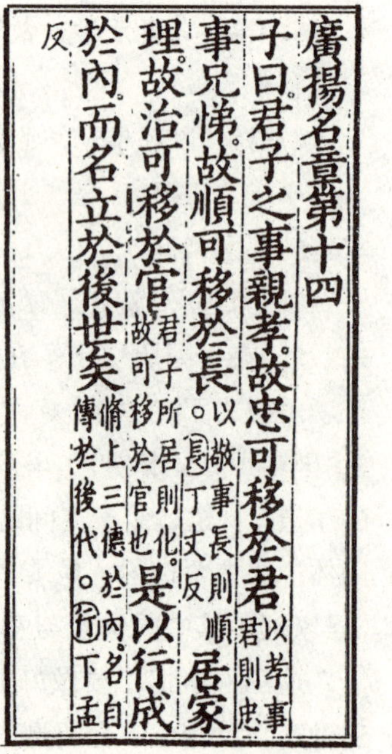

廣揚名章第十四

子曰。君子之事親孝。故忠可移於君。以孝事君則忠。事兄悌。故順可移於長。以敬事長則順。○長丁丈反。居家理。故治可移於官。君子所居則化。故可移於官也。是以行成於內。而名立於後世矣。脩上三德於內。名自傳於後代。○行下孟反

二、《广扬名章》的现代启示谈片

现代人讲究人生的成功，孔子也提倡人生的成功。孔子曾说：“三十而立。”（《论语·为政篇》）人到三十不要还是匍匐着，挺不起胸膛，而是要堂堂正正、有名有姓、有为有成地站立、挺立在人世，做个堂堂七尺汉子了！孔子还说：“后生可畏，焉知来者之不如今也？四十、五十而无闻焉，斯亦不足畏也已。”（《论语·子罕篇》）一个人到了四五十岁，还是默默无闻、没有什么名望的话，那么也就不值得惧怕了。

扬名、广扬名，就是播扬、广泛地播扬名声、名望。孔子指出的是由内而外的途径与方法，那就是由“行成于内”而至于外的“名立于后世”。

现代人可以更加理智地抽取其中的智慧，那就是必须先有内在的品德、修养、素质、能力、本领、智慧，然后才能转化为外在的事业，最后臻于人生的成功，而名立于后世。

这内在的素养、素质，不要忘记“事亲孝”、“事兄悌”、“居家理”；这外在的奋斗也不妨尝试一下“忠可移于君”、“顺可移于长”、“治可移于官”，也许不无作用。当然一切不可“愚”，死扣一通远不如活参、活用、活化一番。

谏诤章第十五

曾子曰：“若夫慈爱、恭敬、安亲、扬名，则闻命矣。敢问子从父之令，可谓孝乎？”

子曰：“是何言与？是何言与！昔者天子有争臣七人，虽无道，不失其天下。诸侯有争臣五人，虽无道，不失其国。大夫有争臣三人，虽无道，不失其家。士有争友，则身不离于令名。父有争子，则身不陷于不义。故当不义，则子不可以不争于父，臣不可以不争于君。故当不义则争之，从父之令，又焉得为孝乎？”

【译文】

曾子问道：“至于慈爱、恭敬、安亲、扬名，那么已经听闻到夫子的训命了。冒昧地请问，儿子听从父亲的命令，可以说是孝吗？

孔子说：“这是说的什么啊？这是说的什么啊！往昔天子有谏诤之臣七人，即使不行正道，但是还不会失去天下。诸侯有谏诤之臣五人，即使不行正道，但是还不会失去他的诸侯国。大夫有谏诤之臣三人，即使不行正道，但是还不会失去他的家。士有谏诤的朋友，那么自身就不会离开美好的声誉。父亲有劝谏的儿子，那么自身就不会陷入不义。所以面对不合道义的，那么儿子不可以不向父亲谏诤，臣子不可以不向君主谏诤。所以面对不合道义的就谏诤，只是听从父亲的命令，又哪里能算是孝呢？”

【讲读】

此章是说孝道中的为臣、为子之道又一方面，即是遇到君王有过失、父亲有过失，面对不合道义的，皆应当谏诤。所谓“谏诤”，就是直言规劝。“谏”，规劝君主、尊长、朋友，使之改正错误或过失；“诤”，以直言劝告，使之改正错误。因此本章就称为《谏诤章》。

一、曾子再生疑问

曾子在这里又产生疑问，向夫子提出一个问题：“若夫慈爱恭敬，安亲扬名，则闻命矣。敢问子从父之令，可谓孝乎？”

《注》：“事父有隐无犯，又敬不违，故疑而问之也。”这就是曾子所知道的孝道，然而这是片面的，曾子其实也有了怀疑，因此向孔子讨教。

“若夫”，句首语气词，用来引出下文。“慈爱”，是亲爱的意思。“慈”，一般是指上对下的关爱，但是也可以用为下对上的亲爱，这里就用为儿子对父亲的亲爱、孝爱。阮福《孝经义疏补》：“子孝亲，亦曰慈。慈爱即孝爱也。故《曾子·大孝篇》曰‘慈爱忘劳’，即曾子传《孝经》之意。王氏引之《经义述闻》，历引《孟子》‘孝子慈孙’、《齐语》‘慈孝于父母’，《谥法解》‘慈惠爱亲曰孝’，以证之。是也。”

曾子的这句话意思是，至于慈爱恭敬，安定父母，立身扬名，那么已经听闻到夫子的教诲了。冒昧地请问，儿子听从父亲的命令，可以说是孝吗？

二、孔子再次解惑

1. 子曰：“是何言与？是何言与！”

《注》：“有非而从，成父不义，理所不可，故再言之。”

孔子对于曾子的问题，很有触动，于是很有感触地重复说：这是说的什么啊？这是说的什么啊！从这一话语的重复表述中，可以体会到孔子面对这种理念时的情绪色彩很浓，也许觉得人们误解太深了。

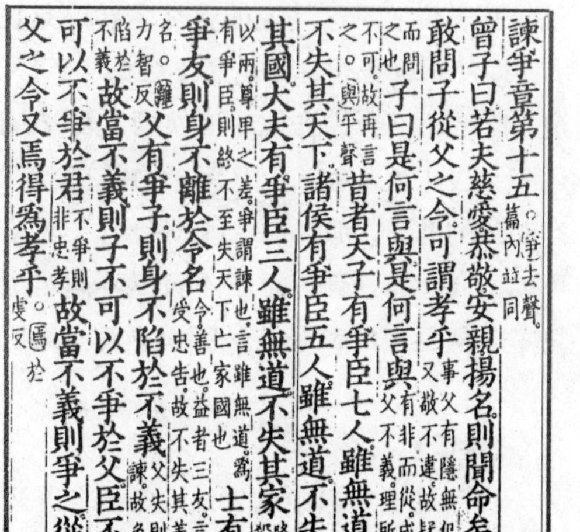
諫爭章第十五。爭，去聲。篇內並同。
曾子曰：若夫慈愛恭敬，安親揚名，則聞命矣。敢問子從父之令，可謂孝乎？事父有隱無犯，又敬不違，故疑而問之也。
子曰：是何言與，是何言與！有非而從，成父不義，理所不可，故再言之。與，平聲。
昔者天子有爭臣七人，雖無道不失其天下；諸侯有爭臣五人，雖無道不失其國；大夫有爭臣三人，雖無道不失其家。降殺以兩，尊卑之差。爭謂諫也。言雖無道，爲有爭臣，則終不至失天下亡家國也。
士有爭友，則身不離於令名。令，善也。益者三友。言受忠告，故不失其善名。離，力智反。
父有爭子，則身不陷於不義。父失則諫，故免陷於不義。
故當不義，則子不可以不爭於父，臣不可以不爭於君。不爭則非忠孝。
故當不義則爭之，從父之令，又焉得爲孝乎！焉，於虔反。

在孔子看来，“父之令”，是不能笼统地一概而论的。其中或善或恶，或对或错，或道义或不道义，均要分而析之，区而别之，不可笼统对待，不可盲目听从。因此孔子感慨系之，觉得曾子疑之深、惑之大，而为之再作解惑。

2. 昔者天子有争臣七人，虽无道，不失其天下。

孔子接着从五个层面来谈这

个问题。先从最贵最高的天子说起。“争臣”，即是“诤臣”，“争”同“诤”，是谏诤之臣。《白虎通·谏诤》引《孝经》“争臣”即作“诤臣”。“无道”，不行正道，做坏事，多指暴君或权贵者的恶行；也指社会政治纷乱、黑暗。

这是说，历史上天子有谏诤之臣七人，即使不行正道，但是还不会失去天下。这就是因为谏诤之臣在起作用，而且还不是一两个臣子，是一个谏诤的团队在集体起作用。从下文看，随着地位与权力的递减而谏诤之臣的人数依次递减，那么可以敏悟到地位越高、权力越大、管辖越广的，越是需要强大的监督机制，乃至需要一个七人组成的谏诤团队。

3. 诸侯有争臣五人，虽无道，不失其国。

这是说，天子之下的诸侯有谏诤之臣五人。有了这些谏臣，即使不行正道，还是不会失去他的诸侯国。

4. 大夫有争臣三人，虽无道，不失其家。

“家”，指卿大夫统治的地方。意思是，诸侯之下的大夫，需要有谏诤之臣三人，即使不行正道，还是不会失去他的家。

唐玄宗《注》：“降杀以两，尊卑之差。争为谏也。言虽无道，为有争臣，则终不至失天下、亡家国也。”这是说争臣降低削减的人数，每一层级为两人，比如由天子的七人至于诸侯的五人，再由诸侯的五人至于卿大夫的三人，这是体现了一个尊卑的差别。同时指出，即使是无道者，因为有了争臣，就可以挽救“失天下”、“亡家国”的悲惨命运。这可以看到谏诤所具有的重大意义与价值!

5. 士有争友，则身不离于令名。

《注》：“令，善也。益者三友，言受忠告，故不失其善名。”

“争友”，即“诤友”，能直言规劝的朋友。《白虎通·谏诤》引《孝经》此句即作“诤友”。“令名”，美好的声誉；“令”，善，美好。此句意思是，士有谏诤的朋友，那么自身就不会离开美好的声誉。

6. 父有争子，则身不陷于不义。

《注》：“父失则谏，故免陷于不义。”“争子”，也即“诤子”，能直言劝谏父亲的儿子。《白虎通·谏诤》引《孝经》此句即作“诤子”。此句意思是，父有劝谏的儿子，那么自身就不会陷入不义之中。

三、不义·不争·不孝·不忠

1. 故当不义，则子不可以不争于父，臣不可以不争于君。

《注》：“不争则非忠孝。”上句两个“争”，均通“诤”。孔子总结，说：所以面对不合道义的，那么儿子不可以不向父亲劝谏，臣子不可以不向君主劝谏。

如果“不争”，那就不是孝子，不是忠臣。

2. 故当不义则争之，从父之令，又焉得为孝乎？

最后，孔子回到曾子的问题起点。孔子说，所以面对不道义的，就要劝谏；听从父亲之命令的，又哪里能算是孝呢？

《荀子 · 子道》记载了孔子一件很有意趣的事情。

鲁哀公问孔子：“儿子听从父命，是否就是孝？臣子听从君命，是否就是忠贞？”

连问了三次，孔子没有回答。从朝廷出来后，孔子用这个问题来问子贡。子贡认为，这就是孝和忠贞。

孔子就批评他：小人啊！你不懂啊！国家一定要有敢于谏劝的大臣，才不会有危险。父亲一定要有敢于规劝的儿子，才不会做出无礼的事情来。儿子一味听从父亲、大臣一味听从君命，怎么是孝和忠贞呢？要审察分析啊！

《论语 · 里仁》有云：“子曰：‘事父母几谏，见志不从，又敬不违，劳而不怨。’”就是说对父母不同的意见，可以婉转地批评，不要闹翻了，还是恭敬地操劳，不怨恨。这也是一种进谏的智慧。

孔子非常重视“谏诤”，且很有智慧。《孔子家语 · 辨政》：“孔子曰：忠臣之谏君，有五义焉：一曰谲谏，二曰戆谏，三曰降谏，四曰直谏，五曰风谏。唯度主而行之，吾从其风谏乎！”“谲（jué）谏”，是婉转地进谏。“戆谏”，是没有文饰的进谏。“降谏”，是和颜悦色、平心静气地进谏。“直谏”，是直截了当进谏。“风谏”，态度与言辞委婉，并用拟喻、暗示、旁敲侧击的方法进谏。孔子还说在进谏的时候，要揣摩君主的心态，选择进谏方法，他自己遵从风谏。

四、《谏诤章》现代启示谈片

此章让现代人再次领略到孔子论“孝”的深刻与智慧的风采。

孔子不是一个方而不圆的“圣人”，而是一个能方能圆的“圣之时者”。孔子说过：“当仁不让于师。”（《论语 · 卫灵公》）虽然“师道尊严”，但是他庄严地宣称，面对着仁，就是对老师也不必谦让。这就是孔子的辩证“师道”观。同样虽然要谨守孝敬孝顺，但是“当不义，则子不可以不争于父，臣不可以不争于君”。这是孔子的辩证的“孝道”观。同时在采用怎样的谏诤方法上，孔子也教人须灵性十足。

读此章我们不仅进入孝的又一个侧面，且又深入一层地了解了孝道。孝，不是盲目地“愚孝”，是有“义”、“不义”的问题在的，有“是”与“非”的原则在。孔子还告诉人们，历史的经验是：

其一，对当权者的谏诤是必不可少的，而且越往高层越是需要众多的人来进谏，这是一种必需的监督机制。

其二，当权者可能会“无道”，但对于一个天下、国家来说，那还不是最可怕的，最可怕的是没有“谏诤之臣”。

其三，谏诤之臣的重大价值，在于可以挽救“无道”当权者的将要被倾覆、失去的“其天下”、“其国”、“其家”。再降层而言之，有争友，则使士“身不离于令名”。有争子，则使父“身不陷于不义”。

其四，在臣、在子这一方，固然要“当不义则争之”；而在当权者这一方，如天子、诸侯、卿大夫，也要接受谏诤，认识到谏诤的重要意义与价值，这是关系到天下、诸侯国、卿大夫之家的存亡大问题。

孔子这里是“执古御今”，我们现代人何尝不可以也来一番“执古御今”的借鉴？

感应章第十六

子曰：“昔者明王，事父孝，故事天明；事母孝，故事地察；长幼顺，故上下治。天地明察，神明彰矣。故虽天子必有尊也，言有父也；必有先也，言有兄也。宗庙致敬，不忘亲也；修身慎行，恐辱先也。宗庙致敬，鬼神著矣。孝悌之至，通于神明，光于四海，无所不通。《诗》云：‘自西自东，自南自北，无思不服。’”

【译文】

孔子说：“往昔圣明君王，奉事父亲尽孝道，所以奉事上天也能明察；奉事母亲尽孝道，所以奉事大地也能明察。长辈与晚辈之间能顺畅，所以君臣上下之间能治理。奉事天地能够明察，那么神明会感应而彰显福分。所以虽为天子，必定也有该尊敬的人，是说还有父辈；必定又有先于他的人，是说还有兄长。宗庙祭祀能致敬，不忘记亲人；修身慎行，是恐怕辱没祖先。宗庙祭祀能致敬，祖先的灵魂便来临享用。孝悌能至极，那么相通于神明，光被于四海，无所不通。《诗经》说：‘自西自东，自南自北，没有不服从的。’”

【讲解】

“感应章”，有的本子作“应感章”，如古文本、石台本、唐石经、岳本等。

此章紧接上一章，是因为上一章论谏诤之事，说君主若能从谏诤之善，必能修身慎行。此章接着说，如能做到这样，也必定能致感应之福分。

一、孝 · 天地 · 感应

1. 昔者明王，事父孝，故事天明；事母孝，故事地察。

《注》：“王者，父事天，母事地。言能敬事宗庙，则事天地能明察也。”

“明王”，圣明君王。《孝经》中出现“先王”，又出现“明王”，两者的关系，如《疏》所云：“经称明王者二焉”，“俱是圣明之义”是一致的；不过略有分别的是，“言先王示及远也，言明王示聪明也”。“先王”、“明王”都是圣明之王，“先王”偏重在时间上的久远，“明王”偏重在聪明上。

“事天明”，奉事上天就能晓知明白天之道。“事地察”，奉事大地就会晓知明察地之道。《周易 · 说卦》：“乾为天，为父。”“坤为地，为母。”因此古人认为，事父之孝道通于天，事母之孝道通于地。

孔子的意思是说，历史上的圣明君王，正因为奉事父亲能够尽孝道，所以奉事上天也能明察；正因为奉事母亲能尽孝道，所以奉事大地也能明察。这里面就是把父亲比拟为上天，把母亲比拟为大地，由此联观之推论之，从对侍奉人而至于奉事天地之道的认知。当然也可以由天地而反观于侍奉父母之道，形成双向的、互通的理路。

2. 长幼顺，故上下治。

《注》：“君能尊诸父，先诸兄，则长幼之道顺，君臣之化理。”

这是说，明王又在宗族、长幼之中，皆顺于礼，那么上上下下的人都会自化了，比如长辈与晚辈之间能顺畅，君臣上下之间能化理了。

3. 天地明察，神明彰矣。

《注》：“事天地能明察，则神感至诚，而降福祐，故曰彰也。”

“神明”，天地间一切神灵的总称。《周易 · 系辞下》：“阴阳合德，而刚柔有体，以体天地之变，以通神明之德。”孔颖达疏：“万物变化，或生或成，是神明之德。”“彰”，彰明、彰显的意思。

这是说，奉事天地能够明察，那么神明会感应他的至诚，而彰

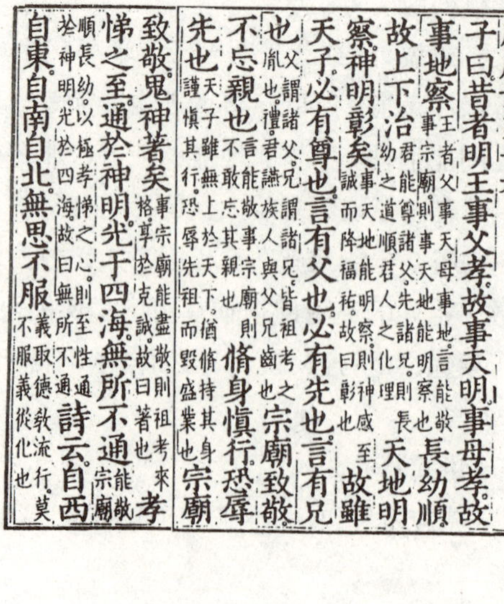
應感章第十六
子曰昔者明王事父孝故事天明事母孝故
事地察王者父事天母事地言能敬事宗廟則事天地能明察也長幼順
故上下治君能尊諸父先諸兄則長幼之道順君人之化理天地明
察神明彰矣事天地能明察則神感至誠而降福祐故曰彰也故雖
天子必有尊也言有父也必有先也言有兄
也父謂諸父兄謂諸兄皆祖考之胤也禮君讌族人與父兄齒也宗廟致敬
不忘親也言能敬事宗廟則不敢忘其親也脩身慎行恐辱
先也天子雖無上於天下猶脩持其身謹慎其行恐辱先祖而毀盛業也宗廟
致敬鬼神著矣事宗廟能盡敬則祖考來格享於克誠故曰著也孝
悌之至通於神明光于四海無所不通能敬宗廟
順長幼以極孝悌之心則至性通於神明光於四海故曰無所不通詩云自西
自東自南自北無思不服義取德教流行莫不服義從化也

显他的福分。这种福分的彰显，用常见的话来说，就是风调雨顺、国泰民安。又如《疏》云："神明之功彰见，谓阴阳和，风雨时，人无疾厉，天下安宁也。"

二、孝悌之至·通于神明

1. 故虽天子必有尊也，言有父也；必有先也，言有兄也。

《注》："父谓诸父，兄谓诸兄，皆祖考之胤也。礼，君讌族人，与父兄齿也。""诸父"，如伯父、叔父等。父死，称为"考"；父以上祖先通称为"祖考"。"胤"，后代、后嗣。礼，君王在讌(yàn，宴会，宴请）请族人的时候，均以卑贱与父兄列齿也，那就是说尽管是君王，还要排列在父兄之下。"齿"，排列的意思。

这是说，所以即使是至贵的天子，也必定有被他尊敬的人，是说他还有父辈；必定有先于他的人，是说他还有兄长。孔子要天子行尊父先兄之道。

2. 宗庙致敬，不忘亲也。

《注》："言能敬事宗庙，则不敢忘其亲也。"

此说，宗庙祭祀要竭尽恭敬，不要忘记父辈的恩德。孔子要天子行致敬之道。

3. 修身慎行，恐辱先也。

《注》："天子虽无上于天下，犹修持其身，谨慎其行，恐辱先祖而毁盛业也。"

此说，修养自身，谨慎行动，害怕有辱先祖。孔子要天子行修身之道。

4. 宗庙致敬，鬼神著矣。

《注》："事宗庙能尽敬，则祖考来格，享于克诚，故曰著也。""祖考"，祖先。"来格"，来临的意思。《疏》："故能致敬于宗庙，则鬼神明著而歆享。"

"鬼神"，指先祖的神灵。"著"，这里是指鬼神来临附著，并进而享受祭祀的意思。这是说，宗庙祭祀要竭尽恭敬，祖上的鬼神也正因为孝子的真诚，才会来临享受祭祀。

5. 孝悌之至，通于神明，光于四海，无所不通。

《注》："能敬宗庙、顺长幼，以极孝悌之心，则至性通于神明，光于四海，故曰无所不通。"

这句话的意思是，如果孝悌能够达到至极，那么就会沟通神明，光辉照耀天下四海，无所不能通达了。

三、引《诗经》深化旨意

《诗》云："自西自东，自南自北，无思不服。"

《注》："义取德教流行，莫不服义从化也。"

这是说，四方的诸侯，从西方、东方来瞻仰，从南方、北方来瞻仰，没有谁敢不服从周王朝的。意思是服从明王之义，从明王而化之。

此出自《诗经·大雅·文王有声》，此诗赞美周文王迁丰、周武王迁镐，对周王朝的巩固和发展起到了重要的作用。此片段原作“镐京辟雍，自西自东，自南自北，无思不服。皇王烝哉！”意思是，当初武王在镐京建成了太学辟雍，诸侯从东西南北都来瞻仰，谁敢不服从周王朝。周武王真是个好君王！又古文本《孝经》“自西自东”作“自东自西”，可参见前文。

四、《感应章》的现代启示谈片

这里我们着重谈谈本章所谓“孝感”的问题。“孝感”就是孝行的感应。正史上也多有记载，如《晋书·王祥传》记叙孝子王祥卧冰得鱼、黄雀入帷就是其例子，此可见前文《二十四孝》部分内容。再举例如《北史·孝行传·王颁》：孝子王颁“夜中睡，梦有人授药，比寤而疮不痛。时人以为孝感。”《宋史·孝义传·易延庆》：“延庆居丧摧毁，庐于墓侧，手植松柏数百本，旦出守墓，夕归侍母。紫芝生于墓之西北，数年又生玉芝十八茎。本州将表其事，延庆恳辞。或画其芝来京师，朝士多为诗赋，称其孝感。”

关于“孝感”，有四点可说：一是，把“孝感”描写成一种超自然的、神话的或迷信的色彩，往往不可取。但是，虽失去可信度，而其目的是对孝行感染力的渲染和夸大，其深层逻辑即行孝是会得到意想不到的回报的。

二是，有时候大众心理也接受这种渲染，明知不现实，但是有其审美享受在，比如董永的故事就是这样。

三是，“孝感”从对人的感应来说，那是千百年来都存在的，就像21世纪的人读千百年前那些孝子的故事还会被深深打动，这就是一种真正的穿越时空的“孝感”了。

四是，如果现代人悟通了孝道“感应”的问题，那么也可以在进行现代社会的“孝道”教化的时候，充分利用其能“感应”的道理，来感化人们，和谐社会。

事君章第十七

子曰：“君子之事上也，进思尽忠，退思补过，将顺其美，匡救其恶，故上下能相亲也。《诗》云：‘心乎爱矣，遐不谓矣。中心藏之，何日忘之？’”

【译文】

孔子说："君子奉事君上，进则思竭尽忠诚，退则思弥补过失；奉行顺因君王美好的方面，匡正补救他的恶行，所以君臣上下能相互亲密。《诗经》云：'心里确实爱着他，为什么不说出来告诉他呢？心中藏着的情感，哪一天会忘掉他呢？'"

【讲解】

这一章，是讲述侍奉君王的情况。《疏》曰："前章言明王之德，应感之美，天下从化，无思不服。此孝子升朝，事君之时也，故以名章，次《感应》之后。"

一、侍奉君王"四事"

1. 君子之事上也，进思尽忠。

《注》："上，谓君也。进见于君，则思尽忠节。"《疏》："言入朝进见，与谋虑国事，则思尽其忠节。"这里的"君子"，有的本子作"孝子"，阮元《校勘记》认为当作"君子"。

"上"，君上。"进"，是入朝进用的意思，也就是君子被君王任用。这是说，君子被进用，侍奉君王，就应当思考怎样竭尽自己的忠诚。此为"事君"第一事。

2. 退思补过。

《注》："君有过失，则思补益。"《疏》："若退朝而归，常念己之职事，则思补君之过失。""退"与"进"相反，应有多义，或退朝，或不被君王任用，或是贬职等。"思补过"，一是君子应当考虑怎样补正君王的过错，二是也应该思考自己有什么过错。此"事君"第二事。

我们想起《论语·泰伯篇》："子曰：'天下有道则见，无道则隐。'"天下有道就出来做官，天下无道就隐居起来。

3. 将顺其美。

《注》："将，行也。君有美善，则顺而行之。"《疏》："其于政化，则当顺行君之美道。""将"，"行"，奉行。"顺"，顺从、顺因、顺和的意思。

这是说，君子奉行顺从君王美好的言行、美好的政策等。此"事君"第三事。

4. 匡救其恶。

《注》："匡，正也。救，止也。君有过恶，则正而止之。"《疏》："止正君之过恶。"

上面讲顺从，但是同时也不是一味地盲目顺从，而是还要能匡正君王的过失，补救君王的恶行。此“事君”第四事。

5. 故上下能相亲也。

《注》：“下以忠事上，上以义接下，君臣同德，故能相亲。”《疏》：“如此则能君臣上下情志通协，能相亲也。”

这句话意思是，所以这样做法，上下就互相亲近、亲密了。

二、引《诗经》深化旨意

《诗》云：“心乎爱矣，遐不谓矣。中心藏之，何日忘之？”

《注》：“遐，远也。义取臣心爱君，虽离左右，不谓为远。爱君之志，常藏心中，无日暂忘也。”

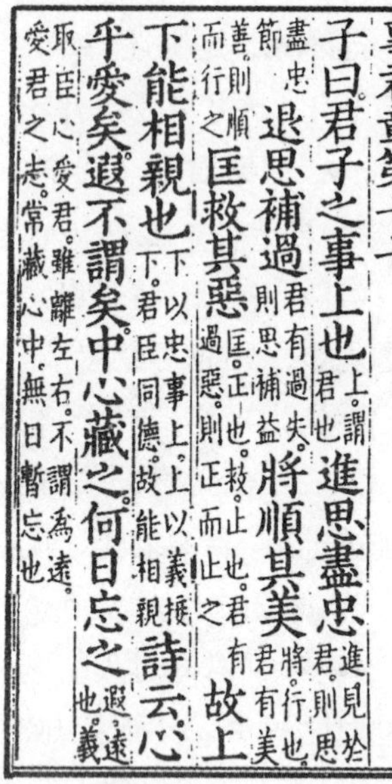
事君章第十七
子曰。君子之事上也（上。謂君也）進思盡忠（進見於君。則思盡忠節）退思補過（君有過失。則思補益）將順其美（將。行也。君有美善。則順而行之）匡救其惡（匡。正也。救。止也。君有過惡。則正而止之）故上下能相親也（下以忠事上。上以義接下。君臣同德。故能相親）詩云。心乎愛矣。遐不謂矣。中心藏之。何日忘之（遐。遠也。義取臣心愛君。雖離左右。不謂為遠。愛君之志。常藏心中。無日暫忘也）

此《诗》出自《诗经·小雅·隰（xí）桑》。此诗的主题，或如《诗序》所说：“《隰桑》刺幽王也。小人在位，君子在野，思见君子尽心以事之。”或如朱熹《诗集传》说：“此喜见君子之诗。词意大概与《菁莪（é）》相类。然所谓君子则不知何所指矣。”

这首诗大致有两层意思，一是写见到君子的愉快心情，二是希望尽心侍奉。“遐”，通“胡”，何。朱熹《诗集传》：“遐，与何同”，“谓，犹告也”。此四句诗的意思是，心里确实爱着，为什么不说出来告诉他呢？心中藏着的情感，哪一天会忘掉呢？此亦如朱熹说：“言我心中诚爱君子，而既见之，则何不遂以告之。”

三、《事君章》的现代启示谈片

现代人没有“事君”的问题，但是比拟起来也有诸如领导与被领导、管理者与被管理者、下级对待上级、上下级相处等问题，这一章或许也能给我们许多启发。这里略说几条：

一是“进思尽忠”，在一个单位里、企业里能够尽忠，如果不是“愚忠”，未尝不是一件好事。

二是“退思补过”，自己不被上级所用或不被领导重用，一要反思并补救自己的过失，二要去反思怎样补救领导的过失。

三是“将顺其美”，上级有美政、美言、美行者，则顺行之，助行之。

四是“匡救其恶”，对上级、领导道德上的问题当匡正、救止之。

五是“故上下能相亲也”，通过这些做法，沟通联络，上下和谐，互亲互爱。

丧亲章第十八

子曰：“孝子之丧亲也，哭不偯，礼无容，言不文，服美不安，闻乐不乐，食旨不甘，此哀戚之情也。三日而食，教民无以死伤生，毁不灭性，此圣人之政也。丧不过三年，示民有终也。为之棺椁衣衾而举之，陈其簠簋而哀戚之。擗踊哭泣，哀以送之。卜其宅兆，而安措之。为之宗庙，以鬼享之。春秋祭祀，以时思之。生事爱敬，死事哀戚，生民之本尽矣，死生之义备矣，孝子之事亲终矣。”

【译文】

孔子说：“孝子丧失了父母，哭声短促间断，行礼不修饰仪容，言说不讲究文采，服美饰会心不安，闻音乐会不快乐，尝美食会不知味道，这是因为心情哀痛悲戚。三日后就要饮食了，教导民众不要因为死了亲人而伤害自己的生命，容貌有损毁而不能灭了性命，这就是圣人为政的主张。丧期不超过三年，让民众看到守丧是有终止的。要为亲人置办棺椁、入殓的衣与被子，而后纳入棺内；陈列簠簋等祭器祭品，而尽哀戚之情。捶胸顿足，哭泣哀痛地送葬；卜问墓穴墓地，而安置亲人。为亲人修建宗庙，用鬼的礼仪来祭祀亲人。春秋四季祭祀，表示时常思念亲人。父母生前用爱敬来奉事，死后用哀戚来奉事，民众也就尽到了孝的根本了，于死于生孝子的道义全具备了，孝子奉事父母也就善终了。”

【讲解】

这是《孝经》的最后一章，“丧亲”，即是父母死亡、失去父母。上面都讲了孝子在亲人生前侍奉的情况，生事已毕，故此转而再讲孝子于亲人去世后的孝的延续。

“丧亲”用“丧”字，不用“死”字，古人也有讲究。《白虎通·崩薨》：“丧者，亡也。人死谓之丧。何言其丧？亡不可复得见也。不直言死，称丧者何？为孝子之心不忍言也。”一个“丧”字也见孝子之情、孝道之行。

一、孝子丧亲的悲哀真情

孝子居丧的“六不（无）”：

1. 孝子之丧亲也，哭不偯。

《注》：“生事已毕，死事未见，故发此章。气竭而息，声不委曲。”《疏》：“孝子之丧亲，哭以气竭而止，不有余偯之声。”

这意思是说，孝子因为丧亲而过度地悲哀哭泣，声气将尽，所以哭声已经不能曲而长了。“偯(yǐ)”，是指哭泣的余声曲折悠长。《广韵》：“偯，哭余声。”“偯”，又作“㤅”。《说文》：“㤅，痛声也。从心，依声。《孝经》曰‘哭不㤅’。”这里就引了《孝经》的例证。关于办丧事的时候那种拖长声音的哭声，在日常生活或电视片中也常能接触到。

古人对居丧时候的哭声也依据实际情况从礼仪上来加以规范。我们可以比较一下，如《礼记·间传》：“斩衰（cuī）之哭，若往而不反；齐衰（zī cuī）之哭，若往而反。”“斩衰”，古代丧服“五服”中最重的，也是指最重的丧事，哭声是声气断而不连续，所谓“若往而不反”。“齐衰”仅次于“斩衰”，哭声是似断而仍微微连续，所谓“若往而反”。此为不同的礼仪规定，这里说的是“斩衰”之哭。

又《礼记·间传》：“大功之哭，三曲而偯。”郑玄注：“三曲，一举声而三折也。偯，声余从容也。”“大功”是一种丧服，用的布是加过工的，颜色较白，质地相对来说比较细，但是比小功那种丧服又要粗糙些。凡是为堂兄弟、未出

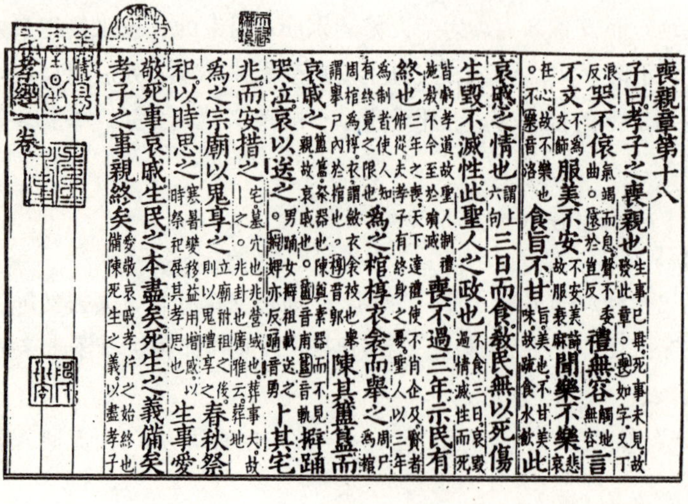
喪親章第十八
子曰孝子之喪親也 生事已畢死事未見故發此章○喪如字又丁浪反
哭不偯 氣竭而息聲不委曲○偯於豈反
禮無容 觸地無容
言不文 不為文飾
服美不安 不安美飾故服衰麻
聞樂不樂 悲哀在心故不樂也○樂音洛
食旨不甘 旨美也不甘美味故疏食水飲
此哀慼之情也 謂上六句
三日而食教民無以死傷生毀不滅性此聖人之政也 不食三日哀毀過情滅性而死皆虧孝道故聖人制禮施教不令至於殞滅
喪不過三年示民有終也 三年之喪天下達禮使不肖企及賢者俯從夫孝子有終身之憂聖人以三年為制者使人知有終竟之限也
為之棺槨衣衾而舉之 周尸為棺周棺為槨衣謂斂衣衾被也舉謂舉尸內於棺也○槨音郭
陳其簠簋而哀慼之 簠簋祭器也陳奠素器而不見親故哀慼也○簠音甫簋音軌
擗踴哭泣哀以送之 男踴女擗祖載送之○擗婢亦反踴音勇
卜其宅兆而安措之 宅墓穴也兆塋域也葬事大故卜之○兆卦也廣雅云葬地
為之宗廟以鬼享之 立廟祔祖之後則以鬼禮享之
春秋祭祀以時思之 寒暑變移益用增感以時祭祀展其孝思也
生事愛敬死事哀慼生民之本盡矣死生之義備矣孝子之事親終矣 愛敬哀慼孝行之始終也備陳死生之義以盡孝子
孝經一卷

嫁的堂姊妹、已出嫁的姑姊妹，以及已经嫁出之女为伯叔父母、为丈夫的祖父母、为自己的兄弟以及舅姑为嫡子之妻，这些均服大功。“大功”时期的那种哭声，就要哭一声而有三曲折。

那么为什么“孝子之丧亲也，哭不偯”呢？因为对象不一样，亲疏不一，情感也不一样。如唐玄宗《注》：“气竭而息，声不委曲。”正因为孝子出于对父母的养育至深之情，既然哭泣得声气已经竭尽了，当然不能一声三折了。

2. 礼无容。

《注》：“触地无容。”《疏》：“举措进退之礼，无趋翔之容。”此句是说，行礼不修饰仪容、容貌。

3. 言不文。

《注》：“不为文饰。”《疏》：“有事应言，则言不为文饰。”此句是说，言说不讲究文采。

4. 服美不安。

《注》：“不安美饰，故服缞麻。”《疏》：“服美不以为安。”

这意思是说，对于美服美饰孝子会觉得心不安。居丧期间，孝子穿的是孝服缞（cuī）麻，也就是斩衰（cuī），就是用最粗的麻布裁制而成的孝服，不缉边，使断处外露，以示无饰。服期三年，实际是25个月。

5. 闻乐不乐。

《注》：“悲哀在心，故不乐也。”《疏》：“闻乐不以为乐。”

这意思是说，闻音乐而不感到快乐。因为居丧期间，孝子不会去欣赏音乐了，即使听了音乐也不会快乐。

6. 食旨不甘。此哀戚之情也。

《注》：“旨，美也。不甘美味，故疏食水饮。”《疏》：“假食美味，不以为甘。此上六事，皆哀戚之情也。”

这意思是说，假使吃到美味的食物，也不以为美味。孝子居丧，吃东西吃不出味道来，甚至吃好东西也是辨不出美味来，当然居丧也不能大吃大喝。

此以上六事，就是孝子真实的哀伤悲戚感情的流露。

二、三日·三年

1. 三日而食，教民无以死伤生，毁不灭性，此圣人之政也。

《注》：“不食三日，哀毁过情，灭性而死，皆亏孝道。故圣人制礼施教，不令至殒灭。”

《礼记·间传》上说到一种很有意思的规定：服斩衰的人，三天不吃饭；服齐衰的人，两天不吃饭；服大功的人，三顿不吃。因此这里说，至多在守丧三天以后一定要进食了，因此教育民众不要因为死了亲人，而伤害了自己的生命；虽然悲哀而身容受毁，但不要灭了自己的性命。这是圣人的为政主张。

2. 丧不过三年，示民有终也。

《注》："三年之丧，天下达礼，使不肖企及，贤者俯从。夫孝子有终身之忧，圣人以三年为制者，使人知有终竟之限也。"

"不过"，不超过。"三年"，指服斩衰之丧的，规定居丧期限为三年，故有"三年忧"、"斩衰三年"之说。古人定为三年，也有深意，父母有对自己的艰苦的三年婴儿孩提的养育大恩，因此也回报父母三年的丧期。

这句话是说，丧期不超过三年，让民众看到不是没完没了，而是有个终止的。

三、孝子操办丧事的规定

1. 为之棺椁衣衾而举之，陈其簠簋而哀戚之。

《注》："周尸为棺，周棺为椁。衣，谓殓衣；衾，被也。举，谓举尸内于棺也。簠簋，祭器也。陈奠素器而不见亲，故哀戚也。"

"棺"与"椁"的分别，是椁为棺材外面套的大棺材。"衾"（qīn），被子，先秦时候被子的意义不用"被"来表示，小被子称为"寝衣"，大被子称为"衾"。此"衣衾"，就是入殓时候所用的衣服与被子。"陈"，陈列、陈设。"簠簋"（fǔ guǐ），古代盛放食物的器物，此用于祭祀；两者的区别是，簠为方形，簋为圆形。

这句话的意思是，孝子为亲人准备了棺材与外椁，并穿衣铺被入殓，纳于棺内。陈列那些簠簋来祭祀，而对亲人竭尽哀痛悲戚。

2. 擗踊哭泣，哀以送之，卜其宅兆，而安措之。

《注》："男踊女擗，祖载送之。宅，墓穴也。兆，茔域也。葬事大，故卜之。兆，卦也。《广雅》云，葬地。"

"擗踊（pǐ yǒng）"，也作"辟踊"，捶胸顿足，表示极度哀伤。此可参见前文之释。"擗"，是捶胸。"踊"，是指悲痛时候的跳跃。《礼记·问丧》："故哭泣辟踊，尽哀而止矣。""卜"，占卜、卜问，也即是选择的意思。"宅"，此指坟墓的墓穴。"兆"，茔域，就指坟地。"措"，安置、安放；或作"厝"，古多通用。

这句话的意思是，捶胸顿足，极度哀伤哭泣，哀痛地送葬；卜问他们的墓穴墓地，而安置他们。

3. 为之宗庙，以鬼享之。

《注》："立庙祔祖之后，则以鬼礼享之。""祔(fù)祖"，是丧礼中的祭名，也是仪式，后死者附祭于祖庙，就是到死者祖父的庙里去祭奠死者，使其神主附属于祖父。"祔祖"进行以后，就用鬼礼来祭享之。"鬼"，古代指人死后，精灵不灭，称之为鬼。《礼记·祭法》："人死曰鬼。""享"，古指祭祀。

这是说，为他们修建宗庙，又用鬼的礼仪来祭享他们。

4. 春秋祭祀，以时思之。

《注》："寒暑变移，益用增感，以时祭祀，展其孝思也。""春秋祭祀"，虽只举出"春秋"，实际上包括一年中的祭祀。比如后来，春季，如在春分、清明之祭祀；夏季，如夏至之祭祀；秋季，如农历七月十五日的中元祭祀；冬季，如冬至、除夕之祭祀，等等。

孔子说，春秋四季举行祭祀，因时常思念他们。

古代的孝还表现在祭祀上，这也是孝子的一项重大的事情。比如早在孔子之前，已经出现"孝享"一词，"享"有祭祀、献祭的意思。这个词语把祭祀和孝联系在一起，表明两者的关系密不可分；用孝敬去祭祀，在祭祀中体现出孝心。《周易·萃》："王假有庙，致孝享也。""假"(gé)，通"格"，至于、来到。这里的意思是，天子来到祖庙，用孝心祭祀祖宗。又如《诗经·小雅·天保》："吉蠲为饎，是用孝享。""蠲"(juān)，通"涓"，清洁。《毛传》："蠲，絜也。"朱熹《集传》："蠲，言斋戒涤濯之洁。""饎(xī)"，酒食。诗句意思是，选择吉斋，置备洁净的酒食祭品，此用以孝敬地祭祀。

四、生事爱敬，死事哀戚

最后孔子说："生事爱敬，死事哀戚，生民之本尽矣，死生之义备矣，孝子之事亲终矣。"

《注》："爱敬、哀戚，孝行之始终也。备陈死生之义，以尽孝子之情。"这是说"爱敬"是孝行之始，"哀戚"是孝行之终。完备地陈述了死生之道义，因为孝子的情意是无所不尽的。

孔子这话的意思是，亲人活着的时候，孝子奉事竭尽亲爱与敬重；亲人死了，孝子奉事竭尽悲痛与哀戚；民众的孝道的根本尽到了，对亲人死生的道义全备了，孝子奉事亲人也善终了。

孝子爱敬父母，整个行孝过程可以分为两段：一是，父母在世时，孝子侍奉要竭尽“爱敬”之情，此即是“生事爱敬”。二是，父母逝世，孝子奉事要竭尽“哀戚”之情，此即是“死事哀戚”。做到这两条，那么可以说完成了三方面的义务和责任：一是“生民之本尽矣”，二是“死生之义备矣”，三是“孝子之事亲终矣”。

五、《丧亲章》现代启示谈片

现代人读此一章特别地不耐烦。是的，现在是什么年代了，还要这一套繁琐的丧礼？确实这套丧礼早过时了，现代的丧礼已经大大简化了。这说明人们是不断地与时俱进的，一切在改革之中。读《孝经》也是要与时俱进，批判抛弃其不合时宜的东西，汲取其合理的可行的东西，这是启示之一。

其二，丧礼虽不断地变化，但不变的是孝子的孝。此章揭示出行孝的全过程，并且又分为两大段：一是父母生前，子女应该以爱敬来奉事之；二是父母死后，子女应该为之送终，并常常思念起他们。这些孝道也许并不过时。

其三，在对《孝经》十八章全部解读完了后，我们更会体会到，孔子所说的“孝”，原来不是仅仅只局限于赡养父母、养生送死这些内容。孝道还有非常厚重的历史层积、广阔的社会内容、丰富的伦理内蕴、深刻的人性内涵。孝道，对于一个人、一个家庭、一个地区、一个国家都有着既是普遍的，又是特殊的意义与价值。在现代社会，怎样继承、开掘、发扬“孝”，是一个值得探讨的课题。

后　记

我在央视《百家讲坛》讲了国学大师王国维的学术三境界、老子与百姓生活系列，在上海电视台《文化中国》讲了孔子系列后，一个很深的感触，就是社会、民众很希望了解、学习、运用国学。我曾被热情地邀请到许多的机关部门、企业、大学、市民讲堂、培训机构做讲座。他们对国学的渴望，使我深受感动；一些智者还智慧地运用到他们的事业与生活中去，取得了效益。他们常常希望并鞭策我再写出像已经出版的《老子与百姓生活》、《再说老子与百姓生活》、《孔子的智慧生活》那样的书来，将国学智慧介入到现代人的事业与生活中去。

2008年10月，就在我继续为中国民主法制出版社撰写老子系列中的《老子百姓读本》时，山东人民出版社副总编李运才先生与编辑常纪栋先生，风尘仆仆地从济南专程寻觅到无锡我的居处，竭诚登门约稿。沐浴在江南温煦的十月阳光中，置身于太湖金色秋天的风物里，我们交谈得款款融洽，又神旨悠远。于是有了这一《国学智慧系列》的设想与运作，《孝经智慧》就是该系列的第一种。

笔者对如何将国学来与现代人相化合，还在尝试摸索之中，加之自己学识有限，见闻多囿，往往心向往之，然而又不能臻于那种想要达到的境地。恳切希望专家、读者不吝赐教批评，从而能“苟日新，日日新，又日新”，不断自新自我，自新自己的理念与撰作。

本书参考了一些研究者的成果，大抵已经一一指明，在此深表谢忱。最后要衷心感谢山东人民出版社的领导和编辑，他们为本书的出版付出了热诚、真诚，并贡献了种种辛苦、辛勤的劳作！

姚淦铭

2009年4月

江南千年银瑞樱斋